전자기술

- Electronic Technology -

김진수 저

홍릉과학출판사

PREFACE

머리말

오늘날은 정보화 사회로서 인간은 매우 편리한 생활을 하고 있다. 정보화의 중심에는 컴퓨터가 있으며, 컴퓨터는 반도체를 필두로 하는 전자 공학 기술의 발전에 의한 것이다. 전 세계적으로 전자 공학(electronic engineering)의 중요성은 말할 필요도 없으며, 현대인은 전자 기기의 혜택을 누리며 살고 있다.

전자 기술(electronic technology)에서는 공과 대학 수준에서 배우는 전자 공학의 어려운 내용을 탈피하여 누구나 쉽게 이해할 수 있고 기본적으로 배워두어야 할 내용을 다루는 기초 기술을 다루고자 하는 것이다.

이 교재는 저자가 1992년부터 현재까지 한국교원대학교 기술교육과에서 전자공학개론 과목을 강의하면서 정리해 두었던 내용들이며, 2008년에 전자 기술 과목으로 개정한 교육 과정의 특성에 맞게 내용을 구성하였다.

특히 2008년에 한국교육과정평가원과 한국기술교육학회에서 공동으로 연구하여 발표한 중고등학교 기술 교사 임용 시험의 출제 범위에 해당되는 필수 내용으로 본문을 구성하였으므로 기술 교사 및 예비 교사들에게도 많은 도움이 될 것이다.

이 책은 전자 기술 기초, 반도체, 다이오드, 트랜지스터, 전자 응용의 5개 장으로 구성하였다. 이는 중고등학교에서 전자 기술 분야의 기초가 되는 내용이다.

이 책을 통하여 기술 교사를 양성하는 대학 및 대학원에서 교재로 사용될 수 있을 것이며, 전자 기술의 기초를 배우기 원하는 대학 등에서도 교재로 사용 가능할 것이다. 강의를 위하여 교재 본문의 파워포인트 자료 등이 필요하면 저자에게 요청시 제공할 수 있다. 본문 내용의 오류는 저자 책임이며, 독자들의 질문 사항은 언제든지 저자의 홈페이지 NAVER 김진수교수 를 통하여 E-mail이나 전화로 아낌없는 고견을 부탁드린다.

끝으로, 이 책을 펴내는데 많은 분들의 도움이 있었으며, 발행을 맡은 홍릉과학 출판사의 도움에 감사드린다.

2010년 7월

한국교원대학교 교수 김진수

CONTENTS

차례

C·O·N·T·E·N·T·S

CHAPTER 1

전자 기술 기초

1 전자의 이해

1.1 전자와 원자

1.1.1 원자 구조

우리 생활 주변의 물질은 분자 또는 원자의 결합으로 되어 있다. 이 때 물질의 전기적인 특성은 그 물질의 전자와 양성자에 의하여 결정된다. 원자(atom)는 원자핵(atomic nucleus)과 전자(electron)로 구성되어 있다. 원자핵은 양성자와 중성자로 구성되어 있으므로 양전기를 띠고, 전자는 음전기를 띠고 있다. 그림 1.1은 수소의 원자 구조를 간단히 나타낸 것이다.

일반적인 원자 모형은 마치 태양 주위를 지구 등의 행성이 돌고 있는 것과 비슷하다. 원자핵 주위를 돌고 있는 전자들은 지정된 궤도에서 운동하고 있다. 이때 전자는 원자핵 쪽으로 잡아당기는 전기적인 인력이 있음과 동시에, 전자의 회전에 따른 기계적인 원심력이

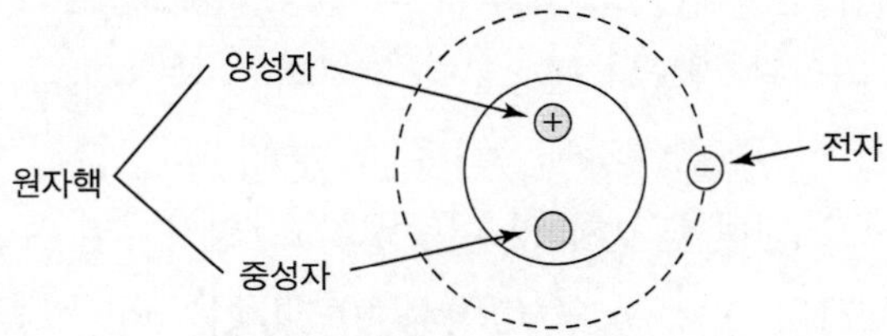

그림 1.1 수소의 원자 구조

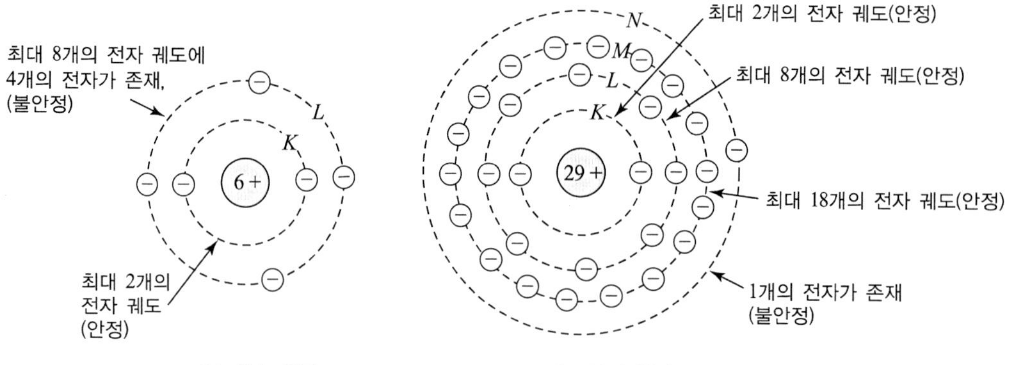

(a) 탄소 원자 (b) 구리 원자

그림 1.2 탄소 원자와 구리 원자의 구조

평형을 이루게 됨으로써, 전자는 지정된 궤도에서 안정을 유지할 수 있다.

그림 1.2는 탄소 원자와 구리 원자의 원자 구조를 나타낸 것이다. 그림 1.2(a)에서 탄소 원자는 원자핵 내에 6개의 양성자가 있으며, K각에 2개의 전자, L각에 4개의 전자가 있다. 각 궤도에 있어서 전자의 배치는 원자의 전기적인 안정성을 결정짓는 것이다. 특히 중요한 것은 원자핵에서 가장 멀리 있는 궤도의 전자의 수이다.

원자의 궤도는 전자각(electron shell)이라고 한다. 각각 궤도 K, L, M, N ……에 존재할 수 있는 전자의 수는 $2n^2$에 의하여 K각에 2개, L각에 8개, M각에 18개 등이 된다.

그림 1.2(b)에서 구리 원자는 원자 번호가 29이므로 전자가 29개이다. 그러므로 전자는 K각에 2개, L각에 8개, M각에 18개, N각에 1개가 존재하게 된다. 이처럼 최외각 궤도에 1개의 전자가 존재하므로 매우 불안정하게 된다. 구리선과 같은 고체의 물질 속에 수많은 구리 원자가 존재하게 되면 최외각 궤도의 전자는 어느 원자에 속하게 되는지 확실하지 않다. 그러므로 한 원자에서 다른 원자로 쉽게 이동할 수 있으므로 이러한 전자가 자유전자(free electron)가 되는 것이며, 그래서 금속 도체 중에서 구리가 전기를 잘 통하는 도체인 것이다.

1.1.2 원자가

일반적으로 금속도체와 반도체 원소(element)의 원자가는 표 1.1과 같이 나타낸다. 원자가(electron valence)는 최외곽 궤도의 불충분한 전자의 수를 말한다.

안정적인 원자핵은 양성자와 중성자를 포함한다. 중성자와 양성자의 질량은 거의 비슷하며 중성자는 전기적으로 전하를 갖지 않은 중성이고, 양성자는 (+)전하를 갖고 있다.

표 1.2에서와 같이 전자의 질량 m_e는 9.109×10^{-31}[kg]이고, 전자의 전하 e는 -1.602×10^{-19}[C]이다. 그러므로 1[C]의 전하에는 6.24×10^{18}개의 전자가 포함되어 있다.

▶ **표 1.1** 도체와 반도체 원소들의 원자가

분 류	원소	기호	원자 번호	원자가
금속 도체	은	Ag	47	+1
	구리	Cu	29	+1
	금	Au	79	+1
	알루미늄	Al	13	+3
	철	Fe	26	+2
반 도 체	탄소	C	6	±4
	실리콘	Si	14	±4
	게르마늄	Ge	32	±4
활성 가스	수소	H	1	±1
	산소	O	8	−2
불활성 가스	헬륨	He	2	0
	네온	Ne	10	0

읽을거리

전자의 전하량을 측정한 밀리칸(Robert Millikan)

로버트 밀리컨(Robert A. Millikan, 1868~1953)은 실험 물리학 분야에 놀랄만한 발전을 가져다 준 물리학자였다. 미국 일리노이주 모리슨에서 출생한 밀리컨은 1895년 컬럼비아 대학에서 박사 학위를 받은 후 플랑크(Max Planck) 밑에서 공부하기 위해 독일로 유학을 떠났다. 베를린 대학과 괴팅겐 대학에서 수학한 그는 시카고 대학 교수진이 되어 귀국했다.

로버트 밀리컨은 하루에 일하는 12시간 중 6시간이 연구 활동이었다. 1909년에 그는 전자의 전기량 q_0의 값을 결정하고자 기름방울 장치를 제작하였다. 이는 케임브리지 대학의 캐번디시 연구소에서 이미 사용하고 있던 안개 방법을 개선한 것이다. 그는 1916년 같은 방법으로 플랑크 상수 h를 측정했다. 이 두 가지 상수를 측정한 공로로 1923년 밀리컨에게 노벨상을 안겨 주었다. 전자의 전하량은 $e = 1.602 \times 10^{-19}$ 쿨롱이라는 것을 알아냈다. 그는 연구 결과를 1913년에 물리학 학술지인 'Physical Review'에 발표하였다.

▶ **표 1.2** 원자 내의 입자들

입 자	전 하	질 량
전 자	-1.602×10^{-19}[C]	9.108×10^{-31}[kg]
양성자	$+1.602\times10^{-19}$[C]	1.672×10^{-27}[kg]
중성자	없음	1.675×10^{-27}[kg]

1.1.2 자유전자와 여기

전자 기기에 사용되는 반도체 재료로 가장 많이 사용되는 것은 실리콘(Silicone)이다. 실리콘 반도체 재료는 결정(crystal) 전체가 그림 1.3(a)와 같은 형태로 원자가 배열되어 있다. 이와 같이 규칙적인 결정 배열을 단결정(single crystal)이라고 한다. 그러나 도체인 구리 금속 재료는 단결정이 아니고 그림 1.3(b)와 같은 형태로 되어 있는데 이를 다결정(polycrystal)이라고 한다.

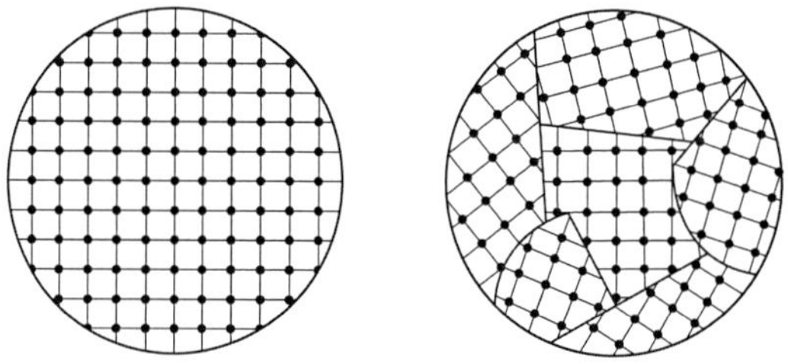

(a) 실리콘 단결정 (b) 구리 다결정

그림 1.3 반도체와 도체의 결정 구조

반도체나 도체 등의 고체 결정 내에서 자유 전자는 그림 1.4와 같이 열에너지에 의하여 끊임없이 진동을 하게 된다. 이 때 자유 전자는 양성자의 질량보다 1,840배 가벼우므로 원자 사이를 자유롭게 이동할 수 있다. 자유 전자 이동 속도의 크기와 방향은 모두가 다르며

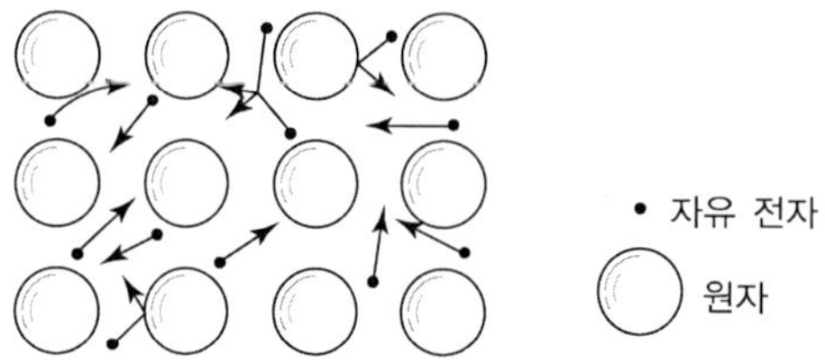

그림 1.4 자유전자의 열운동

전체적으로 보면 자유전자의 이동이 없는 것처럼 간주된다. 이와 같은 상태의 자유전자 운동을 랜덤 열운동(random thermal activity)이라고 한다.

만일 자유전자가 외부로부터 빛, 열, 전기 등의 에너지를 받게 되면, 전자의 에너지가 증가되어 보다 높은 준위(level)로 이동하는데 이러한 상태를 여기(excitation) 되었다고 한다.

1.2 전자의 방출

1.2.1 전자 방출과 에너지 장벽

전자 방출(electron emission)이란 금속 등의 물질에 외부에서 전기·빛·열 등의 에너지를 가할 때 전자가 방출되는 것을 말한다. 물질에 열을 가할 때 방출되는 전자를 열전자 방출(therme electron emission)이라 하고, 물질에 빛을 가할 때 방출되는 전자를 광전자 방출(photo electron emission)이라 하고, 물질에 전압을 가할 때 방출되는 전자를 전계 방출(electric field emission)이라 한다. 금속 내부에서 전자는 원자에 구속되어 있으며, 이 구속으로부터 이탈되는데 필요한 에너지 장벽(energy barrier layer)이 있다.

그림 1.5는 전자 방출에 필요한 에너지 장벽을 나타낸 것이다. 제1장벽을 뛰어넘어 금속 내부를 자유롭게 이동할 수 있는 전도 전자라 할지라도, 제2장벽을 뛰어 넘어 전자가 방출되어야 자유 공간으로 나오게 되는 것이다. 전도 전자가 금속 밖으로 나오려고 해도 금속 내부 원자의 양전하 때문에 정전력이 작용하여 전도 전자를 끌어당기기 때문에 금속 밖으로 못나온다. 이와 같이 전자 방출에 필요한 에너지대(energy band)를 띠로 나타내고 그 띠 사이의 장벽을 나타낸 것이 그림 1.5이다.

① 속박전자 : 원자핵에 의한 전기적 인력과 궤도 운동의 원심력이 평형을 이루므로 대부분의 전자는 한 개의 원자에 속박되어 있다.

② 전도전자 : 금속 재료 원자의 최외곽 전자는 어느 정도 자유로운 상태에 있으므로 해

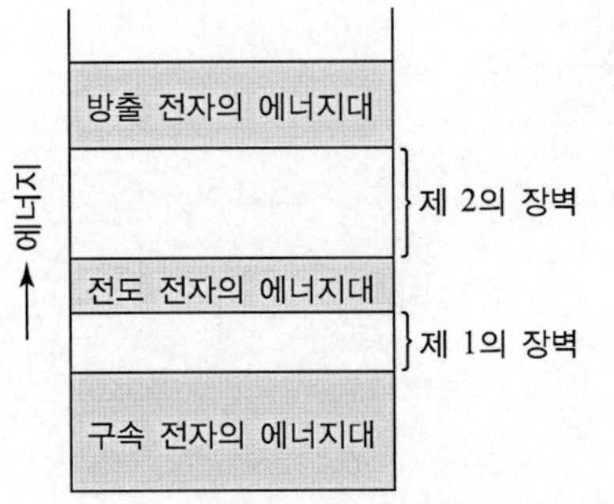

그림 1.5 전자 방출에 필요한 에너지대와 장벽

당 원자로부터는 해방되어 있으나 물질 밖으로는 나올 수 없는 상태이다.

③ **자유전자**: 전도 전자가 외부로부터 충분한 에너지를 받으면 물질로부터 해방되어 방출되고 모든 속박에서 완전히 벗어날 수 있는 상태가 된다.

1.2.2 전자의 에너지 준위

전자는 원자핵의 바깥쪽 궤도를 돌고 있는데 그림 1.6의 아래와 같이 주양자수 n에 따라 $2n^2$만큼의 전자가 각 궤도에 들어갈 수 있다. 이 때 각각의 주양자수 n의 궤도를 도는 전자 에너지 W_n은 식 1.1과 같이 나타낼 수 있다.

$$W_n = -13.6\frac{1}{n^2}\ [eV] \qquad (1.1)$$

이 식이 의미하는 것은 그림 1.6의 윗부분을 보면서 설명하기로 한다. 즉, 전자의 에너지 W_n은 원자핵으로부터 멀어질수록 단계적으로 증가하게 된다. 여기서 n은 1, 2, 3, ⋯ 이므로 전자에너지 W_n은 일정한 값만 가질 수 있다. 이와 같이 전자 에너지의 불연속적인 위치를 에너지 준위(energy level)라고 하며, 에너지 준위의 단위는 전자볼트[eV]로 나타낸다. 그리고 전자 에너지가 최저($n=1$인 경우)인 위치를 기저 준위(바닥 준위)라고 한다. 또한 절대 온도 0K일 때 최외각 전자(가전자) 궤도의 에너지 준위를 페르미 준위(Fermi level)라고 한다. 이상에서 설명한 에너지대와 에너지 준위는 반도체의 특성을 이해하는데 중요한 개념이다.

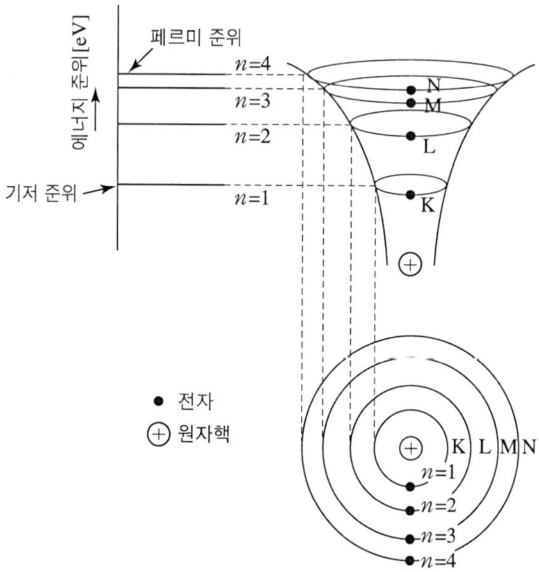

그림 1.6 전자의 에너지 준위

1.3 전자의 운동

진공 중에서 전자의 운동과 고체 내에서 전자의 운동은 각각 다르므로 구분하여 설명하기로 한다.

1.3.1 진공 중의 전자 운동

진공 중에 있는 전자는 전기장이나 자기장에 의하여 그 운동이 제어될 수 있다. 이러한 원리는 진공관, 브라운관 등의 전자기기에 응용된다. 그림 1.7과 같이 전기장 E의 공간에 전자 1개가 놓여 있을 경우 전자의 운동을 알아보기로 한다.

전자 e는 음전하를 가지고 있으므로 양극인 B 극판으로부터 전기적인 흡인력을 받게 되며, 그 힘 F는 다음과 같이 된다.

$$F = eE = e\frac{V}{d}\,[\mathrm{N}] \quad \cdots\cdots (1.2)$$

여기서 F는 힘 [N], e는 전자의 전하량 [C], E는 전기장의 세기($E = V/d$), V는 A극과 B극 사이의 전압의 크기 [V], d는 A극과 B극 사이의 거리 [m]이다.

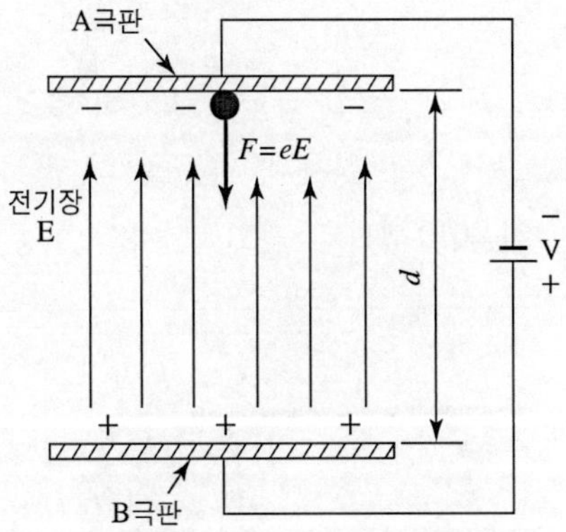

그림 1.7 전기장 내의 전자 운동

한편, 전자가 자기장 내에서 정지하고 있거나 자기장과 같은 방향으로 이동하는 경우에 전자는 자기장의 영향을 받지 않는다. 그러나 그림 1.8과 같이 자기장과 직교하는 방향으로 전자가 진입하게 되면 플레밍의 왼손 법칙에 의한 힘을 받아서 전자의 진행 방향이 휘어지게 된다. 이와 같이 자기장의 영향에 의하여 전자의 이동 방향이 휘어지게 되는 것을 전자 편향(electro magnetic deflection)이라고 한다. 여기서 전자의 자세한 이동 경로에 대한 이론식은 생략하기로 한다.

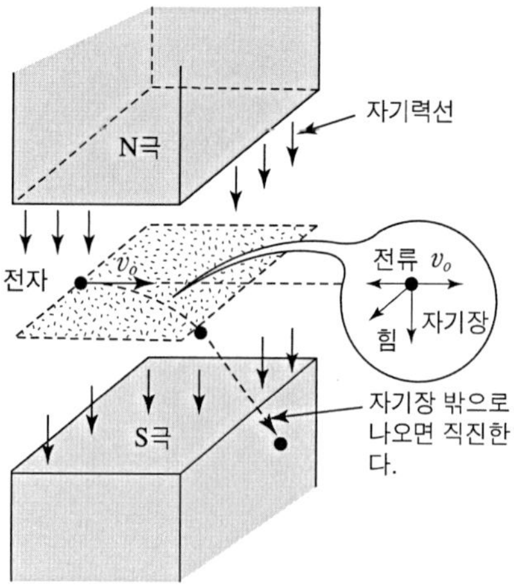

그림 1.8 자기장 내의 전자 운동

1.3.2 고체 내의 전자 운동

반도체 및 금속 등과 같은 고체 내에서의 전자 운동에 대해 알아보기로 한다. 그림 1.9와 같이 금속 외부에서 전압 V를 가하면, 금속 내부의 전도전자는 금속 원자 사이를 자유롭게 이동할 수 있다. 전도 전자는 금속의 양극 쪽으로 이동하게 되므로 전류가 흐르게 되는 것이다.

만일 금속의 온도가 상승하게 되면 전기 저항이 증가하여 전류가 적게 흐르게 된다. 이는 금속이 열에너지를 받음으로써 금속 원자가 진동을 더 많이 하여 그 사이를 통과하는 전자의 충돌 횟수가 증가하여 열을 발생하게 되고, 전자의 이동속도도 늦어지게 되어 전류

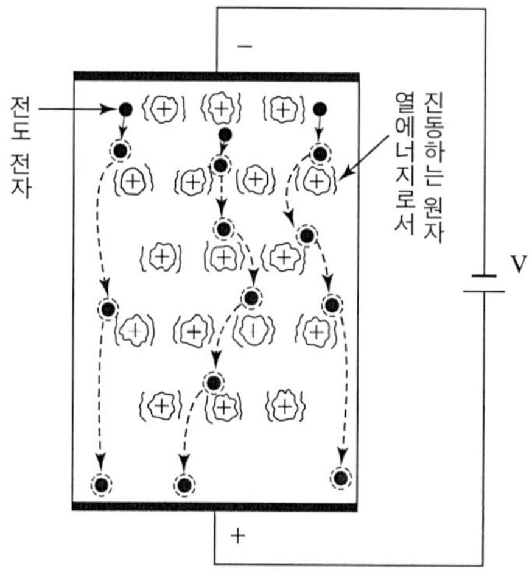

그림 1.9 금속 내의 전자 운동

가 감소하게 되는 것이다. 그림 1.10과 같이 단면적 A[m²]인 도체 내에 전자 밀도가 n[개/m³]이고, 전자의 평균 이동 속도가 v[m/s]라고 하면, 1초 동안에 도체의 단면적을 통과하는 전자의 수 N[개]은 다음과 같이 된다.

$$N = nAv\,[\text{개}] \qquad (1.3)$$

이 식에서 전자의 전하량 $-e$[C]를 곱하게 되면 도체에 흐른 전류 I[A]가 된다.

$$I = -enAv\,[\text{A}] \qquad (1.4)$$

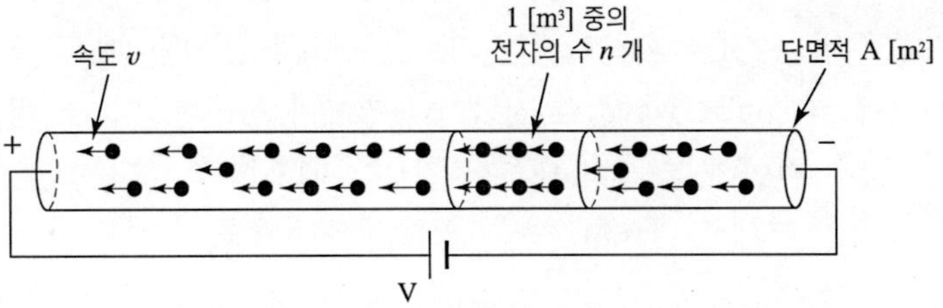

그림 1.10 도체 내의 전자 이동

읽을거리

전기(電氣)의 기원과 전류

전기에 관한 기록은 기원전 600년으로 올라간다. 당시 그리스에서 장식물로 쓰던 호박(amber)을 천으로 문지를 때 먼지나 실오라기 등이 끌려 오는 것을 발견했다. 전기를 영어로는 electricity라고 하는데, 이는 그리스어의 elektron에서 유래한 말이다. 당시의 철학자이던 탈레스(B.C. 624~536)가 이 현상에 대하여 연구를 하였다. 그 후 16세기 말 영국의 엘리자베스 여왕의 시의였던 길버트가 전기와 자기에 대하여 본격적으로 연구를 하였다. 근대 사회에 와서 전기가 본격적으로 인류 문명에 등장한 것은 19세기 전반에 전신기와 조명의 등장에 의해서이다.

전류가 암페어의 단위로 정해진 것은 1948년 국제도량형위원회에서 결정된 것이며, 암페어의 정의는 다음과 같다. "1 암페어는 무한히 길고 무시할 수 있을 만큼 작은 원형단면적을 가진 두 개의 평행한 직선 도체가 진공 중에서 1m의 간격으로 유지될 때, 두 도체 사이에 매 미터 당 2×10^{-7} 뉴턴 만큼의 힘을 생기게 하는 일정한 전류이다"

1.4 지수 파형과 시정수

전기 기술에서는 사인파형의 교류 전압에 대하여 주로 다루지만, 전자 기술에서는 지수 파형에 대하여 간단히 배울 필요가 있다. 전자 기술에서는 전압과 전류의 파형이 시변(time variable) 함수이거나 각종 파형(waveform)을 접하게 된다.

그림 1.11은 전자 기술에서 자주 접하게 되는 각종 신호 파형을 나타낸 것이다.

그림 1.11의 (a)는 연속 파형으로 시간에 따라 일정한 전압을 유지하는 파형으로서 전지 등의 직류 전압이다. 그림 1.11의 (b)는 계단 파형(step waveform)으로 전류의 모양이 계단식이며 스위치를 닫을 때처럼 회로에 갑자기 직류전압을 인가할 때 나타나는 파형이다. 그림 1.11의 (c)는 펄스파(pulse wave)로 전압이나 전류가 일정한 주기로 반복되면서 지속되는 시간이 매우 짧은 것인데, 컴퓨터 내부의 정보는 매우 짧은 펄스(0 또는 1)로 이루어진다.

그림 1.11의 (d)는 톱니파형(sawtooth waveform)으로 파형의 모양이 시간에 따라 선형적으로 증가한 후 리셋(reset)되는데, 이러한 전압변화의 형태는 TV스크린에 전자빔이 주기적으로 움직일 때 사용된다.

그림 1.11의 (e)는 지수파형(exponential waveform)으로 커패시터에 저장된 전하가 저항을 통해서 방전될 때 흐르는 전류 파형이며, 감쇠지수 전류 형태가 된다. 그림 1.11의 (f)는 사인파형으로서 가장 널리 사용되는 교류 전압 및 전류 파형이다.

지수파형의 대표적인 예는 전자회로에서 커패시터의 전하가 방전되는 경우이다. 수학적으로 지수 함수는 식 (1.5)와 같이 나타낸다.

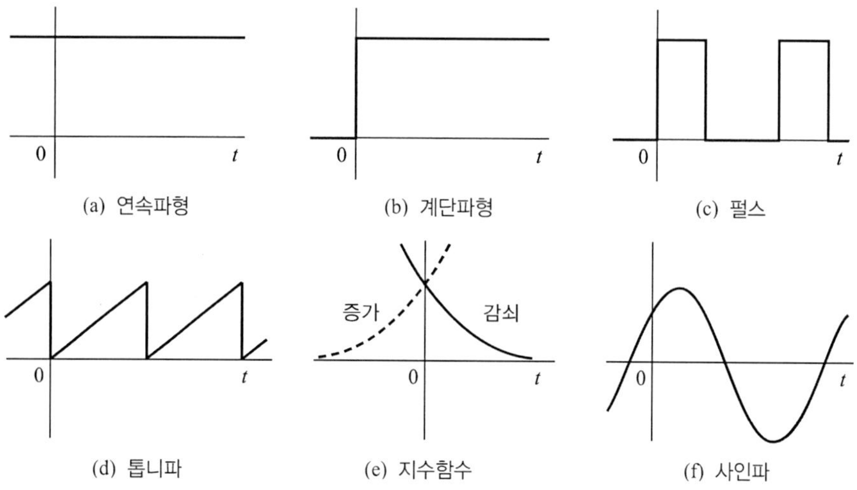

그림 1.11 각종 신호 파형

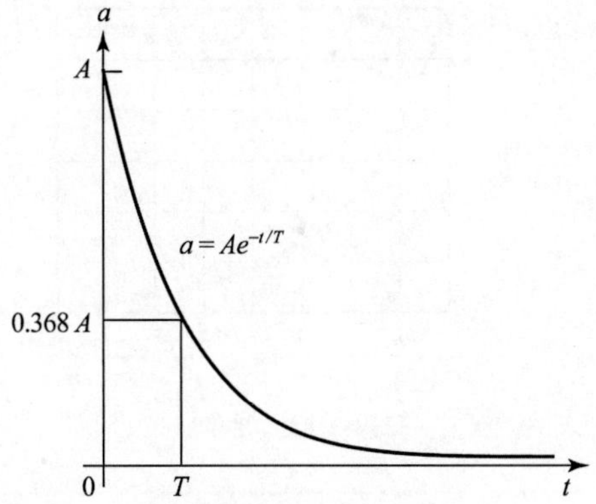

그림 1.12 감쇠 지수 함수

$$a = Ae^{-t/T} \quad \cdots\cdots (1.5)$$

여기서 a는 순시값(instantaneous value)이고, A는 최대치 또는 진폭이고, e는 자연 로그의 밑수로서 2.718이고, t는 시간이고, T는 시정수이다.

식 (1.5)에서 시간 t가 증가하면 순시값 a는 0에 가깝게 감소하게 된다. 지수적으로 감쇠하는 전류 파형에서 지수가 -1이 되는 시간을 이용하는 것이 편리한 경우가 많으므로 지수가 -1이 되는 시간 t를 시정수(time constant)라고 정의한다.

즉, $t = T$인 시정수에서 지수 인자의 값에 따라 순시값을 구해보면 다음과 같이 된다. 결국, 시정수 T만큼의 시간이 흐른 후의 순시값은 최대값의 36.8%로 감쇠하게 된다. 이를 그림 1.12에 나타낸 것이다.

$$a = Ae^{-t/T} = Ae^{-T/T} = Ae^{-1} = A\frac{1}{e} = \frac{A}{2.718} = 0.368A \quad \cdots\cdots (1.6)$$

예제 1

어떠한 콘덴서에 6 [V]의 직류 전압을 충전시킨 후, 시간 $t=0$에서 스위치를 전환하여 저항과 접속시킨 경우의 전류 파형이 그림 1.13과 같이 나타났다고 하자. 이 경우에 대하여 다음을 구해 보시오.

① 회로도를 그려 보시오.

② 시정수를 구하시오.

③ 전류 방정식을 구하시오.

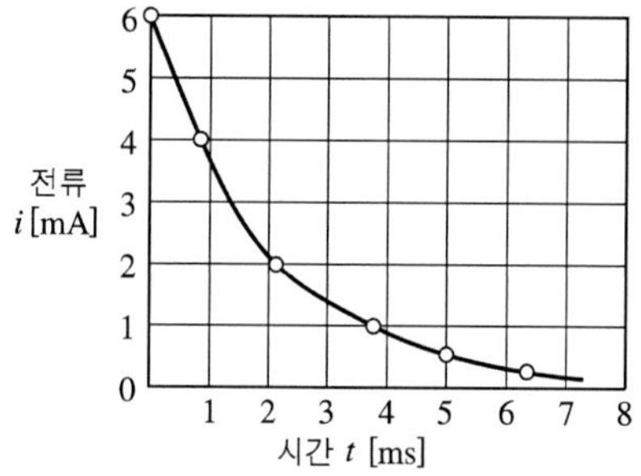

그림 1.13 예제

풀이 ① 직류 전압 6 [V], 콘덴서, 저항, 스위치, 전류계로 구성된 회로도는 그림 1.14와 같다.

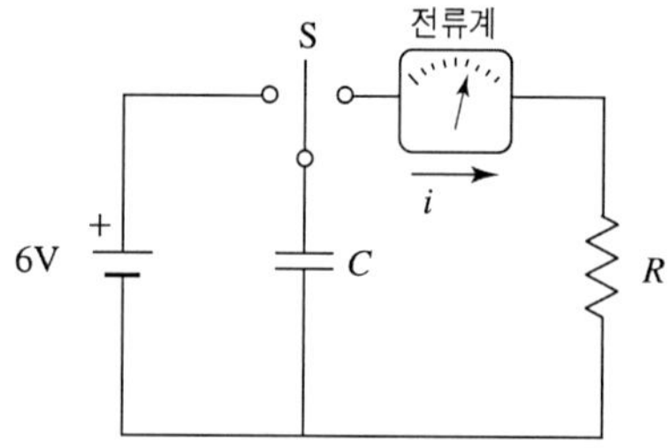

그림 1.14 회로도

② 시정수 T를 구하기 위해서는 우선 $t=T$가 되는 전류 i를 구해야 한다.

$$i = I_0 e^{-T/T} = I_0 e^{-1} = 6 \times 0.368 = 2.2\ [\mathrm{mA}]$$

전류 i가 2.2 [mA]일 때의 시간 t가 바로 시정수 T인 것이다. 이 때의 시간을 그림 1.13에서 구해보면 2 [ms]가 되므로, 시정수 T는 다음과 같이 된다.

$$\therefore\ T = 2\ [\mathrm{ms}]$$

③ 시정수를 구하였으므로 전류 방정식 i는 다음과 같이 구할 수 있다.

$$i = I_0 e^{-t/T} = I_0 e^{-t/0.002} = 6\,e^{-500t}\ [\mathrm{mA}]$$

2 전자 부품

회로는 소자(component)와 전원(source)으로 분류된다. 소자란 회로에 새로운 에너지를 줄 수 없는 부품이고, 전원이란 회로에 새로운 에너지를 공급할 수 있는 부품이다.

전자 부품은 전기 에너지를 흡수하느냐 또는 공급하느냐에 따라 수동 소자와 능동 소자로 구분 할 수 있다. 수동 소자(passive component)는 에너지를 소모하거나 저장할 뿐이며, 자체적으로 에너지를 공급할 수 없는 부품이다.

그림 1.15는 이하에서 배울 각종 전자 부품의 예를 나타낸 것이다.

그림 1.15 각종 전자 부품

2.1 수동 소자

전자 부품 중에서 대표적인 3대 수동 소자에는 저항(R), 인덕터(L), 커패시터(C)가 있다.

2.1.1 저항기

저항기(resistor)는 회로에서 전류의 흐름을 억제하거나 전압을 분배하는 역할을 한다. 그림 1.15와 같이 저항기는 저항값이 고정되어 있는 고정 저항기(fixed resistor)와 저항값을 변화시킬 수 있는 가변 저항기(variable resistor)로 구분할 수 있다.

그림 1.16은 저항기의 기호(symbol)를 나타낸 것이다.

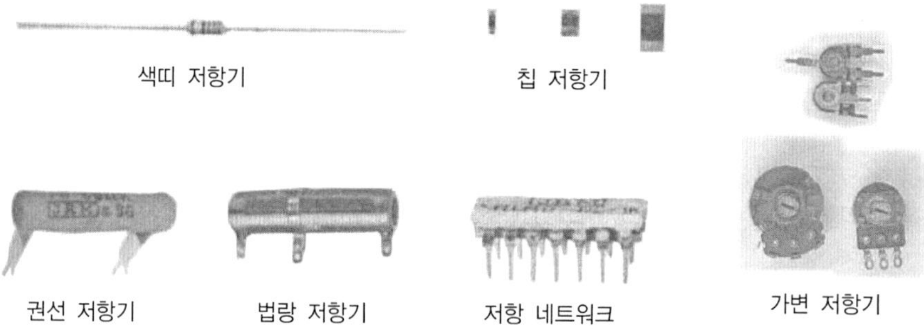

그림 1.15 각종 저항기 모양

(a) 고정 저항 (b) 가변 저항

그림 1.16 저항기 기호

표 1.2는 색띠 저항기의 읽는 값을 나타낸 것이다. 전자 회로에 가장 널리 사용되는 저항기는 색띠 저항기이다. 색띠 저항기는 저항기 표면에 4개 또는 5개의 색깔을 띠(band) 형태로 칠해 놓은 것이다. 색깔은 숫자를 의미하는 것이며, 첫째 띠, 둘째 띠, 셋째 띠는 숫자를 나타내고, 넷째 띠는 저항값의 허용 오차를 나타낸다.

▶ **표 1.2** 색띠 저항기의 숫자표시 방법

색	첫째 띠 (숫자)	둘째 띠 (숫자)	셋째 띠 (배수)	넷째 띠 (허용 오차)
흑색	0	0	10^0	
갈색	1	1	10^1	
빨간색	2	2	10^2	
주황색	3	3	10^3	
노란색	4	4	10^4	
초록색	5	5	10^5	
파란색	6	6	10^6	
보라색	7	7	10^7	
회색	8	8	10^8	
백색	9		10^9	
금색			10^{-1}	±5%
은색			10^{-2}	±10%
무색				±20%

예제 2

그림 1.17과 같은 색띠 저항기의 색깔이 파랑, 노랑, 빨강, 금색이라고 할 때, 이 저항기의 저항값은 얼마인가?

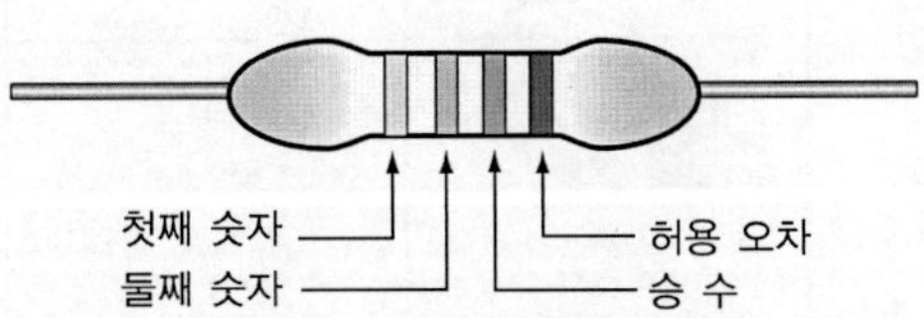

그림 1.17 색띠 저항기

풀이 표 1.2로부터 파랑은 6이고 노랑은 4이며, 빨강은 10^2이고, 금색은 ±5[%]이다. 따라서, 저항기의 저항값은 $64\times10^2\,[\Omega]$, 허용 오차는 ±5[%]가 된다.

2.1.2. 인덕터

인덕터(inductor)는 코일을 감은 것으로서 전류의 흐름에 따라 자기 에너지가 저장되는 부품으로서, 전류가 급격히 변화하는 것을 억제하는 역할을 한다. 인덕터는 값을 변화시킬 수 있는지의 여부에 따라 고정 인덕터와 가변 인덕터로 나눌 수 있다. 그리고 코일을 감은 코어(core) 물질의 종류에 따라 공심 코어, 철심 코어, 페라이트 코어 등으로 분류할 수 있다.

그림 1.18은 고정 인덕터와 가변 인덕터의 기호를 나타낸 것이다.

(a) 고정 인덕터　　(b) 가변 인덕터

그림 1.18 인덕터의 기호

그림 1.19는 용도별로 구분한 각종 인덕터의 종류를 나타낸 것이다. 인덕터는 사용 주파수에 따라 저주파용과 고주파용으로 구분한다. 고주파 코일이나 중간주파변성기(IFT)와 같이 주파수 선택을 목적으로 하는 소자는 인덕턴스 L값을 조정하기 위하여 가변 구조를 가지는 압분 철심을 사용한다. 이러한 용도의 인덕터는 발진 코일, 검파 코일, 고주파 필터 등이 있으며, 다른 회로와의 영향을 방지하기 위하여 인덕터 외함은 차페(shield) 구조로 되어 있다.

(a) 자석용　　(b) 고전압 발생용　　(c) 변압용　　(d) 동조용

그림 1.19 용도별 각종 인덕터

코일에 전압을 발생시키는 현상을 전자 유도라고 한다. 즉, 전자 유도란 회로에 흐르는 전류가 변화할 때, 회로 자석의 전류 변화를 방해하는 방향으로 유도 기전력이 발생하는 현상을 말한다. 그리고 전류의 변화를 방해하는 방향으로 유도기전력이 생기므로 역기전력이라고도 한다. 이와 같이 전류가 변할 때 코일 자체에서 유도 전압을 발생시키는 코일의 능력을 자기 인덕턴스(self inductance) 또는 인덕턴스라고 부르며, 기호는 L, 단위는 헨리 [H]를 사용한다.

자기 인덕턴스 1[H]란 코일에서 1초 동안에 전류가 1[A]의 변화량을 가질 때, 1[V]의 전압이 유도되는 것을 말하며, 식 (1.7)과 같이 나타난다.

$$L = \frac{v_L}{di/dt}\,[\mathrm{H}] \quad \cdots\cdots (1.7)$$

그림 1.20의 (a)는 형광등의 실체도이며, 그림 (b)는 형광등에 사용되는 안정기로서, 안정기는 인덕터이다. 형광등의 안정기는 형광등을 점등시키기 위하여 높은 전압을 만들거나, 방전시 전류가 일정하게 흐르도록 조절하는 작용을 한다. 안정기의 코일에 흐르는 전류를 갑자기 끊으면 코일에 매우 높은 전압이 발생한다.

형광등의 점등 원리는 다음과 같다.

① 점등관의 방전 : 형광등의 스위치를 닫으면 점등관의 고정 전극과 가동 전극 사이에 전압이 가해져 방전이 일어난다.

② 점등관의 전극 붙음 : 두 전극 사이의 방전으로 열이 발생하고, 가동 전극은 온도가 상승하여 펴지면서 고정 전극에 붙는다.

③ 필라멘트 가열 : 가동 전극이 고정 전극에 붙으면 점등관 내의 방전은 멈추고, 두 전극이 붙기 전보다 더 많은 전류가 흘러 형광 방전기의 필라멘트가 가열된다.

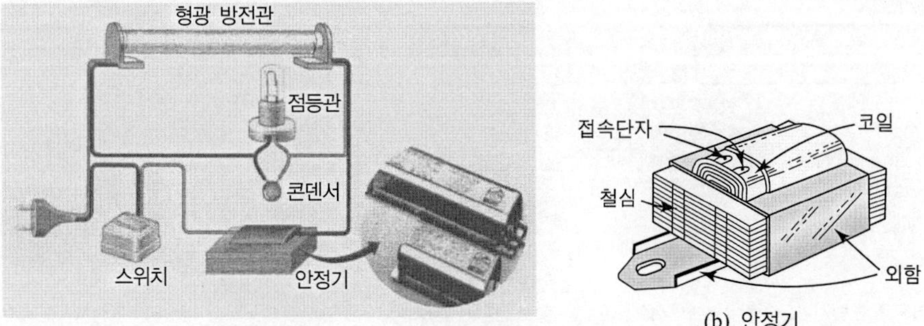

(a) 실체도 (b) 안정기

그림 1.20 형광등의 실체도와 안정기

④ 점등관의 전극 떨어짐: 점등관 내의 방전이 멈추면 두 전극은 다시 냉각되어 서로 떨어지고, 필라멘트에 흐르던 전류는 흐르지 않게 된다.

⑤ 안정기의 고전압 발생: 점등관 내의 두 전극이 떨어지는 순간 안정기에 높은 전압이 발생하고, 이 전압은 형광 방전관의 양쪽 필라멘트에 가해져 형광 방전관 내부에 방전이 일어난다.

⑥ 빛의 발생: 형광 방전관 내부에서 일어나는 방전으로 자외선이 발생하고, 이 자외선이 형광 물질을 자극시킴으로써 빛이 발생하게 된다.

2.1.3 커패시터

커패시터(capacitor)는 직류 전압의 인가에 의하여 전하를 축적하여 정전 에너지를 저장하는 부품으로, 축전기 또는 콘덴서(condenser)라고도 부른다. 콘덴서가 저장할 수 있는 전하의 용량을 정전용량(electrostatic capacity)이라 하며, 기호는 C, 단위는 패럿[F]을 사용한다. 실제로는 패럿이 너무 큰 단위이므로, 10^{-6}[F]인 마이크로패럿[μF]이나, 10^{-12}[F]인 피코패럿 단위를 사용한다. 그림 1.21은 콘덴서의 기호와 종류를 나타낸 것이다.

콘덴서의 종류는 정전용량 값을 바꿀 수 없는 고정 콘덴서(fixed condenser)와, 정전용량 값을 바꿀 수 있는 가변 콘덴서(variable condenser)로 분류할 수 있다. 고정 콘덴서에는 세라믹 콘덴서, 마일러 콘덴서, 전해 콘덴서 등이 있다. 가변 콘덴서는 라디오에서 원하는 방송의 주파수를 선택할 수 있는 동조 회로에 사용되는 바리콘(varicon)이 대표적이다.

특히, 전해 콘덴서는 두 단자의 극성이 정해져 있으며 리드선이 긴 쪽이 (+)단자이고, 짧은 쪽이 (−)단자이므로, 사용시 주의하여야 한다.

고정 콘덴서는 그림 1.21에서 보는 바와 같이 콘덴서의 정전용량 값을 숫자나 기호로 나타낸다. 그림 1.22는 세라믹 콘덴서의 정전용량 값을 읽는 방법을 나타낸 것이다.

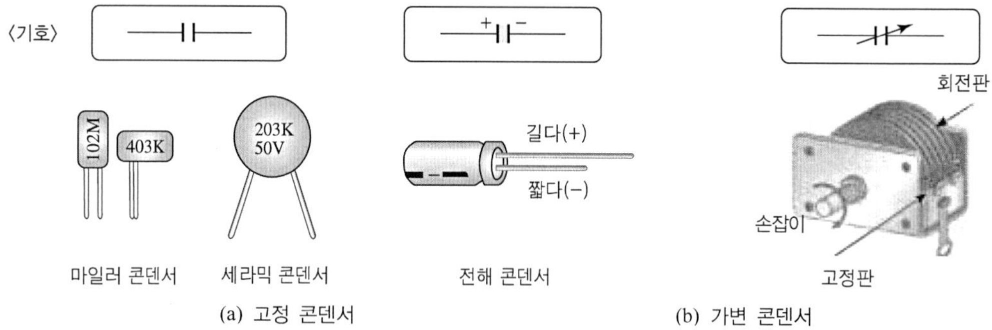

그림 1.21 콘덴서의 기호와 종류

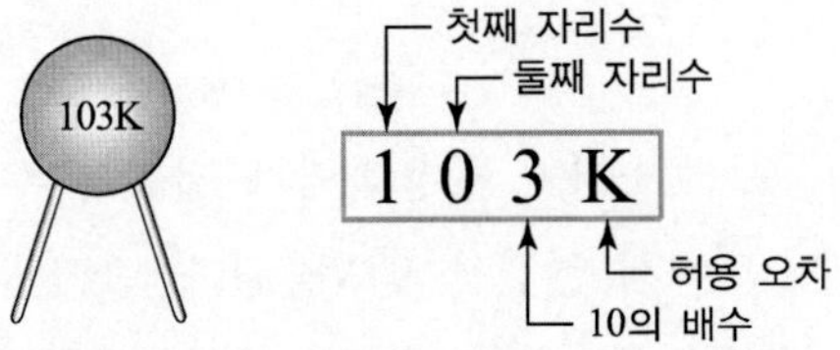

그림 1.22 콘덴서의 정전용량 읽는 법

즉, 첫째와 둘째 자리수는 정전용량의 값이고, 셋째 자리수는 10의 승수를 나타내며, 넷째 자리의 기호는 허용 오차를 나타낸다. 그러므로 이 콘덴서의 정전용량 값은 10×10^3 [pF]$=0.01$[μF]이며, 허용 오차는 ± 10[%]이다.

한편, 회로 시험기로 콘덴서를 점검하는 방법은 다음과 같다.

① 그림 1.23과 같이 회로시험기의 검은색 봉을 전해 콘덴서의 다리가 긴 (+)단자에 대고, 빨간색 봉을 다리가 짧은 (−)단자에 댄다.

② 이 때 회로시험기의 지침이 0[Ω]쪽으로 움직였다가 ∞[Ω]쪽으로 움직이면 전해 콘덴서는 정상이다.

③ 마일러 콘덴서나 세라믹 콘덴서는 정전용량이 매우 작기 때문에 콘덴서의 두 단자 사이의 저항을 측정하였을 때 지침이 움직이지 않으면 정상이다.

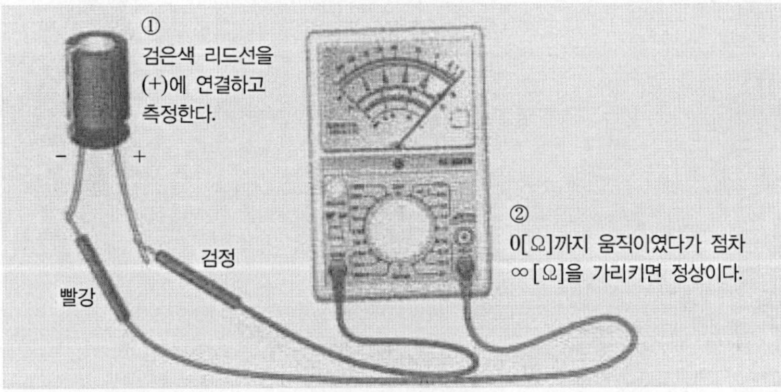

그림 1.23 전해 콘덴서의 회로 시험기 점검

2.2 능동 소자

능동 소자(active component)란 에너지 공급을 받아 전기 신호의 증폭, 발진 등의 능동적 기능을 나타내는 부품으로서, 진공관, 다이오드, 트랜지스터, IC, CdS 등이 있다.

2.2.1 진공관

진공관(vacuum tube)은 반도체 소자가 실용화되기 전까지 주로 사용된 전자 부품이다. 진공관은 유리 용기 내의 캐소드에서 열전자가 방출된다. 반도체 소자보다 형태가 크고 전력을 많이 소비하며, 수명이 짧으므로, 최근에는 한정된 용도로만 사용되고 있다. 진공관의 종류에는 2극관, 3극관, 4극관, 5극관 등이 있다.

그림 1.24는 2극 진공관을 나타낸 것이다. 진공관의 유리관 내부는 10^{-6}[mmHg] 정도의 고진공으로 하여 불순물을 없앤다. 진공관의 히터(Heater) H는 가느다란 금속선으로 되어 있으며, 히터에 전류를 흘려주면 발생하는 열에 의하여 캐소드(Cathode) K를 가열하는 역할을 한다. 캐소드 K는 약 900°C 정도의 고온이 되면 열전자(thermo electron)를 방출하게 된다. 이와 같이 금속에서의 열전자 방출은 1절에서 배운 원리와 같으며, 이는 진공관에서 가장 널리 이용되는 전자의 방출 방법이다. 그리고 플레이트(plate) P는 금속판으로서 캐소드 K를 둘러싼 구조로 되어 있다. 2극 진공관이 동작하기 위해서는 플레이트 P에 (+)전압을, 캐소드 K에 (−)전압을 연결하여야 한다.

(a) 외형

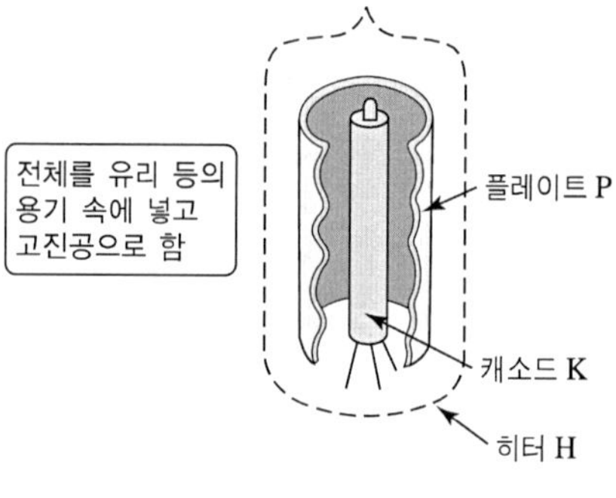

(b) 구조

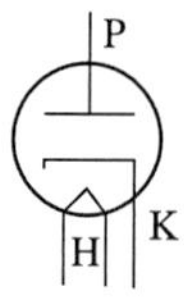

(c) 기호

그림 1.24 2극 진공관

2.2.2 다이오드

다이오드(diode)는 P형 반도체와 N형 반도체를 접합시켜 만든 능동 소자이다. 다이오드는 회로 내에서 정류 작용과 검파 작용을 한다. 정류 작용은 교류 전류를 직류 전류로 바꾸어 주는 역할을 하는 것이다. 검파 작용은 라디오 회로의 고주파 신호 파형에서 저주파인 음성 신호 파형을 분리해 내는 역할을 하는 것이다.

그림 1.25는 다이오드의 구조와 기호를 나타낸 것이다.

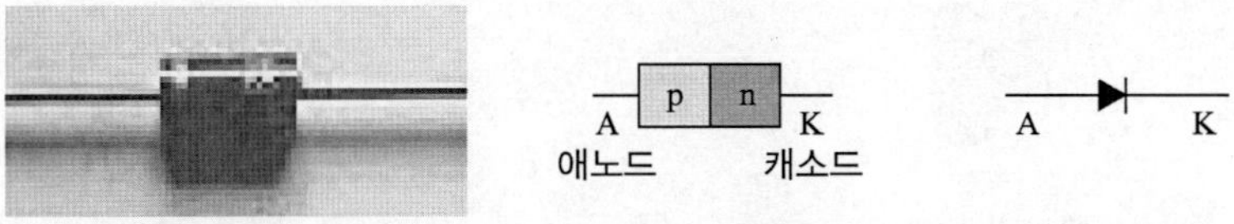

(a) 모양 (b) pn 접합 (c) 기호

그림 1.25 다이오드의 구조와 기호

그림 1.26과 같이 p형 반도체에 (+)전압을 연결하고, n형 반도체에 (−)전압을 연결하면 전류가 잘 흐르게 되는데, 이와 같이 접속하는 전압을 순방향 바이어스(forward bias)라고 한다.

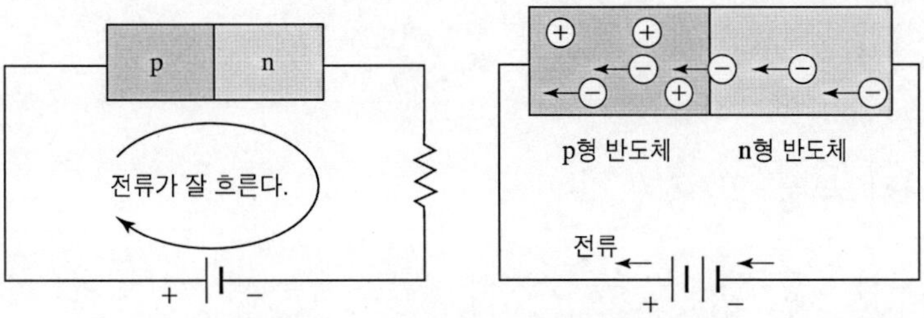

그림 1.26 다이오드의 순방향 바이어스

반면에, 그림 1.27과 같이 p형 반도체에 (−)전압을 연결하고, n형 반도체에 (+)전압을 연결하면 전류가 흐르지 않게 되는데, 이와 같이 접속하는 전압을 역방향 바이어스(reverse bias)라고 한다.

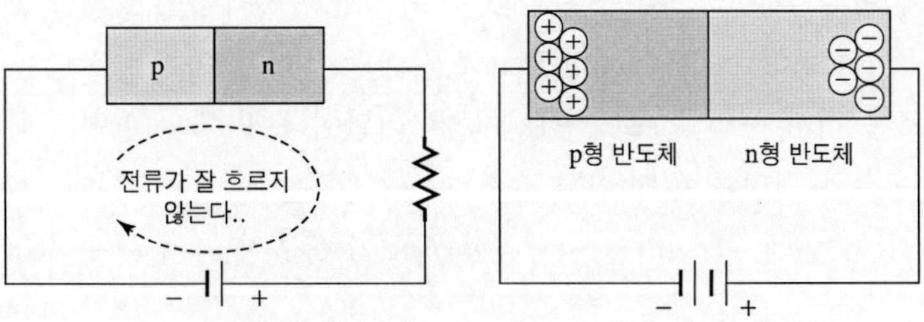

그림 1.27 다이오드의 역방향 바이어스

2.2.3 트랜지스터

트랜지스터(transistor)는 3개의 단자를 가진 능동 소자이다. 3개의 단자는 각각 이미터(Emitter) E, 베이스(Base) B, 컬렉터(Collector) C이다.

그림 1.28은 트랜지스터를 나타낸 것이다. 트랜지스터의 종류는 npn형 트랜지스터와 pnp형 트랜지스터가 있다. 트랜지스터는 회로도에서 Tr로 나타낸다. 트랜지스터는 증폭 작

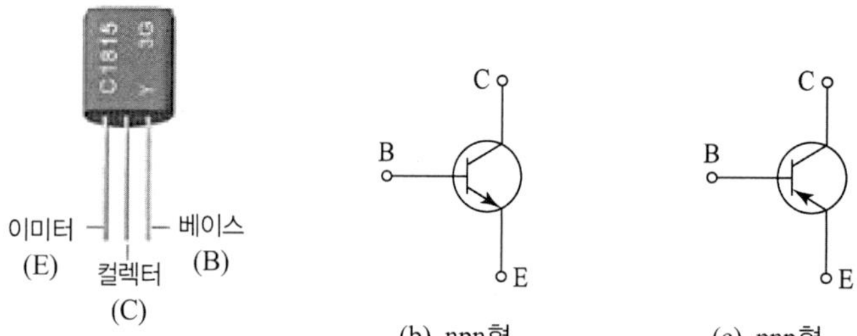

(a) 모양 (b) npn형 (c) pnp형

그림 1.28 트랜지스터의 단자와 기호

용과 스위치 작용 등을 한다. 트랜지스터의 동작 원리 등은 다소 복잡하므로 이 책의 4장에서 자세히 설명하기로 한다.

2.3 기타 부품 및 공구

전자 부품으로서 수동 소자와 능동 소자의 종류는 매우 다양한데, 이상에서는 몇 가지 중요한 소자에 대하여 설명하였다. 여기서는 전자 회로를 구성하는데 있어서 필요한 각종 부품 및 공구에 대하여 간단히 설명하기로 한다.

2.3.1 기판

전자 부품을 이용하여 회로를 구성하기 위해서는 납땜이나 리드선 등으로 기판위에 부품을 조립하여야 한다. 기판의 종류에는 인쇄 회로 기판, 만능 기판, 브레드 보드 등이 있다.

인쇄 회로 기판(PCB, Printed Circuit Board)은 페놀수지 등의 재료로 만들며, 전류가 흐를 수 있는 회로를 미리 구리박으로 인쇄해 놓은 기판이다. PCB의 한쪽 면에서 전자 부품을 꽂은 다음 PCB의 뒷면을 납땜하면 된다.

그림 1.29와 같이 인쇄 회로 기판은 동일한 장소에 동일한 부품을 꽂아 납땜하므로, 동

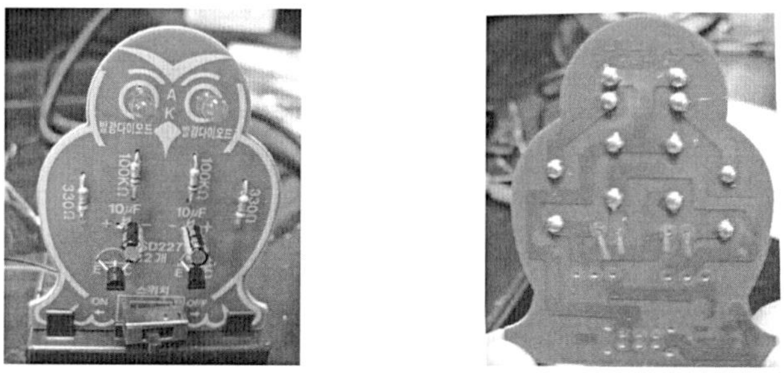

(a) 부품면 (b) 납땜면

그림 1.29 인쇄 회로 기판(PCB)의 앞면과 뒷면 모양

일한 전기 전자 제품을 생산할 때 매우 편리한 기판이다. 현재 우리가 사용하고 있는 컴퓨터 내의 여러가지 기판도 대부분 PCB 기판을 사용한다.

만능 기판은 PCB와는 달리 여러가지 용도에 만능적으로 사용할 수 있는 기판이다. 그림 1.30에서 보는 바와 같이 만능기판의 앞면에서 부품을 꽂은 후에 만능기판의 뒷면에서는 회로도를 보고 리드선을 이용하여 회로를 구성하여 납땜을 하면 된다.

(a) 앞면　(b) 뒷면

그림 1.30 만능기판의 앞면과 뒷면 모양

브레드 보드(bread board)는 전자 제품을 개발하기 위하여 연구 개발 및 실험 단계에서 주로 사용되는 보드이다. 그림 1.31에서와 같이 브레드 보드는 부품과 리드선을 꽂으면 브레드 보드의 뒷면에서 일정한 직선 방향으로 회로가 연결되도록 한 것으로, 브레드 보드의 종류는 그 크기와 용도에 따라 매우 다양하다.

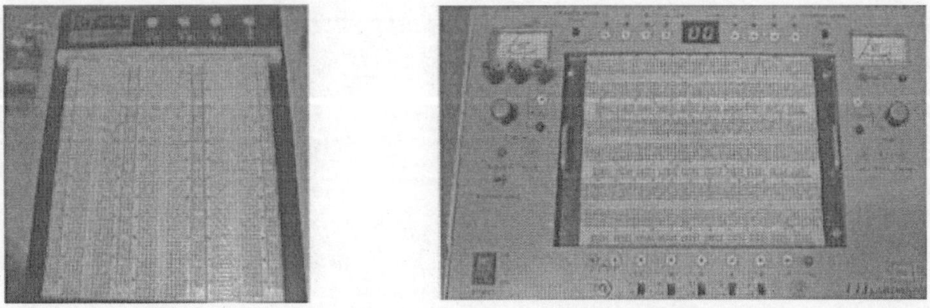

(a) 기초용　(b) 공학용

그림 1.31 브레드 보드의 종류

그 외에도 최근 새로운 제품들이 개발되고 있으며, 그림 1.32의 (b)는 블록식 키트를 나타낸 것이다. 이는 브레드 보드를 간략화한 것으로서 이상혁 · 김진수 등이 2003년에 저술한 (주)두산의 중학교 3학년 기술가정 교과서에 소개되고 있는 기판이다.

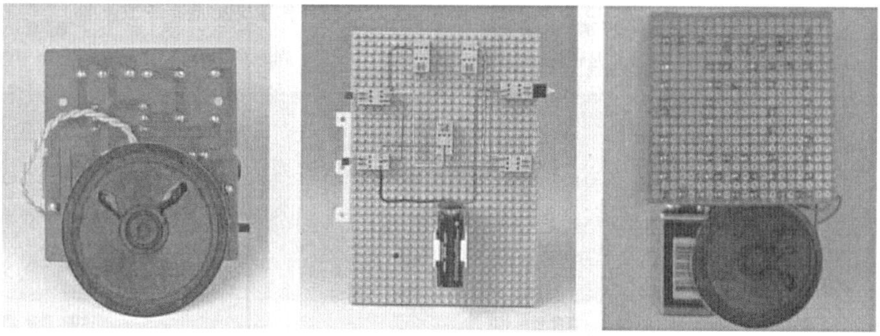

(a) 납땜식　　(b) 블록식　　(c) 만능 기판식

그림 1.32 전자 키트의 종류

2.3.2 공 구

전자 회로를 구성하거나 전자 부품을 사용하여 실험 실습을 할 때는 여러가지 공구가 사용된다. 그 중에서 그림 1.33과 같이 기본적인 공구에 대하여 간단히 소개하며, 전자 실습 수업을 통하여 사용 방법을 충분히 익히도록 하여야 한다.

① 납땜 인두: 전기 전자 제품 조립에 사용되는 납땜 인두는 소비 전력이 30～40[W] 정도인 것이 적당하다.

② 땜납 흡입기: 납땜이 잘못되어 부품과 부품이 서로 붙었을 때나 부품을 잘못 꽂고 납땜했을 때에는 납을 인두로 녹인 다음에 납 흡입기로 납을 제거할 수 있다 .

③ 인두 받침대: 납땜 인두 사용 시 뜨거운 납땜 인두를 올려 놓는데 사용한다.

④ 롱 노즈 플라이어(라디오 펜치): 부품의 리드선을 휘어 꺾거나 전선의 피복을 벗길 때, 뜨거워진 전선을 붙잡거나 좁은 장소에 있는 전선이나 부품을 잡는데 사용한다.

⑤ 니퍼(nipper): 가는 전선을 자르거나 전선의 피복을 벗길 때 사용한다.

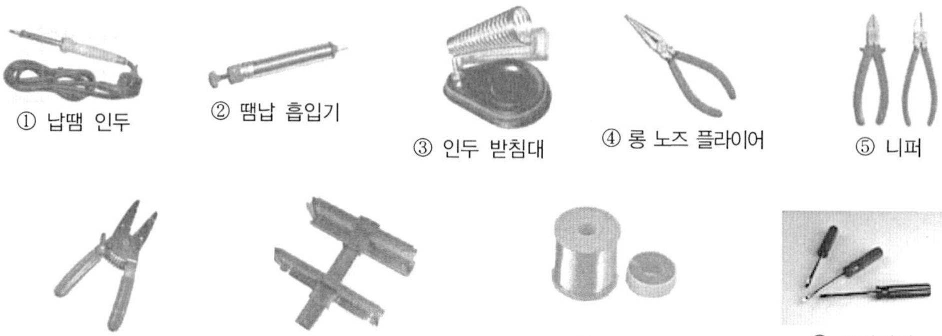

그림 1.33 전자 실습용 공구

⑥ 와이어 스트리퍼(wire stripper) : 전선의 피복을 벗길 때 사용하는 것으로, 전선의 굵기에 따라 다른 크기의 구멍에 넣고 벗기므로, 전선이 손상되지 않고 안전하게 작업할 수 있다.

⑦ 기판 받침대 : 기판에 납땜을 할 때 기판을 고정시키는 역할을 한다.

⑧ 땜납(solder) : 납의 녹는 온도를 낮게 하기 위하여 납과 주석을 합금한 것으로 납땜 재료이다.

⑨ 드라이버(driver) : 나사를 죄거나 풀 때 사용하는 것으로, (+)자형과 (−)자형이 있다.

3 라디오 기초

3.1 라디오 방송의 역사

독일의 물리학자인 헤르츠(Hertz)는 1888년에 처음으로 전파 발생 실험에 성공하였다. 1895년에 독일의 마르코니(Marconi)는 처음으로 무선 전신기를 발명함으로써 전파를 이용한 통신은 빠르게 발달하게 되었다. 이어서 소리를 전기 신호로 바꾸어주는 마이크로폰이 발명됨에 따라 전파 방송이 가능하게 되었으며, 1906년 미국의 드 포리스트(de Forest)가 3극 진공관을 발명하였다.

1920년 1월에 세계에서 처음으로 방송 전파가 발사되었는데, 미국 워싱턴의 아나고스티아 해군 비행장에서의 군악대 연주 방송이었다. 정규 라디오 방송은 1920년 11월 웨스팅하우스사의 KDKA국(피츠버그)이 개국하여 제29대 하딩 대통령의 선거날을 기해 선거 결과 속보를 방송한 것이 방송국의 시초였다.

우리나라에서 최초의 무선 전화 송수신 시험은 1915년경 서울 명동의 경성 우편국과 세종로의 체신국 사이에서 실시되었다. 그리고 최초 무선 방송 시험은 1925년 체신국 구내

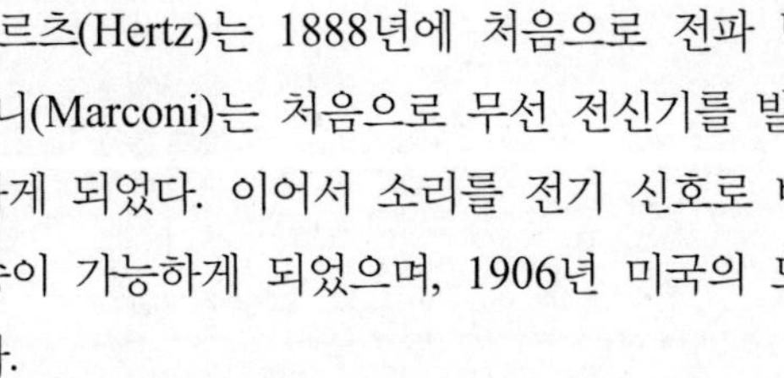

그림 1.34 우리나라 최초의 진공관 라디오(금성사, A501)

의 무선 방송 실험실에서 50[W] 출력으로 실시되었다. 최초의 정규 라디오 방송은 1927년 경성 방송국이 주파수 690[kHz]로 개국하면서였는데, 이는 세계에서 여섯번째였다.

한편, 우리나라에서 최초로 라디오를 생산한 것은 1959년으로서, 금성사에서 진공관식 라디오 80대를 생산한 것이 처음이다(그림 1.34 참조). AM/FM 겸용 라디오가 나온 것은 1966년이고, FM 스테레오 라디오는 1970년에 등장하였다.

3.2 라디오 방송의 원리

사람이 말을 하면 음파가 발생되어 귀에 들리는데, 음파는 공기 중에서 감쇠현상이 크기 때문에 멀리는 전달되지 못한다. 그러므로 방송국에서는 음파를 전파에 실어 멀리까지 보낼 수 있도록 통신 시스템을 사용하고 있다.

그림 1.35와 같이 사람의 음파는 송신기와 송신 안테나를 거쳐 대기 중으로 전파되고, 라디오의 수신 안테나로 전파를 수신하여 수신기와 스피커로서 원래의 음을 재생시켜 들을 수 있는 것이다.

그림 1.35 라디오 방송의 원리

3.2.1 라디오 방송의 송신

라디오 방송의 송신이란 방송국에서 마이크로폰을 사용하여 음파를 전기 신호로 바꾸고, 송신기의 여러 단계의 과정을 거쳐 송신 안테나를 통하여 전파를 발사하는 것이다. 일반적으로 사람이 귀로 들을 수 있는 범위의 주파수를 가청주파수(audio frequency)라고 한다. 가청주파수는 보통 20～20000[Hz]정도이다.

그림 1.36은 라디오 방송(AM)의 송신 원리를 간단히 나타낸 것이다.

그림 1.36을 보면서 전파 송신의 원리를 단계별로 설명하기로 한다.

① 우선 음파가 마이크로폰에 의하여 전기 신호로 변화된 것은 저주파 전류이므로, 이것을 저주파 증폭기를 통하여 신호를 증폭한다.

② 별도의 발진기를 통하여 고주파 전류를 만든 다음, 고주파 증폭기를 통하여 신호를 증폭한다.

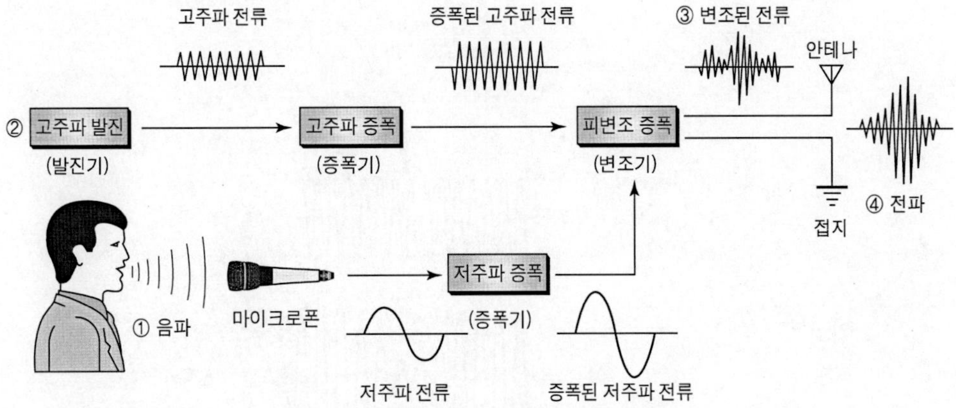

그림 1.36 라디오 방송(AM)의 송신기 원리

③ 증폭된 고주파 전류(단계②)에 증폭된 저주파 전류(단계①)를 실어서 변조된 전류 신호를 만든다. 이와 같이 고주파 신호에 저주파의 음성 신호를 실어 보내는 것을 반송파라고 한다.
④ 송신 안테나를 사용하여 반송파를 공중에 전파시킨다.

그리고 라디오 방송을 송신하기 위한 송신기에서 하는 발진과 변조의 기능은 다음과 같다.
① 발진 : 전자부품을 이용한 발진 회로에서 고주파 전류 신호를 만드는 것을 말한다.
② 변조 : 변조(modulation)란 저주파인 음성 신호를 반송파에 싣는 것을 말한다. 변조에는 진폭 변조와 주파수 변조가 대표적인 변조 방식이다.

그림 1.37은 진폭 변조와 주파수 변조를 나타낸 것이다. 진폭 변조(AM, Amplitude Modulation)는 저주파 음성신호의 크기에 따라 반송파의 진폭을 변화시키는 방식이며, 우리나라 AM 라디오 방송의 주파수는 535～1605[kHz]의 반송파를 사용한다.

주파수 변조(FM, Frequency Modulation)는 반송파의 주파수를 변환시키는 방식으로서, 우리나라 FM 라디오 방송의 주파수는 88～108[MHz]의 반송파를 사용한다.

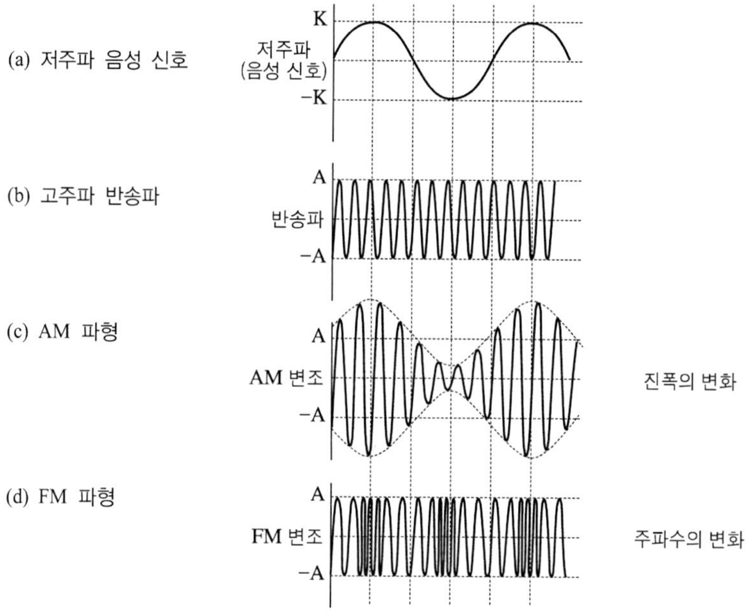

그림 1.37 진폭 변조(AM)과 주파수 변조(FM)의 비교

3.2.2 라디오 방송의 수신

라디오 방송국에서 송신된 전파는 라디오로 수신을 하게 된다. 즉, 라디오는 방송국에서 보내온 전파를 라디오 안테나로 받아서 반송파의 음성 신호와 고주파 신호를 분리하여, 음성 신호를 원래의 음파로 재생하는 것이다.

그림 1.38은 라디오의 기본적인 구성을 나타낸 것으로서, 동조 회로, 고주파 증폭 회로, 검파 회로, 저주파 증폭 회로로 구성되어 있다.

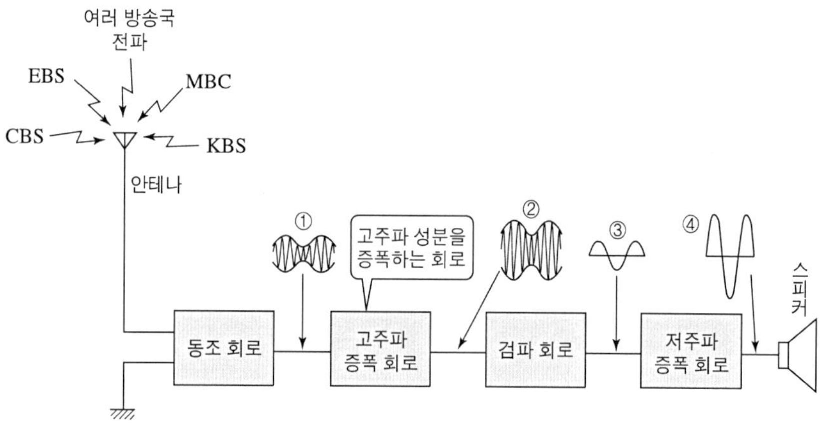

그림 1.38 라디오 회로의 구조

① 동조 회로는 여러 종류의 전파 중에서 듣기를 원하는 방송국의 전파만 골라내는 역할을 한다. 즉, 라디오에 있는 바리콘(varicon) 스위치를 좌우로 회전시켜 원하는 방송국의 주파수를 찾아내는 역할을 한다.

② 고주파 증폭 회로는 동조 회로에서 골라낸 전파만의 신호를 크게 해 주는 역할을 한다. 즉, 라디오에 있는 볼륨(volume) 스위치를 좌우로 회전시켜 작은 신호를 큰 신호로 증폭시키는 역할을 한다.

③ 검파 회로는 고주파 증폭시킨 전파 중에서 순수한 음성 신호만을 골라내는 역할을 한다.

④ 저주파 증폭 회로는 검파 회로에서 골라낸 작은 음성 신호를 스피커를 통해 우리가 들을 수 있도록 크게 바꾸어 주는 역할을 한다.

3.3 동조 회로

동조(tuning)란 회로의 C나 L값을 변화시킴으로써 여러가지 주파수에서 공진을 얻을 수 있는 것을 의미한다. 그림 1.39에 나타난 바와 같이 가변 콘덴서 C는 5개의 다른 입력 주파수들 중에서 어느 하나에서 직렬 LC 회로가 공진되어 동조하도록 조정할 수 있는 것이다.

V_1에서 V_5의 각각의 전압은 서로 다른 특정한 주파수를 갖는 교류 입력 신호를 나타낸다. 예를 들어 C가 424[pF]로 정해지면 LC 회로의 공진 주파수는 500[kHz]가 된다. 이때 입력 신호 중 500[kHz]의 주파수를 갖는 V_1신호가 최대 출력 전압을 발생하는 공진 전류를 흐르게 한다. 이러한 방법에 의하여 LC 회로는 C값을 바꿈으로써 원하는 주파수를 선택하도록 동조된다.

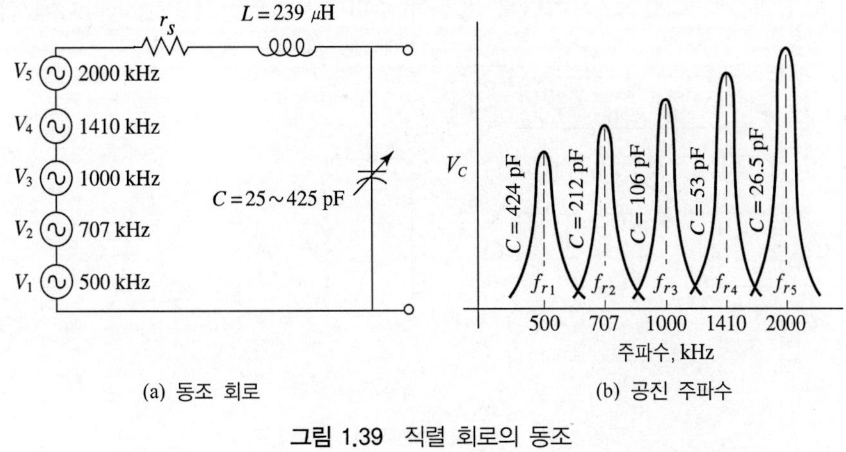

(a) 동조 회로 (b) 공진 주파수

그림 1.39 직렬 회로의 동조

그림 1.40(a)는 라디오 수신기 중에서 가장 간단한 게르마늄 라디오 회로도이다. 트랜지스터를 사용하지 않고 증폭회로가 없는 라디오 수신기이므로, 스피커 대신 이어폰을 사용한다.

그림 1.40과 같이 수신 안테나에는 f_1, f_2, f_3 등과 같은 여러가지 주파수의 전파가 도달하며, 각각의 주파수 전류가 안테나에 흐른다. 이 전류를 안테나 전류라고 한다. 이 안테나 전류는 안테나 코일 L_1을 통하여 흐른다. 코일 L_1에 전류가 흐르면 자속이 발생하고, 이 자속을 동조 코일 L_2에 쇄교하여 전자 유도 작용에 의하여 L_2에 전압이 유도된다.

그림 1.40의 (b)는 직렬 공진 회로를 나타낸 것이다. 라디오 수신기에 사용하는 공진 회로를 동조 회로라고 한다. 직렬 공진 회로에 흐르는 전류 I는 다음 식으로 나타낼 수 있다.

$$I = \frac{V}{\sqrt{R^2 + \left(\omega L - \frac{1}{\omega C}\right)^2}} \text{ [A]} \quad \cdots\cdots (1.8)$$

이 식에서 분모의 임피던스 항에서 $\omega L - \frac{1}{\omega C} = 0$이 될 때, 전류 I는 최대가 될 것이다. 그러므로 이 때의 주파수를 구하면 다음과 같이 된다.

$$f = \frac{1}{2\pi\sqrt{LC}} \text{ [Hz]} \quad \cdots\cdots (1.9)$$

이 주파수 f를 공진 주파수(resonance frequency) f_r이라고 한다. 공진 주파수 f_r일 때 공진 회로에 흐르는 전류 I는 최대가 될 것이며, 이를 그림 1.40의 (c)에 나타냈다. 공진 주파수 f_r일 때의 전류 I_r을 공진 전류라고 한다.

이러한 원리에 의하여 많은 주파수의 전파 중에서 하나의 전파만을 골라내는 것을 동조 회로라고 한다. 단, 식 (1.11)에서 주파수의 크기 f_r을 가변하기 위해서는 분모 항에서 인덕턴스 L과 정전용량 C값 중의 하나를 바꾸어 주면 된다. 일반적으로 라디오에서는 정전

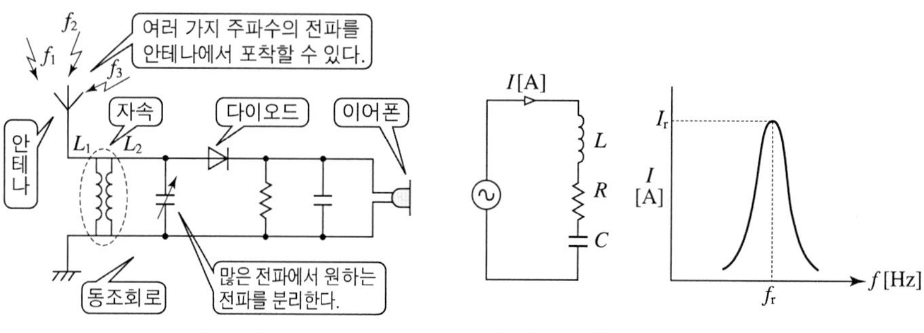

(a) 기본 회로 (b) 직렬 공진 회로 (c) 공진 곡선

그림 1.40 라디오 수신기의 동조 회로

용량 C값을 가변시키며, 이 용도로 사용되는 전자 부품이 바리콘이다.

3.4 검파 회로

검파(detection)란 방송국에서 보내 온 변조파에서 반송파를 제거하고 음성 신호파만을 검출해 내는 것을 말한다. 교류 신호에 대하여 다이오드를 한 개 사용하면 반파 정류가 된다는 원리를 이미 알고 있을 것이다.

그림 1.41은 검파 회로의 동작 원리를 나타낸 것이다.

파형 ①은 LC 동조회로에 의하여 선택된 파형으로서 변조파이다.

파형 ②는 동조된 파형 ①이 다이오드의 반파 정류 원리에 의하여 검파된 파형이다. 파형 ②에서 최대값 성분인 접선이 포락선이다.

파형 ③은 콘덴서 C를 통과한 후에 반송파 성분이 없어져서 포락선만이 남게 된다.

파형 ④는 결합 콘덴서 C_c를 통과함으로써 직류 성분은 제거되고 교류 성분만 통과된 것이다.

결국, 다이오드 등을 사용한 검파 회로에 의하여 검파된 파형 ④를 얻게 된 것이다. 검파란 복조(demodulation)라고도 하는데, 이는 변조파로부터 신호를 다시 복귀한다는 의미이다.

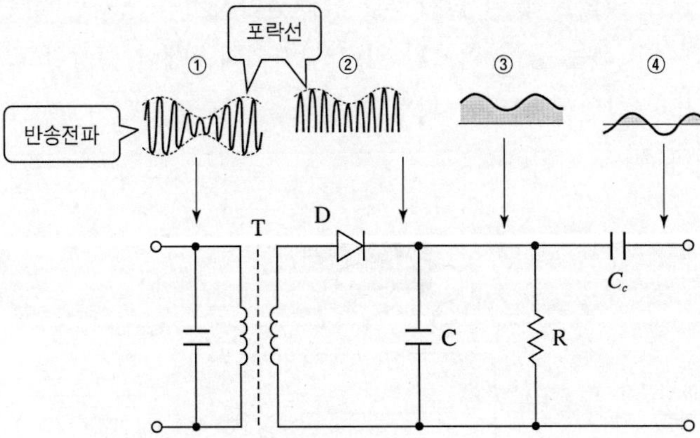

그림 1.41 라디오 수신기의 검파 회로 원리

3.5 증폭 회로

트랜지스터 외에도 저항, 콘덴서 등으로 회로를 구성하면 간단한 증폭 회로를 만들 수 있다. 마이크로폰 등으로 얻을 수 있는 음성 주파수를 가지는 5[mV] 정도의 작은 신호를 트랜지스터 등으로 100배 이상 증폭할 수 있다.

그림 1.42는 트랜지스터 1개를 사용한 간단한 증폭 회로의 예를 나타낸 것이다.

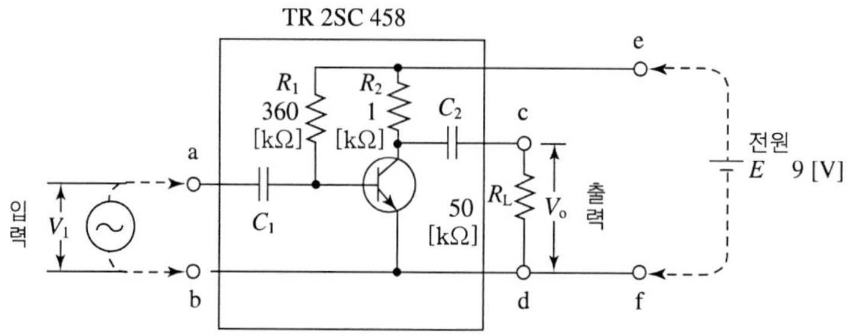

그림 1.42 증폭 회로의 예

그림 1.42의 증폭 회로에서 증폭 원리와 결과를 확인하기 위해서는 그림 1.43과 같이 증폭 회로의 a와 b단자에 저주파 발진기를 접속시키고, 증폭 회로의 c와 d단자에는 오실로스코프를 접속시키면 된다.

오실로스코프를 증폭 회로의 출력 단자 c와 d에 접속시켜서 측정한 파형은 그림 1.44의 (b)와 같고, 그림 1.44의 (a)는 증폭 회로의 입력 단자 a와 b에서 측정한 입력 파형이다. 그림에서 오실로스코프의 화면에 나타난 파형의 눈금을 읽으면 $V_o / V_i = 1100/7 = 157$이므로 증폭도는 157배가 되는 것이다.

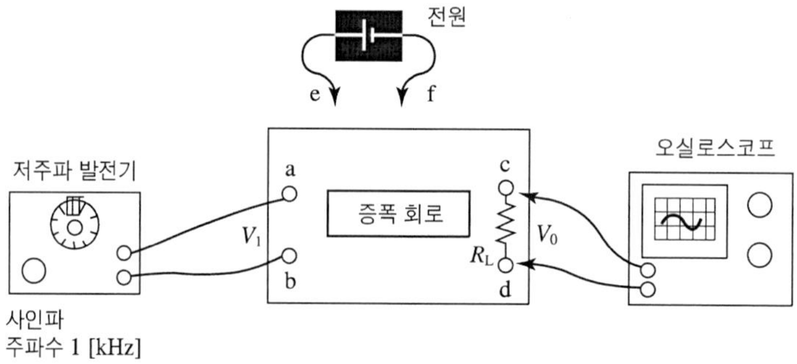

그림 1.43 증폭 회로의 동작 확인 예

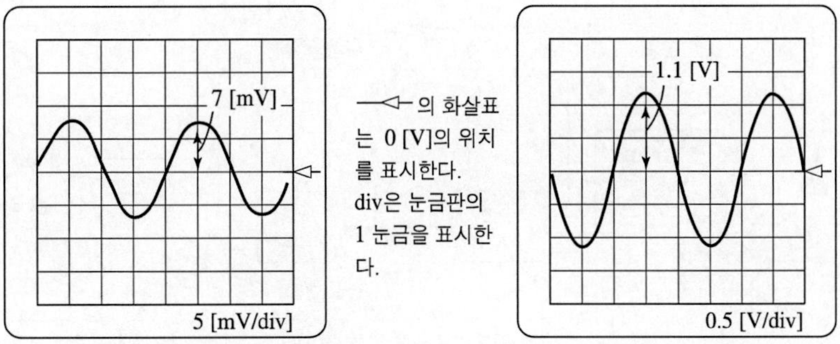

(a) 입력 파형 V_i (b) 출력 파형 V_o

그림 1.44 오실로스코프 파형

4 전자 응용

고성능의 전자 소자가 빠르게 개발됨에 따라, 다음과 같은 여러가지 전자 응용 기기 등이 개발되고 있다.

4.1 텔레비전

4.1.1 CRT TV

1980년부터 우리나라는 컬러 TV 방송을 실시하고 있다. TV 방송국에서는 마이크를 이용하여 소리를 전기 신호로 바꾸고, 영상은 TV 카메라로써 전기 신호로 바꾼다. 이 음성 신호와 영상 신호를 합쳐서 송신기로 전파에 실어 송신 안테나에서 발사하게 된다.

TV기는 TV 전파를 수신 안테나로 받아 TV 내의 수신 회로에서 음성 신호와 영상 신호로 다시 분리한다. 음성 신호는 TV 스피커로 음성으로 재현된다. 영상 신호는 음극선관(CRT ; Cathode-Ray Tube)으로 화면에 영상으로 재현된다.

그림 1.45는 컬러 TV 방송의 송수신을 나타낸 것이다. 음극선관은 TV 브라운관 뒤에 있는 전자총의 음극에서 열전자를 방출하기 때문에 CRT라고도 하며, 컴퓨터 등의 모니터도 모두 음극선이다. 그러나 음극선관은 부피가 크기 때문에 최근에는 두께가 얇은 LCD나 PDP 모니터가 점차적으로 음극선관을 대체하고 있다.

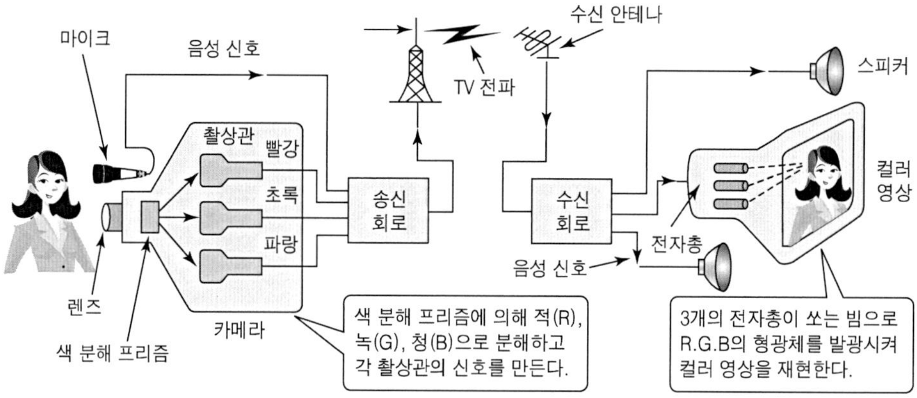

그림 1.45 컬러 TV 방송의 송신과 수신

4.1.2 PDP TV

그림 1.46은 PDP TV를 나타낸 것이다. PDP TV는 플라스마 현상을 사용하여 영상을 나타내는 것이다. PDP(plasma display panel) 내부는 진공으로 된 얇은 유리판 사이에 양이온과 음전하(전자)들이 거의 같은 양으로 혼합되어 전기적으로 중성인 플라스마 상태를 유지하고 있다. 여기에 높은 전압을 가하면 방전 현상이 일어나면서 가시광이 발생하는데 이를 플라스마(plasma) 현상이라 한다. PDP TV는 CRT TV에 비해 두께는 1/10, 무게는 1/3 정도이며, 디지털 신호 기술을 사용하므로 화질도 월등히 우수한 영상 기기이다.

PDP TV는 두께와 무게를 대폭 줄일 수 있을 뿐만 아니라, 약 100~200cm(40~80인치)의 대형 화면도 만들 수 있고, 벽이나 천장에도 쉽게 설치할 수 있다. PDP TV는 CATV 및 위성 방송 외에도, PC와 연결하여 다양한 멀티미디어 기능을 지원하기 때문에 가정, 사무실, 학교 등에서 멀티미디어 정보 기기로 널리 사용되고 있다.

그림 1.46 PDP TV

4.1.3 LCD TV

액정 디스플레이(LCD ; liquid crystal display)에 사용되는 액정 물질은 일정 온도 범위에서 유동성을 가진 액정 상태이면서 광학적으로 복굴절성을 가지는 결정이다. 이러한 특성 때문에 액정이란 용어를 사용하며, 1888년에 오스트리아의 식물학자 Reinitzer가 처음으로 액정 상태를 발견하였다.

그림 1.47은 액정이 온도에 의한 상태 변화를 나타낸 것이다. 액정이란 명칭은 고체상과 액체상의 중간 상태인 액정상을 가리키는 경우와 이러한 액정상을 갖는 물질 자체를 가리키는 경우의 두 가지 의미로 사용되고 있다.

일반적으로 보통 물질은 용융 온도에서 투명한 액체로 변하지만, 액정 물질은 용융 온도에서 불투명하고 혼탁한 액체로 변화된 후, 더욱 온도를 올리면 보통의 투명한 액체로 변화된다.

액정 물질의 대부분은 유기 화합물이며, 분자 형상은 가늘고 긴 막대 모양이나 편평한 모양을 하고 있다. LCD는 액정의 초기 분자 배열을 전압 등에 의하여 다른 분자 배열 상태로 변화시킨다. LCD는 최근에 TV 및 컴퓨터 모니터 등으로 매우 널리 사용되고 있다.

그림 1.47 온도에 따른 액정 물질의 상태 변화

LCD의 특징은 얇고 가벼우며, 낮은 소비 전력과 적은 동작 전압이 필요하다. 이 때문에 현존하는 각종 플랫 패널형 전자 디스플레이 중에서 가장 널리 사용될 정도로 성장하였으며, LCD의 장점은 다음과 같다.

① 낮은 소비 전력(수~수십μW/cm^2)으로 오랜 시간 전지 구동이 가능한 에너지 절약형이다.

② 적은 전압에서 동작(수~10V)하므로 직접적으로 IC 구동이 가능하고, 구동 전자 회로의 소형화가 가능하다.

③ 소자 두께가 얇고(수 mm), 대형에서부터 소형 패널까지 가능하다. 특히 휴대형(portable) 기기에 적합하다.

④ 수광형 소자이므로 밝은 장소에서도 표시가 선명하다.

⑤ 컬러화가 쉽기 때문에 기능의 확대, 다양화가 이루어질 수 있다.

그러나 LCD는 다음과 같은 실용상의 단점도 가지고 있다.

① 비발광형이므로 반사형 소자인 경우에 어두운 곳에서 선명도가 떨어진다.

② 선명한 소자가 요구되거나 컬러의 경우 후광(back light)을 필요로 한다.

③ 보는 방향에 따라 시각에 약간 제약을 받는다.

④ 응답 시간은 주위 온도에 의존하므로 저온에서의 동작(−30∼−40°C)에 어려움이 있다.

그림 1.48은 주택용 LCD TV의 예이다. LCD TV는 두께가 얇고 화질도 선명하므로, 최근에는 IPTV로의 사용이 기대되고 있다.

(a) LCD TV

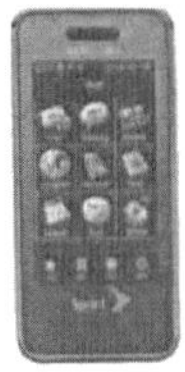

(b) LCD 터치스크린 휴대전화

그림 1.48 LCD TV와 휴대전화

4.1.4 LED TV

최근 국내의 S 회사와 L 회사에서는 LED TV를 생산 판매하고 있다. 이것은 기존의 LCD TV에서 광원으로 사용되는 CCFL 대신에 광원으로서 LED를 사용한 것이다. 그러므로 전력 소모가 매우 적은 것이 특징이며, TV의 두께가 20mm 이내로 매우 얇아진 것이 특징이다.

4.2 테이프 레코더

테이프 레코더로는 비디오 테이프 녹음기와 카세트 테이프 녹음기가 대표적이다. 이들 기기는 아날로그형이지만 아직도 많이 사용되고 있는 녹음 기기이다.

4.2.1 비디오 테이프 레코더

비디오 테이프 레코더(VTR ; video tape recorder)는 음성 신호와 영상 신호를 자기 테이프에 동시에 기록하는 전자 기기이다. VTR의 녹화 방식은 VHS(video home system) 방식과 베타 맥스(β-MAX) 방식의 두 가지이다. 두 방식 모두 1.27cm(0.5인치) 테이프를 이용하지만 서로 호환성이 없고, 국내에서는 VHS 방식을 주로 사용한다.

그림 1.49에서와 같이 VTR의 음성 헤드는 고정되어 있으나, 영상 신호를 기록하고 재생하는 비디오 헤드는 회전 드럼에 경사지게 고정된 채 고속으로 회전한다. 음성 신호는 테이프의 양쪽 가장자리에 녹음되고, 영상 신호는 테이프의 길이 방향과 경사지게 기록된다. 이러한 기록 방식을 경사 주사 방식 또는 헬리컬 주사 방식이라 하며, 1.27cm(0.5인치) VTR에 사용되고 있다.

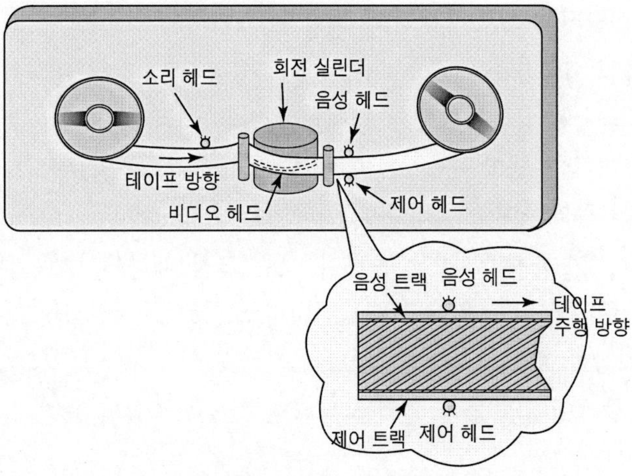

그림 1.49 VTR의 구조와 테이프의 신호 트랙

4.2.2 카세트 테이프 레코더

그림 1.50과 같이 라디오와 겸용으로 되어 있는 카세트 테이프 레코더가 일반적이다. 이는 마이크를 통해 들어간 음성이 녹음 증폭기를 거쳐서 증폭된 음성 신호로 바뀐다. 이 음성 신호는 녹음 전류가 되어 녹음 헤드에 의해 자기 신호로 바뀌어 자기 테이프에 녹음된

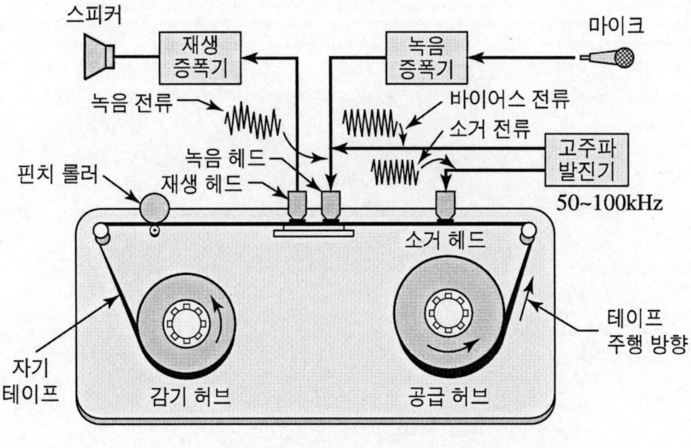

그림 1.50 카세트 테이프 레코더의 녹음 원리

다. 재생은 재생 헤드가 자기 테이프의 자기 신호를 읽어 전기 신호로 바꾼 후 재생 증폭기로 증폭하여 스피커나 이어폰에서 음파로 바꾸어 주는 것이다.

4.3 CD와 DVD

그림 1.51은 휴대용 CD 플레이어를 나타낸 것이다. 디지털 시대가 되면서 대용량의 저장 매체가 급속히 개발되고 있다. 그 중의 하나가 CD(compact disc)이다. CD는 원래 음악 저장용으로 개발되었으나, 지금은 컴퓨터 파일도 저장하고 있다. 휴대용 CD 플레이어는 저장 용량이 매우 크고 소형이므로 종전의 카세트 테이프 레코더 대신에 많이 사용되고 있다. 컴퓨터 파일을 저장하고 재생할 수 있는 CD-ROM 드라이브는 CD-R과 CD-RW가 있다.

그림 1.52는 DVD 플레이어를 나타낸 것이다. DVD(digital versatile disc ; 디지털 다기능 디스크)는 CD와 비슷하지만, 저장 용량이 매우 크기 때문에 135분짜리 영화 한 편을 DVD 한 장에 저장할 수 있다. 원래 DVD는 비디오 자료를 저장하려고 개발되었지만, 음악 및 영화 등도 저장할 수 있도록 발전하였다.

그림 1.53은 CD 플레이어의 동작 원리를 나타낸 것이다. CD의 표면에는 홈이 파여 있는

그림 1.51 휴대용 CD 플레이어

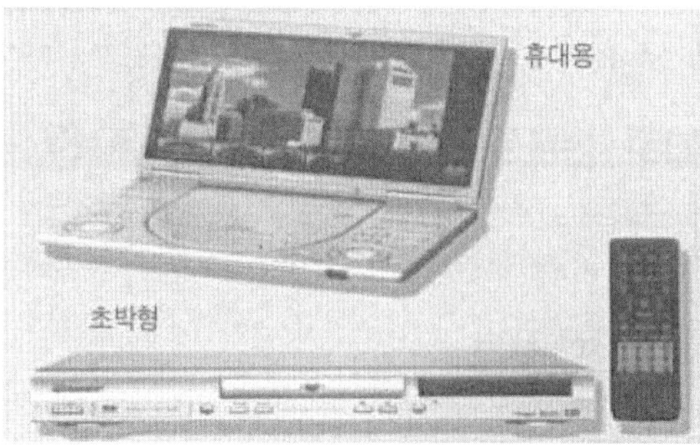

그림 1.52 DVD 플레이어

데, 이 홈을 트랙(track)이라 한다. 트랙을 따라 길고 짧은 요철이 있는데 이를 피트(pit)라 한다. 2진수로 1은 피트가 있는 것을, 0은 피트가 없는 것을 나타낸다. CD는 지름 12[cm]의 투명 플라스틱이고, 피트의 폭과 길이는 각각 0.5[μm], 0.9[μm] 정도이다.

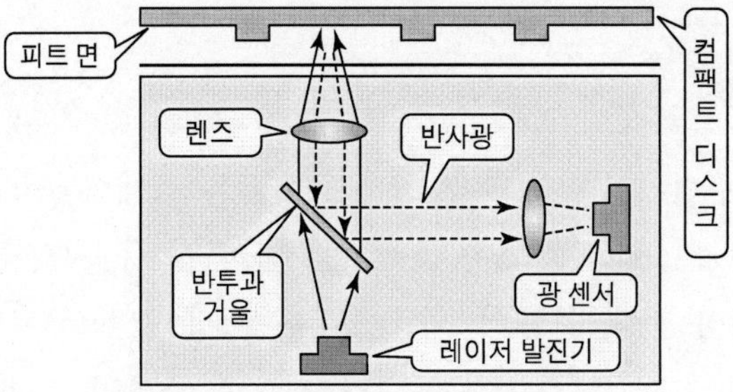

그림 1.53 CD 플레이어의 동작 원리

4.4 레이저

4.4.1 레이저의 원리

레이저(LASER)란 '유도 방출에 의한 광증폭'(Light Amplification by Stimulated Emission of Radiation)이란 단어의 머리 글자를 따서 만든 것이다.

그림 1.54는 레이저의 원리를 나타낸 것이다. 레이저는 레이저 빛을 만드는 물질의 종류에 따라 여러가지로 구분한다. 레이저는 다른 광원들에 비하여 단색성이 있는 것이 특징이다. 단색성이란 빛의 주파수가 단일하므로 한 가지 색만을 가지는 것을 말한다. 또한, 레이저는 지향성이 뛰어나 대기권 밖에까지 도달할 수 있는 가늘고 긴 광선을 만들 수 있다.

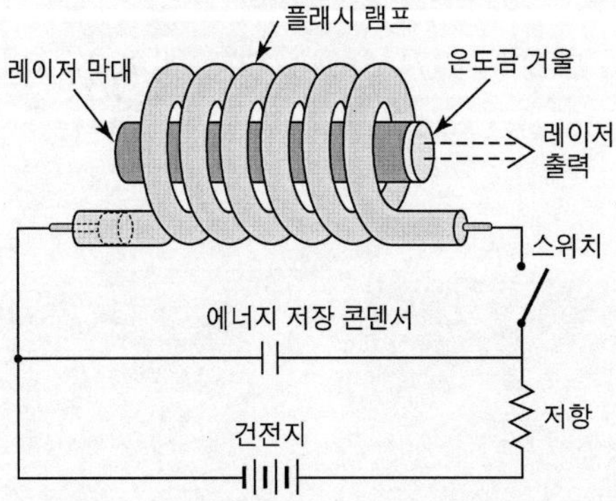

그림 1.54 레이저의 원리

밤하늘의 레이저 쇼는 레이저의 직진성을 이용한 것이다.

레이저는 1960년 6월에 미국의 메이먼(Maiman)이 발명하였다. 그 해 7월에 루비 막대를 사용하여 빨간색의 레이저 광선을 발생시켰다는 기사가 뉴욕 타임즈지에 처음 소개되었고, 8월에는 Nature 학술지에 논문으로 발표되었다.

4.4.2 레이저의 응용

그림 1.55는 생활 주변에서 우리가 흔히 볼 수 있는 스캐너(scanner)이다. 이 스캐너는 레이저 광선을 바코드(bar-code)에 쏘아 물품 번호와 가격 등을 컴퓨터로 읽어 들인다. 레이저의 이용 분야는 거리 측량, 물체의 길이나 두께 측정, 물체의 표면 상태 측정, 차량 속도 측정, 레이저 가공이나 용접, 레이저 프린터, 레이저 스캐너, CD 플레이어, DVD 플레이어, 대기 오염 측정, 안과 수술용 기기, 레이저 메스, 레이저 유도 미사일 등 응용 범위가 매우 넓어지고 있다.

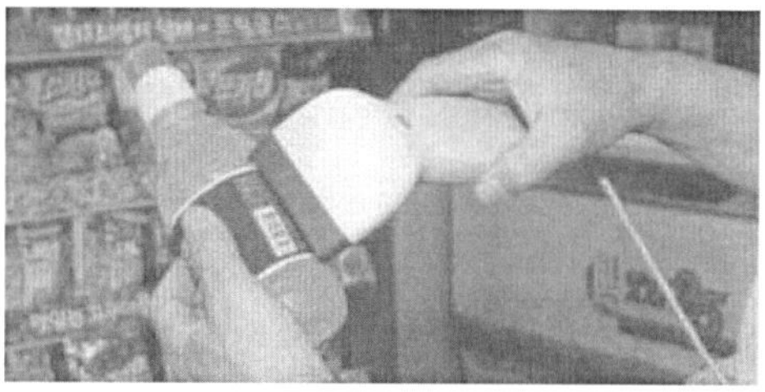

그림 1.55 바코드를 읽는 레이저 스캐너

그림 1.56과 같이 홀로그램(hologram)은 물체의 3차원 상이 생동감 있게 나타나므로 신용 카드, 신분증, 수표, 우표 등에 사용되고 있다.

홀로그래피(holography)는 물체의 3차원 영상을 만들어 내는 기술로서 1947년 가보르(Gábor)가 처음으로 제안하였으며, 1971년에 노벨 물리학상을 받았다. 홀로그래피는 같은 파장과 강도를 가진 두 광원에서 나오는 광선을 합치면 간섭을 일으켜 3차원 영상을 만들어 낸다.

그림 1.56 홀로그램이 사용된 신분증과 신용 카드

4.5 RFID

4.5.1 RFID의 기초

RFID 태그는 RFID 카드, 무선 태그, 전자 태그, 스마트 태그, IC 카드 등으로도 부른다. RFID(radio frequency identification)는 사물을 컴퓨터로 인식하는 수단으로서 널리 주목받고 있다. RFID는 IC 칩을 내장하며, 안테나를 통하여 데이터를 교신하는 매체이다. RFID 기술은 초소형 칩과 안테나를 태그 형태로 사물에 부착하여, 안테나와 리더기를 통하여 정보를 무선 주파수로 네트워크에 전송하여 처리하는 비접촉형 자동 식별 기술이다.

RFID 기술은 바코드를 대체할 차세대 기술이며, 넓게 보면 물류, 유통, 공급망 관리, 교통, 환경 등 다양한 분야에 적용할 수 있는 유비쿼터스 기술의 핵심 소자이다. 최근에는 RFID가 바코드(bar code)를 대체하고 있다. 바코드는 국가 코드 3자리, 제조업체 코드 4자리, 상품 품목 코드 5자리를 입력 할 수 있다. 반면에 RFID 태그는 무한한 정보를 입력할 수 있고, 입력한 정보를 수정할 수도 있다.

그림 1.57의 (a)는 소형 반도체 칩으로 제작한 RFID의 내부를 확대한 것이고, 그림 (b)는 상품에 부착된 RFID 정보를 휴대 전화로 읽는 장면이다.

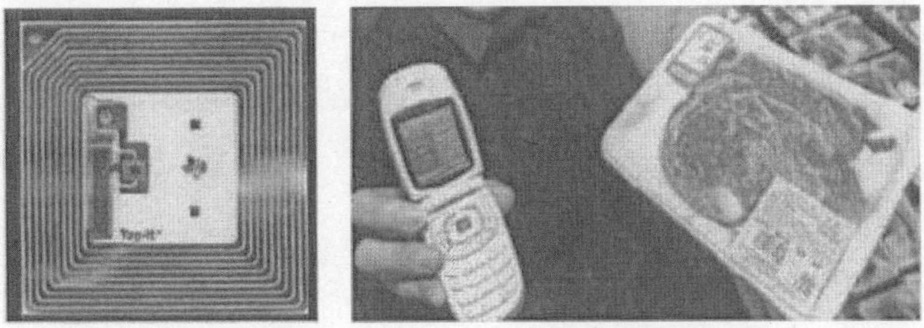

(a) RFID의 내부 (b) RFID의 사용 예

그림 1.57 RFID의 내부와 사용 예

4.5.2 RFID의 사용 시스템

그림 1.58은 RFID가 물류 유통에 적용된 예를 보인 것이다. 정보를 제공하는 RF 태그, 판독 및 해독 기능을 하는 RF 인식기, ERP나 SCM과 같은 운용 소프트웨어 및 네트워크로 구성된다.

RFID는 정보를 축적할 뿐 아니라, 정보 발신 기능을 가진 극소의 칩으로, 이미 수 밀리미터 크기 외에도 분말 형태의 칩도 개발되었다. 슈퍼마켓의 상품에 바코드 대신 RFID 태그를 사용하여 자동적으로 가격이 계산되는 시스템이 개발되었다. 물류 관리 업무에서는 공

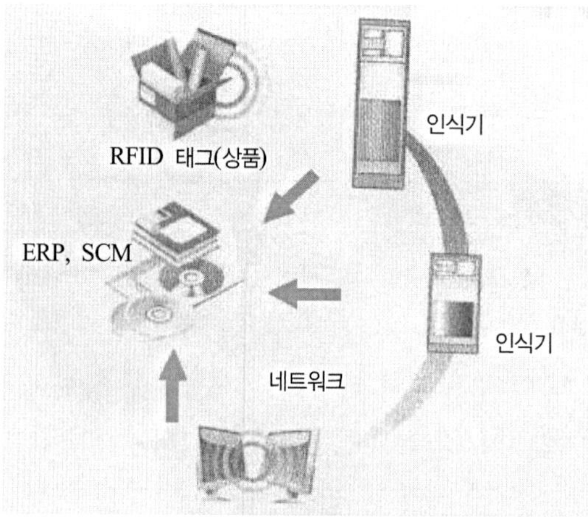

그림 1.58 RFID의 시스템 적용 예

장 내의 선반에도 RFID 태그를 붙이고, RFID 리더 및 무선 통신 기능을 사용하여 어느 장소에서 어떤 화물이 이동했는지를 관리하는 유비쿼터스 서비스 유통에 필수적인 기술이다.

ERP(enterprise resource planning, 전사적 자원 관리 계획)는 제조업을 포함한 다양한 비즈니스 분야에서 생산, 구매, 재고, 주문, 공급자와의 거래, 고객 서비스 제공 등, 주요 프로세스 관리를 돕는 여러 모듈로 구성된 통합 애플리케이션 소프트웨어 패키지이다. SCM(supply chain management, 공급 사슬 관리)은 물자, 정보, 재정 등이 공급자로부터 생산자에게, 도매업자에게, 소매상인에게, 그리고 소비자에게 이동함에 따라 그 진행 과정을 관리하는 소프트웨어 패키지이다.

4.6 전자 레인지

4.6.1 전자 레인지의 원리

일반적으로 전기 가열 방식에는 그림 1.59와 같이 유전 가열, 열복사 가열, 열전도 가열 등이 있다.

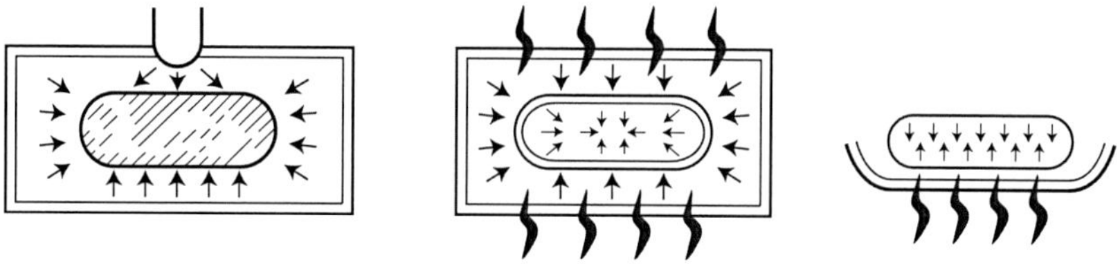

(a) 유전 가열 (b) 열복사 가열 (c) 열전도 가열

그림 1.59 전기 가열 방식

유전 가열이란 물질 내의 마찰열에 의한 가열 방식을 말한다. 식품은 중성이지만 식품을 구성하는 분자 구조는 양(+)이온과 음(−)이온의 분자 쌍극자로 되어 있다. 그러므로 중성인 물체라도 전계(전기장) 속에 놓이게 되면, +전하는 음극 쪽으로 −전하는 양극 쪽으로 자기 정렬을 하게 된다. 만일 전기장의 방향이 바뀌게 되면 다시 자기 정렬을 하게 되고 이러한 반복에 의하여 모든 분자간의 마찰이 일어나며 마찰은 곧 열로 바뀐다. 따라서 전기장의 방향을 빠르게 연속적으로 바꾸어 주면 마찰열이 증가하게 되고 이 열로 인해서 식품이 가열되는 것이다.

따라서 일반적인 열전도 가열이나 열복사 가열이 음식물을 표면에서부터 속까지 익히는 방법이지만, 유전 가열은 내부의 분자 마찰로 인한 열을 사용하기 때문에 음식물의 내부에서부터 겉부분으로 조리가 되므로 음식물 전체가 골고루 익게 되는 방식으로 음식물의 표면이 상하는 것을 막을 수 있다. 전자 레인지는 2,450MHz의 마이크로파를 사용하고 있다. 주의할 점은 금속성 물질에서는 마이크로파가 반사되고 유리같은 물체는 투과되기 때문에 금속 자체나 유리 자체는 가열되지 않게 된다. 따라서 이와 같은 물질을 용기로 사용하면 위험하게 된다.

4.6.2 전자 레인지의 구조와 특징

그림 1.60은 전자 레인지의 구조이며, 전자 레인지의 구조는 제조 국가와 회사에 따라 조금씩 다르기는 하지만 기본적인 구조는 같다. 그리고 전자 레인지 사용시 주의점은 아래와 같다.

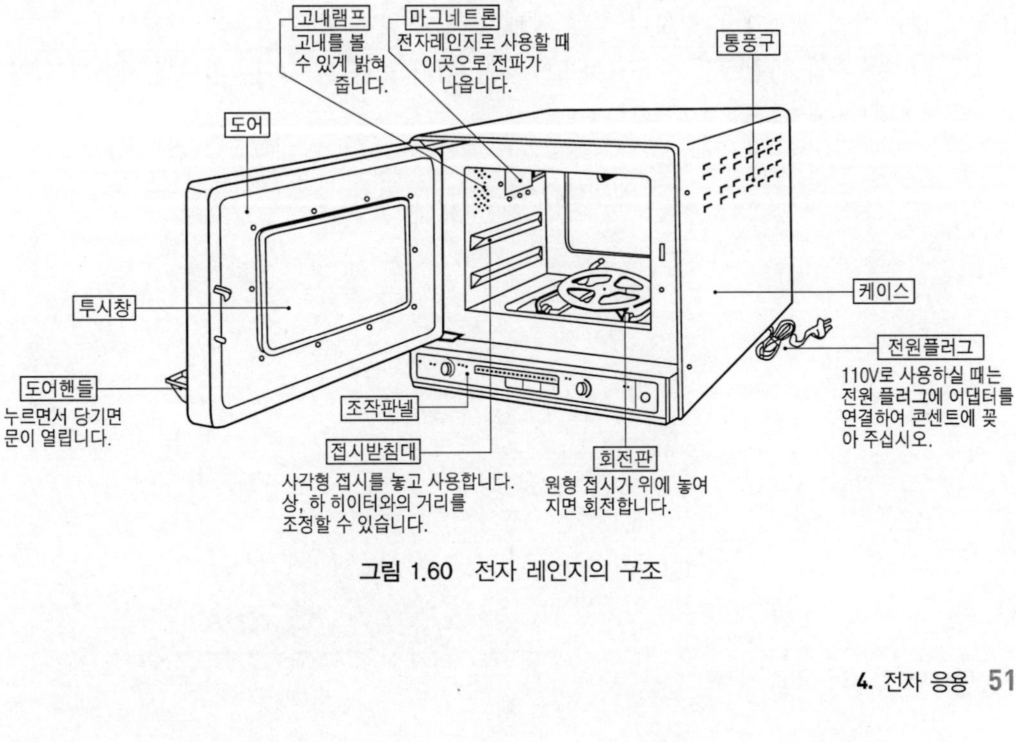

그림 1.60 전자 레인지의 구조

① 금속 용기가 아닌 내열성 플라스틱이나 도자기 그릇을 사용한다.
② 전자 레인지 전용 콘센트를 사용한다.
③ 정격에 맞는 교류 전압을 사용한다.
④ 전파 방해의 영향을 줄 수 있으므로 TV나 라디오 등을 전자 레인지와 같은 콘센트에 사용하지 않는다.
⑤ 감전 사고를 예방하기 위하여 접지 콘센트를 사용한다.
⑥ 벽과 간격을 두어 흡기구 및 배기구가 막히지 않게 한다,

4.7 센 서

센서(sensor)는 감지기라고도 하며, 그 종류도 매우 많고, 산업용 기기, 의료 기기, 계측 기기, 건설 기기, 가전 기기, 통신 기기, 자동차 기기 등에 널리 사용된다. 여기서는 범용 감지기, 계측용 감지기, 제어용 감지기의 응용 기술에 대하여 알아보기로 한다.

4.7.1 범용 감지기

일반적으로 널리 사용된다는 의미의 범용 감지기에는 접촉식과 비접촉식이 있다. 최근에는 비접촉식 감지기를 많이 사용한다.

(1) 접촉식 감지기

접촉식 감지기로는 마이크로 스위치와 터치 스위치가 있다. 마이크로 스위치는 접점의 간격이 아주 작기 때문에 스위치의 접점 개폐 운동 거리가 짧은 경우에 사용한다.

그림 1.61은 치과 의원에서 사용되는 양치질용 컵의 물을 제어하는 경우에 사용되는 마이크로 스위치(micro switch)의 예이다.

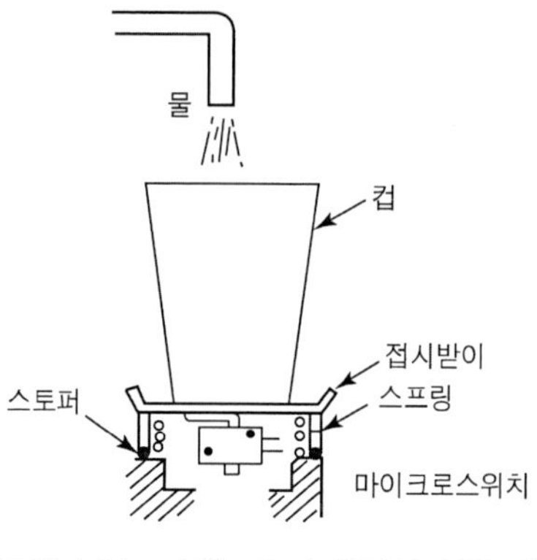

그림 1.61 마이크로 스위치의 사용 예

리밋 스위치(limit switch)는 마이크로 스위치를 외부의 물, 기름, 먼지, 외력 등으로부터 보호하기 위하여 금속이나 수지 케이스에 넣어서 조립한 스위치이다.

터치 스위치(touch switch)는 물체가 가볍게 접촉하여도 감지가 가능하다. 즉, 미소 변위나 구리 도체 등의 가는 선, 얇은 금속 판 등의 유무도 감지가 가능하다.

그림 1.62는 산업 분야에서 터치 스위치의 사용 예이다.

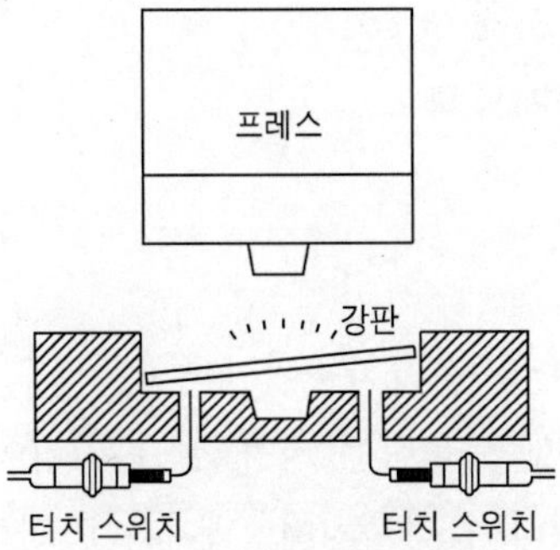

(a) 물체의 유무 확인시

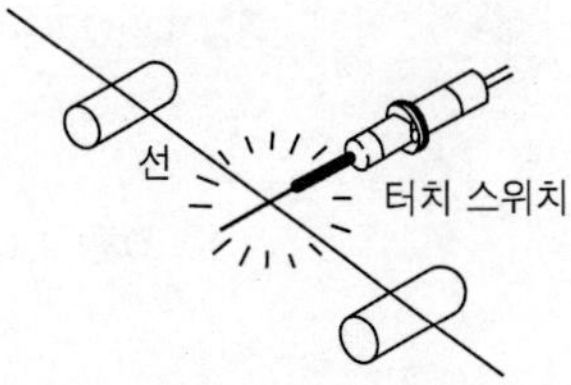

(b) 가는 전선의 검출시

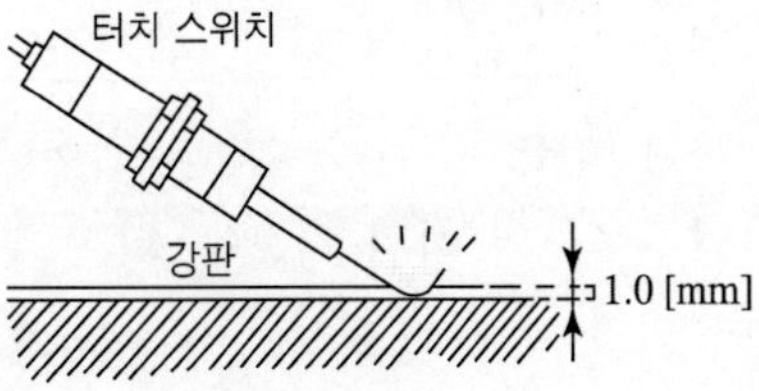

(c) 얇은 강판의 검출시

그림 1.62 터치 스위치의 사용 예

(2) 비접촉식 감지기

물체의 유무나 접근을 접촉하지 않고 감지하는 방식이다. 비접촉식 감지기는 자기, 전기장, 전파, 빛, 음파, 방사선 등을 이용하여 감지한다.

근접 스위치(proximity switch)는 물체가 접근하면 감지하는 것이다. 근접 스위치는 검출 원리에 따라 고주파 발진형, 자기형, 정전용량형 등이 있다.

초음파 감지기는 검출하는 재질이나 색의 영향을 받지 않고, 매우 먼 거리의 물체를 감지할 수 있다. 초음파 감지기는 공장 자동화 생산라인, 자동문, 과속 자동차 감지 등 널리 사용되고 있다.

광 감지기(photo sensor)는 근접 스위치보다 매우 먼 거리의 물체를 비접촉식으로 감지할 수 있으며, 감지하는 응답 속도가 빠르다. 액체, 기체, 고체 등의 물질 검출이 가능하며, 감지하는 정밀도가 높다.

그림 1.63은 광 감지기의 사용 예를 나타낸 것이다.

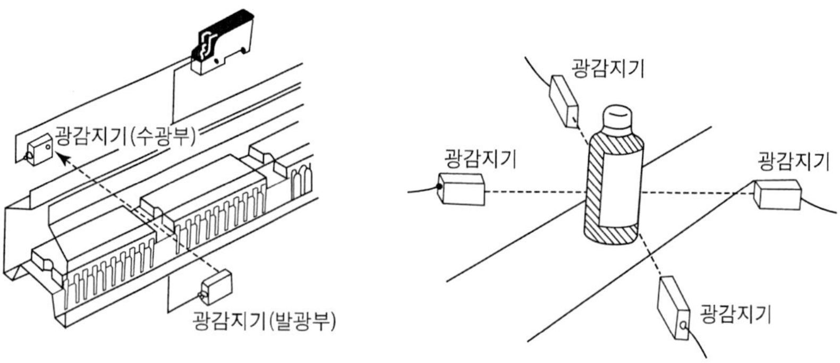

(a) 투과형 광 감지기 (b) 반사형 광 감지기

그림 1.63 광 감지기의 사용 예

4.7.2 계측용 감지기

계측용 감지기는 물체의 수량, 위치, 이동 방향 등을 검출하는데 사용한다.

그림 1.64의 (a)는 가스 절단기로 금속을 절단할 때 사용하는 자동 절단 기기이다. 여기서 절단기의 XY축의 회전 각도는 회전 부호기에 의하여 검출되며, 제어기에 의하여 길이와 각도 및 위치 등이 정확하게 제어되므로 원하는 크기로 물체를 절단할 수 있다. 그림 1.64의 (b)는 서미스터로 온도를 감지하는 기름 항온조이다. 이 기름 항온조는 온도 조절기로써 상온에서 300°C까지 원하는 온도를 설정하여 두면, 서미스터가 항온조 내의 기름 온도를 감지함으로써 온도 조절기로 항온기의 온도를 제어할 수 있다.

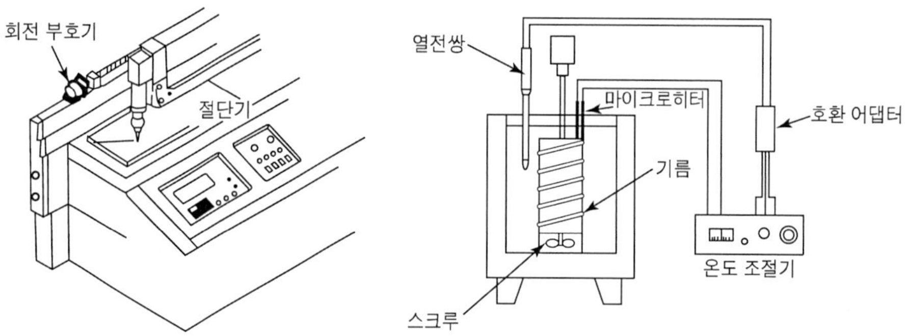

(a) 가스 절단기 (b) 기름 항온조

그림 1.64 계측용 감지기의 사용 예

4.7.3 동작 제어용 감지기

동작 제어용 감지기는 별도의 감지기라기보다는 앞에서 설명한 범용 감지기와 계측용 감지기를 적절히 조합하여 사용하는 감지기이다.

그림 1.65는 CNC 공작 기계의 테이블 위치를 제어하는데 사용하는 회전 부호기이다. 회전 부호기가 테이블을 이동시키는 볼 나사의 회전수를 감지하여 서보 전동기를 제어할 수 있다.

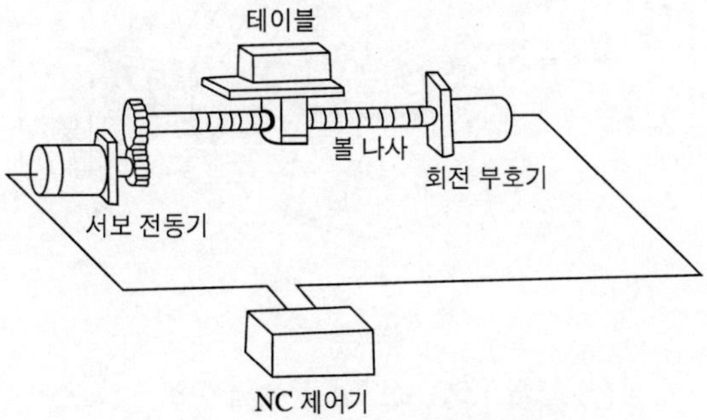

그림 1.65 CNC 공작기계의 테이블 위치 제어

4.8 로 봇

4.8.1 로봇의 기초

로봇(robot)이라는 단어는 1920년에 체코의 극작가 차페크(Capeck)가 발표한 희곡에서 처음으로 사용하였다. 이는 '노동'을 의미하는 'robota'와 '노예'를 의미하는 'robotnik'이라는 말에서 유래한 것이다. 로봇은 작업에 알맞도록 고안된 도구를 로봇 팔의 끝 부분인 손에 부착하고, 제어 장치에 내장된 프로그램의 순서대로 작업을 수행한다.

산업용 로봇의 대표적인 사용 분야는 용접, 도장, 조립 분야 등이며, 공장 자동화의 최종 목표인 무인 공장을 구성하기 위하여 로봇은 필수적인 기기이다.

4.8.2 산업용 로봇의 구성

그림 1.66은 산업용 로봇의 구조를 나타낸 것이다. 산업용 로봇의 기본 구성은 기계 장치와 제어 장치로 되어 있으며, 지각, 판단 및 기억, 행동의 세 가지 기능을 수행한다.

감지기를 통해 입력된 신호를 인식하고 판단하는 일을 제어 장치가 담당하고, 판단 결과의 조작 신호를 기계 장치로 보내 행동으로 옮겨 미리 정해진 작업을 수행한다. 기계 장치는 힘을 발생하는 액추에이터(actuator)와 손, 손목, 팔, 몸체로 되어 있는 머니퓰레이터(manipulator)로 이루어져 있으나, 이동형 로봇은 바퀴나 다리를 가지고 있다.

산업용 로봇은 인간의 전체적인 기능과 모습을 가진 형태로 만들어진 것이 아니라, 특정한 생산 작업에 알맞도록 부분적인 기능을 확대시켜서 만든 것이다.

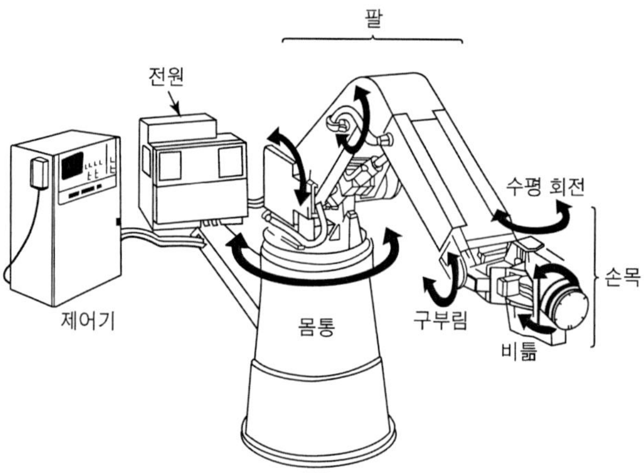

그림 1.66 산업용 로봇의 구조

4.8.3 산업용 로봇의 종류

로봇을 분류하는 방법은 여러가지가 있다. 그림 1.67과 표 1.2는 로봇의 동작 기구(mechanism) 형태에 의한 분류를 나타낸 것이다.

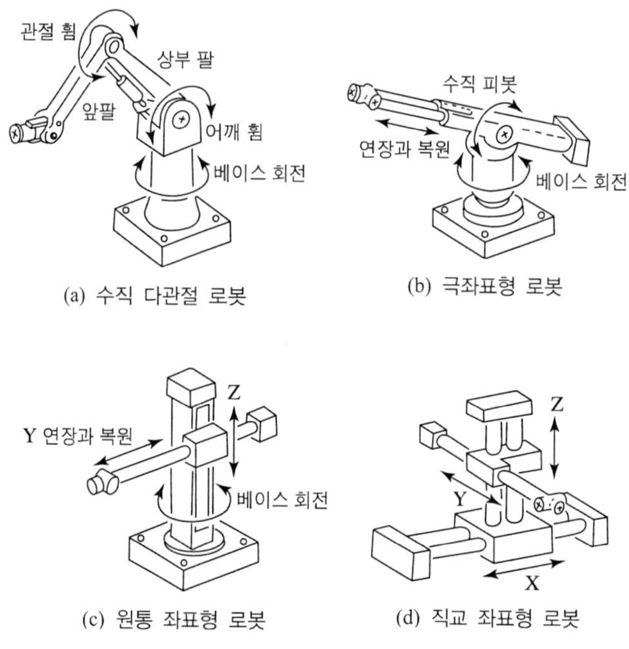

그림 1.67 동작 기구(mechanism)의 형태에 의한 로봇의 분류

▶ 표 1.2 동작 기구의 형태에 의한 로봇의 명칭과 기능

명칭	기능
① 다관절 로봇 (articulated robot)	여러 개의 관절을 이용하여 회전과 선회 운동을 하는 로봇. 수직 다관절 로봇과 수평 다관절 로봇이 있다. (R-R-R)
② 극좌표형 로봇 (spherical or polar coordinate robot)	본체와 팔을 연결하는 구형 관절의 작용으로 회전 운동과 상하 운동을 하며, 원통 모양의 팔은 상하 운동을 하여 손의 위치가 극좌표를 따라 움직이는 로봇 (R-R-P)
③ 원통 좌표형 로봇 (cylindrical coordinate robot)	원통 모양의 팔이 앞뒤로 움직이며 본체를 축으로 하여 회전하고, 본체를 따라 상하 운동도 하여 손의 위치가 원통 좌표를 따라 움직이는 로봇 (P-R-P)
④ 직교 좌표형 로봇 (cartesion coordinate robot)	막대 모양의 팔이 몸체와 어깨의 궤도를 따라 직선 운동만 하여 손의 위치가 직각 좌표를 따라 움직이는 로봇 (P-P-P)

※ P는 직선(Prismatic)운동, R은 회전(Revolute)운동을 의미하는 기호임

5 통신 기술 기초

통신(communication)이란 인간의 의사 소통과 지식 · 자료를 포함한 정보 등을 멀리 떨어진 지역 간에 주고받는 행위와 현상을 말한다.

5.1 통신 발달의 역사

통신 발달의 역사를 기술함에 있어서 전기 통신의 이전과 이후로 나누어 설명하고자 한다.

5.1.1 전기 통신의 이전 시대

기본적인 통신 목적은 멀리 있는 상대와 의사 소통을 하기 위한 것이다. 옛날에는 통신 수단으로 횃불, 연, 북 등을 이용하여 시각과 청각 신호를 보내거나, 문자로 쓴 서신을 사람이나 동물을 이용하여 전달하였다.

문자나 말이 발달하지 않았던 시대에도 통신 수단이 있었다는 것은 역사적인 사실로부터 알 수 있다. B.C. 3000년경 이집트 나일강 유역에 살았던 이집트인은 벽면에 몇 개의 나뭇가지를 붙여 의사를 전달하였다는 기록이 있다. 중국은 B.C. 1000년경, 주나라에서 새

끼줄에 매듭을 만들고 그 각각에 의미를 전달하였다는 기록이 있다. 또한 진시황은 만리장성의 일정한 간격마다 봉화대를 설치하여 낮에는 연기로, 밤에는 불을 이용하여 정보를 전달하였다고 한다.

우리나라도 과거에 여러가지 방법을 통신 수단으로 이용하여 왔다. 대표적인 것으로는 솟대, 북, 신호연, 우역, 파발, 봉수대, 정낭 등을 들 수 있다.

솟대는 인간과 하늘의 통신을 위한 안테나로써, 우리나라 통신 역사의 가장 원초적인 형태이다. 솟대는 그림 1.68의 (a)와 같이 나무 등으로 만든 새를 장대나 돌기둥 위에 앉혀 마을의 신앙 대상물로 삼았다. 북은 옛날부터 악기 용도 외에도 통신 수단으로서의 중요한 역할을 하였는데, 전쟁시에 군대 통솔 수단으로서도 주로 사용되었다. 신호연은 이순신 장군이 전쟁에 사용하려고 직접 고안하였다고 전해지며, 전투 신호를 알리기 위한 암호 전달의 수단으로 사용되었다. 우역이나 파발 제도는 사람이 말을 타고 서신이나 문서를 전달하는 것으로 오늘날의 우편 제도와 같은 것이다. 봉수 제도는 고대 통신 방식 중에서 가장 과학적인 것으로, 낮에는 봉수대에 연기를 피우고, 밤에는 불꽃으로 원거리까지 신속하게 신호를 전달할 수 있는 방법이다. 정낭은 그림 1.68의 (c)와 같이 제주도에서 대문에 3개의 나무 기둥을 가로로 설치하여 집안의 인적 정보를 외부인에게 알리는 통신 수단이었다. 이 방식은 현재의 3비트 2진 정보 표시 방법과 유사하다. 표 1.3은 정낭의 유형과 정낭의 통신 원리를 나타낸 것이다.

(a) 솟대　　(b) 봉수대(경기도)　　(c) 정낭(제주도)

그림 1.68 전기 통신 이전 시대의 통신 수단 예

5.1.2 전기 통신 시대

(1) 역사

1800년대 맥스웰(Maxwell)에 의한 전자파의 발견이나, 모스(Morse)에 의한 전신기 발명, 벨(Bell)에 의한 전화기의 발명 등은 현재의 전기 통신 시대의 원천이다.

▶ **표 1.3** 정낭의 유형과 디지털 회로 관계

정낭 패턴	정낭 통신의 의미	디짓 (Digit)	
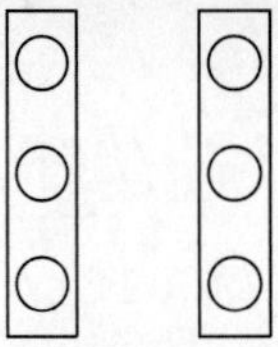	집에 사람이 있음. (정낭 3개가 모두 열려 있는 경우)	○ ○ ○	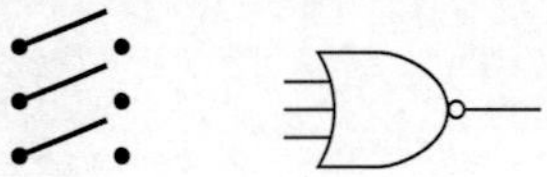
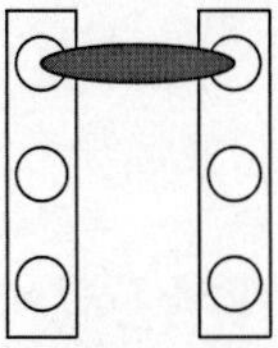	잠시 외출 중 (위의 정낭 한 개만 놓여 있는 경우)	| ○ ○	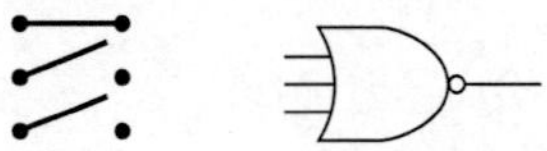
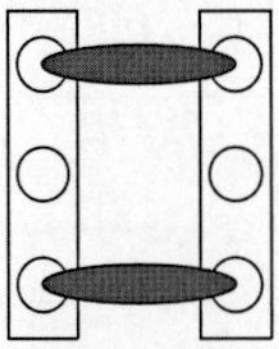	이웃 마을에 출타 중 (위, 밑 정낭이 놓여 있는 경우)	| ○ |	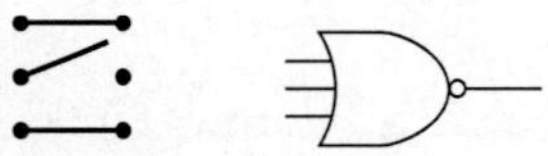
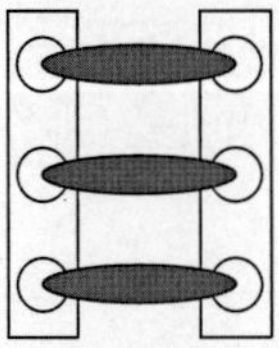	집에서 멀리 출타 중 (모두 놓여 있는 경우)	| | |	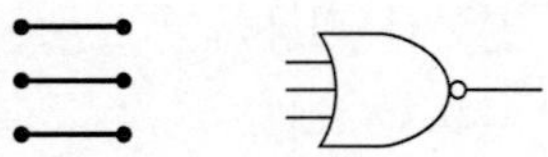

우리나라의 전기 통신 역사는 1885년 한성과 제물포 간에 전신이 개통된 것이 시작이다. 그 후로 발전을 거듭하여 1980년대에 접어들면서 고성능의 교환기 개발, 집적 회로의 개발, CDMA 방식에 의한 디지털 이동 통신의 실현, 1995년에 무궁화호 발사에 의한 위성 통신의 시작으로 높은 통신 기술 수준을 가지게 되었다.

(2) 전신

전기 신호를 이용한 인류 최초의 통신은 1837년에 모스가 전신기를 발명하면서부터이다. 그는 1844년에 연방 대법원에서 볼티모어에 있는 철도역으로 전보를 타전한 것이다. 이는 유선으로 연결된 두 곳 사이에 전기적인 펄스 형태로 자료를 전송하는 방법으로 통신을 한 것이다.

우리나라는 1884년에 부산과 일본의 나가사키 사이에 해저선의 개통을 시초로 여러 지역으로 확산되어 개통하였으며, 1885년 9월에는 한성과 제물포 간에 전신이 개통되어 운용하게 되었다.

그림 1.69 모스와 전신기

(3) 유선 전화

그림 1.71은 벨(Bell)이 만든 최초의 유선 전화기이다. 유선 전화는 벨이 1876년에 개발하였다. 전화는 영어로 'telephone'이라고 하는데, 'tele'는 '멀리'라는 뜻이고, 'phone'은 '음'이라는 뜻이다. 최초의 전화 업무는 1878년 뉴헤이번에서 시작되었으며, 1891년 미국의 스트로저(Strowger)가 자동 전화 교환기를 발명함으로써 전화 시대의 장을 열었다. 종래의 전화는 음성을 전류로 변환하여 아날로그 전송을 하여 왔으나, 오늘날에는 디지털 전송도 가능하여 휴대 전화 등도 사용하고 있다. 우리나라는 1896년 고종 황제가 궁궐 안에서 전화를 사용하였다. 공중 전화는 1902년 서울과 인천 사이에 13명의 가입자를 대상으로 사용하였다.

읽을거리

전화를 발명한 알렉산더 벨(Alexander Bell)

전화를 거의 동시에 발명한 사람은 그레이(Gray)와 벨(Bell)이다. 그러나 벨이 두 시간 먼저 특허를 제출하였기 때문에 오늘날까지 전화 발명가를 벨로 기억하게 된 것이다. 그는 회사들을 설립하였으며, 미국전신전화회사(AT&T)로 확장하였다.

그림 1.71 알렉산더 벨과 전화기

(4) 무선 통신

무선 통신은 통신 선로를 사용하지 않고 전파를 이용하여 공간에 파동 형태로 정보를 전달하는 것이다. 무선 전신은 1895년에 이탈리아의 마르코니(Marconi)가 개발하였다. 무선 통신의 중요성을 인식한 영국은 마르코니를 초청하여 많은 후원을 한 결과, 1901년에 대서양을 횡단하는 무선 통신에 성공하였다. 무선 전화는 1906년 미국의 에디슨이 실험적으로 성공한 후, 현재에 이르고 있다.

우리나라의 무선 통신은 1910년에 월미도와 광제호 사이에 무선 전신이 이루어졌으며, 많은 선박들이 무선 통신을 하였다. 우리나라는 1996년에 CDMA 방식에 의한 디지털 셀룰러 이동 통신을 세계 최초로 상용화시켰으며, 최근에는 고성능 휴대폰의 사용이 보편화되어 있다.

그림 1.72는 휴대 전화와 무선 기지국을 나타낸 것이다.

최근 무선 통신 기기로 가장 널리 사용되는 것이 휴대 전화인데, 이는 이동 전화(mobile phone)라고도 하며, 미국 등에서의 영어 명칭은 셀 폰(cell phone)이다. 왜 셀 폰이라는 용어를 사용하는지는 그림 1.73에 나타냈다. 셀(cell)의 크기는 기본적으로 휴대 전화기와 기지국에서 교환되는 전파의 품질이 보존되는 영역을 말한다. 그러므로 국내에서는 각 이동 전화기 회사별로 일정한 영역을 담당할 수 있는 기지국을 전국에 설치하였다. 이 때 가까이 있는 셀로 같은 주파수를 사용하면 간섭이 일어나므로 그렇게 되지 않도록 주파수가 할당된다. 셀이 작으면 송신 전력을 매우 작게 할 수 있어서 안테나를 작게 할 수 있다는 장점이 있지만, 그 만큼 기지국의 수가 많이 필요하게 되어 기지국 설치를 위한 비용이 많이 들게 된다.

무선 통신에서 사용되는 주파수는 용도별로 그 크기가 다른데, 이를 표 1.5에 나타낸다.

(a) 휴대전화 (b) 중계기 (c) 이동통신 기지국

그림 1.72 휴대전화와 기지국

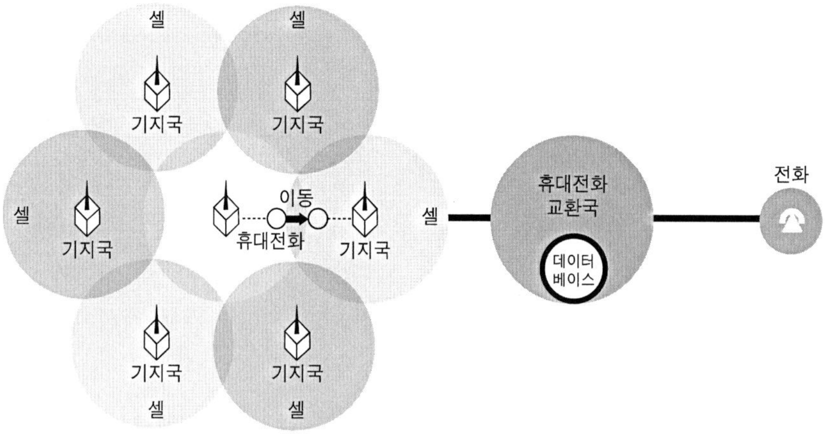

그림 1.73 이동 전화의 셀 개념과 통신

▶ **표 1.5** 무선 통신 주파수의 분류

명 칭	주파수 범위	명 칭	주파수 범위
장 파	10～100[kHz]	단 파	6～30[MHz]
중 파	100～1,500[MHz]	초단파	30～300[MHz]
중단파	1.5～6[MHz]	극초단파	300[MHz]~3[GHz]

(5) 위성 통신

① 위성 통신의 기초

1957년에 인류 최초의 인공 위성인 스푸트니크 1호가 러시아(구. 소련)에 의하여 성공적으로 발사되었다. 위성 통신은 통신 위성, 지구국, 채널로 구성된다.

그림 1.75는 위성 통신 시스템의 구조를 나타낸 것이다.

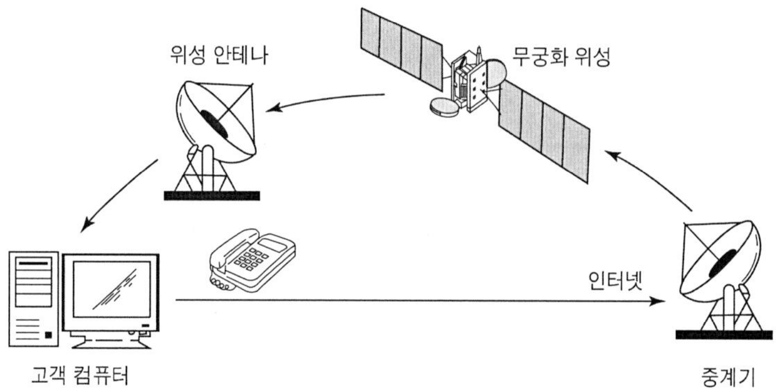

그림 1.75 위성 통신 시스템의 구조

② 한국의 위성 통신

한국의 위성 통신은 1990년대부터 KT에서 무궁화 위성 사업을 추진하고 있다. 무궁화 위성 1호는 한국 최초의 통신 및 방송 위성으로, 1995년 8월 5일, 미국 플로리다 공군 기지에서 발사되었다. 이로써 한국은 세계에서 22번째로 상업용 위성을 보유한 나라가 되었다. 무궁화 위성의 발사로 인하여 독자적인 위성 통신 시대를 열었고, 위성 지구국 설치로 전국 어디에서나 통신이 가능하게 되었다.

인공 위성의 제작 시스템은 크게 3부분으로 이루어진다. 위성을 우주 공간까지 운반하는 발사체, 통신과 방송 기능을 담당하는 위성체, 그리고 우주 공간에 떠 있는 위성이 궤도를 이탈하지 않고 정상적인 기능을 수행할 수 있도록 자세를 제어하는 관제소이다.

무궁화 위성을 이용한 서비스는 매우 다양하고, 효율면에서도 혁신적이다. 주요 기능은 TV의 신호 중계, 직접 위성, 정지 영상, 화상 회의, 통신망의 긴급 복구, 음향 방송 및 문자 방송 그리고 팩시밀리 전송 등이다.

그림 1.76은 무궁화 위성 3호와 5호를 나타낸 것이다. 무궁화 위성은 위성 교육의 광역성, 통보성, 내재해성을 바탕으로 직접 위성 방송(DBS), CATV 중계, 비상 재해 통신 등 첨단 위성 통신, 방송 서비스를 제공함으로써 뉴미디어 시대를 열고, 위성 관련 첨단 기술 개발과 산업 육성을 도모하고, 위성 궤도 및 주파수 자원을 조기에 확보하여 미래의 우주 개발 경쟁에 대비하려는 목적에서 추진된 것이다.

무궁화 위성 1호는 KT가 운용하며, 위성체 중량은 612kg, 태양 전지판(초기 출력 1,800W)을 펼친 상태에서의 총길이 약 15m, 운용 수명은 10년으로 예상하였으나 정지 궤도 진입이 늦어서 약 5년으로 보고 있다. 위성이 발사하는 전파빔의 중심점은 전라북도 무주에 두고 한국 전역과 일본, 중국 연변 일대를 대상으로 한다. 위성 관제소는 경기도 용인시와 대전광역시 대덕구에 있다.

무궁화 2호는 1996년 1월에 발사하여 궤도 진입에 성공하였다. 또한 무궁화 3호는 1999

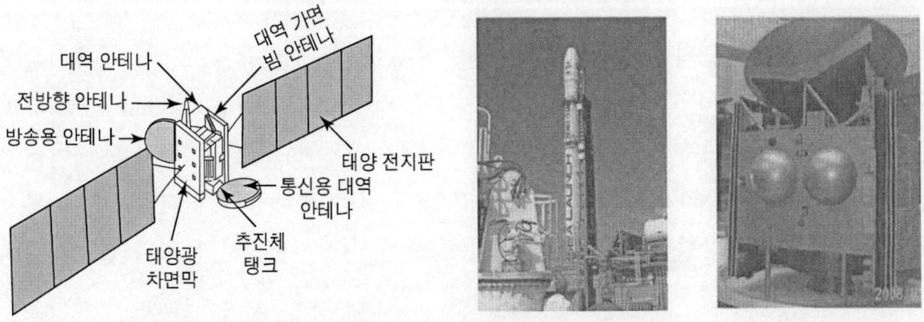

(a) 무궁화 위성 3호 구조 (b) 무궁화 위성 5호 (c) 위성 관제센터

그림 1.76 무궁화 위성의 구조와 관제 센터

년 9월 5일에 발사함으로써 초고속 위성 멀티미디어 인터넷, 다채널 디지털 위성 방송, 기업 통신 네트워크 등에 다목적으로 사용할 수 있게 되었다. 무궁화 5호는 민군 통신 위성으로서 2006년 8월 22일에 발사되었으며, 무궁화 6호는 2011년 발사가 목표이다.

③ IMT-2000

기존의 이동 통신 서비스는 전용 단말기를 이용해야 하는 것이 불편하고, 국가별로 서로 다른 주파수와 기술을 사용함으로써 이동성에 어려움이 있다. 그리고 무선의 전송 매체를 사용해야 하는 기술적인 제약 때문에 멀티미디어 서비스 이용자의 욕구를 만족시키기 어렵다.

이를 해결하기 위한 IMT-2000 (International Mobile Telecommunication - 2000) 서비스는 음성, 영상, 멀티미디어 서비스 등의 다양한 정보를 이용하고, 전 세계로 서비스 영역을 확대하는 글로벌 멀티미디어 서비스를 할 수 있다. IMT-2000은 국제 통신 기구(ITU)가 제안한 표준 기술이 채택된 이동 통신 단말기를 통한 통신 기술 서비스를 말한다.

그림 1.77은 IMT-2000의 이동 통신 기술의 진화를 나타낸 것이다.

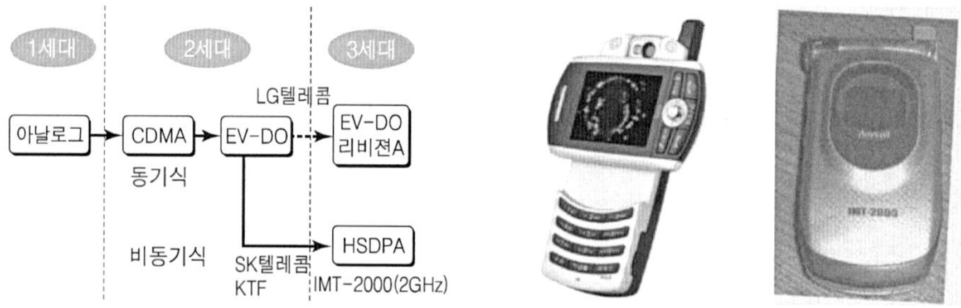

(a) 개념도 (b) 단말기

그림 1.77 IMT-2000의 개념도와 단말기

(6) 정보 통신

① 정보 통신의 역사

그림 1.78은 세계 최초의 정보 통신 시스템인 SAGE 시스템이다. 오늘날 사용하는 정보 통신 시스템은 1958년 미국 공군이 개발한 SAGE(Semi-Automatic Ground Environment, 반자동 방공망)가 처음이다. 이는 미국의 방공 체계를 강화하기 위한 군사용 데이터 통신 시스템이다. 이는 관제소의 컴퓨터와 미국 전역을 관할하는 대공 데이터망을 유·무선 통신 회선으로 연결하여 각종 비행 물체에 대한 정보를 수집·분석하여 적의 항공기나 유도탄의 침입에 즉각 대처할 수 있도록 한 것이다.

이어서 1961년 미국의 항공 회사는 뉴욕의 컴퓨터 센터와 미국 전역에 있는 영업 창구

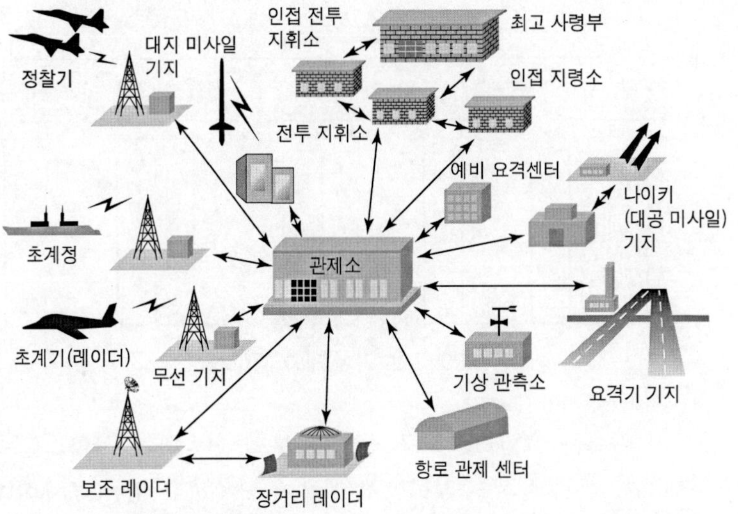

그림 1.78 세계 최초의 정보 통신 시스템인 SAGE 시스템

및 공항을 통신 회선으로 연결하여 비행기 좌석 예약 시스템을 개발하였는데, 이것이 최초의 온라인 좌석 예약 시스템이다. 이러한 컴퓨터의 공동 사용 추세와 분산 데이터 처리를 위한 요구에 따라 고도의 통신망 기능이 요구되었다. 그 결과로서 1971년 미국 국방성을 중심으로 대학들과 연구 기관이 다수의 컴퓨터와 단말 장치를 디지털 회선으로 접속하여 원격 접속할 수 있는 ARPANET이 탄생하게 된 것이다. 인터넷의 모체가 된 ARPANET은 사용자가 증가하면서 통신망이 확장됨에 따라 근거리 통신망(LAN), 광대역 종합 정보 통신망(B-ISDN) 등 새로운 컴퓨터 통신망 발전의 원동력이 되었다.

② 정보 통신 서비스 형태

그림 1.79는 5가지 정보의 형태와 서비스를 나타낸 것이다. 정보 통신은 여러가지 형태로 서비스가 가능하다. 정보는 음성 통신 서비스, 데이터 통신 서비스, 화상 통신 서비스, 영상 통신 서비스, 멀티미디어 통신 서비스등의 다섯 가지로 나눌 수 있으며, 각각의 특징은 다음과 같다.

첫째, 음성 통신 서비스는 전화망을 이용한 통신을 말하는 것이며, 다른 형태의 정보 이용이 급증하고 있는 현재에도 가장 널리 사용되고 있는 정보 통신 서비스이다. 음성 통신 서비스의 예는 음성 우편, 자동 응답 시스템(ARS), 3자 통화 서비스, AOD 등이 있다.

둘째, 데이터 통신 서비스는 넓은 의미에서 음성을 제외한 모든 형태의 정보 서비스를 말하며, 화상 통신이나 영상 통신 서비스를 포함하기도 한다. 우리가 PC 통신을 통해 파일을 주고받거나 또는 E-mail 서비스를 이용하는 것은 데이터 통신 서비스에 해당한다.

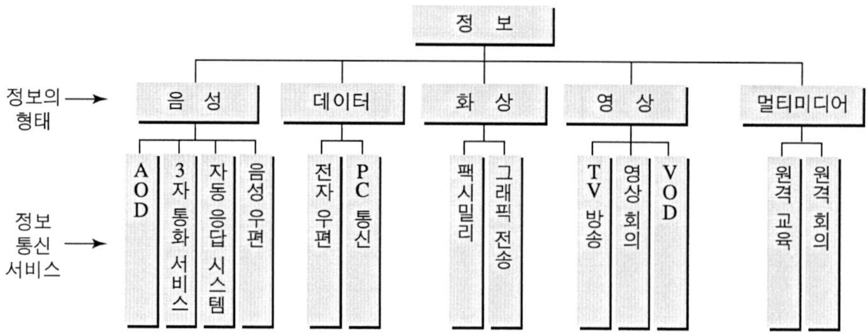

그림 1.79 정보의 형태와 서비스

셋째, 화상 통신 서비스는 그림 및 도표 등의 정보를 전송하는 서비스를 말한다. 화상 정보는 인간이 이해하기 쉬워서 여러 분야에서 이용이 급증하고 있는 추세이다. 화상 통신 서비스의 예는 팩시밀리, 컴퓨터 그래픽 등이 있다.

넷째, 영상 통신 서비스도 그 중요성이 부각되고 있는 정보 통신 서비스이다. 대표적인 예는 TV 방송, 비디오 텍스, 영상 응답 시스템(VRS), VOD, 영상 회의 등이 있다.

다섯째, 멀티미디어 통신 서비스는 위의 네 가지 서비스를 통합한 것으로서, 음성, 데이터, 화상, 영상 정보를 통합한 서비스이다. 예는, 원격 회의 및 원격 교육 등이 있다.

5.1.3 통신 및 방송

정보 통신 서비스의 목표는 언제, 어디서, 누구와도 통신이 가능하게 하는 것이다. 그러므로 기존의 유선망, 무선망, 전화망, 데이터망 등 각각의 통신망이 단일망 개념으로 통합되어 가고 있으며, 결국 통신과 방송의 융합이 진행되고 있다. 유선 통신망이 일반 전화망(PSTN)과 종합 정보 통신망(ISDN)을 거쳐서, 영상 등의 다양한 광대역 신호도 전송할 수 있는 광대역 종합 정보 통신망(B-ISDN)으로 발전하고 있다.

그림 1.80과 같이 광대역 종합 정보 통신망은 광대역 서비스가 가능하기 때문에 TV, 전화와 같이 실시간으로 양방향 통신이 가능하고, CATV와 같이 영상을 보내는 것도 가능하다.

통신 기술이 발전함으로써 이동 통신에서는 부호 분할 다중 접속(code division multiple access, CDMA) 방식의 사용이 증가하고 있다. 특히, 이동 통신은 음성 서비스 위주의 휴대 전화 등이 발전하여 고속 데이터와 영상 등의 멀티미디어 서비스를 지원할 수 있는 IMT-2000 통신 체계로 발전하고 있다. 이것은 앞으로 유선 통신과 결합하여 광대역 멀티미디어 서비스로 발전하게 될 것이다.

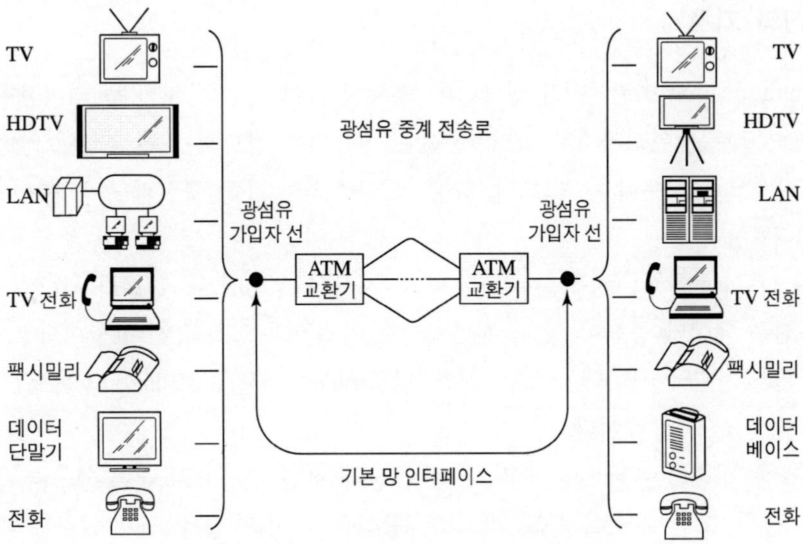

그림 1.80 광대역 통합정보통신망(B-ISDN)

IMT-2000에서의 서비스 목표는 한 개의 단말기로 국제 로밍 서비스와 육상, 해상, 항공 등 전방위 이동 통신 서비스 외에 음성, 데이터 및 영상을 동시에 처리하는 멀티미디어 서비스를 제공하는 것이다. 결국 시간, 장소 및 상대방에 대한 제한을 받지 않을 뿐만 아니라, 사용자가 하나의 멀티미디어 단말기로 어떤 장소에서든지 유선 통신 수준의 고품질의 서비스를 제공받을 수 있을 것이다.

정보 통신 기술에서 중요한 것이 종합적 멀티미디어 서비스를 제공하는 방송(broadcasting)이다. 최근에는 디지털 방송으로 전환되면서 통신과의 결합으로 드디어 방송 통신 기술의 융합 시대가 되었다.

우리나라에서도 현재 시험 방송 중에 있는 디지털 방송은 기존의 아날로그 방송에 비하여 다채널화, 고품질화, 고기능화 등 여러가지 면에서 매우 유리한 것으로 평가되고 있다. 우리나라의 경우 모든 지상파 TV 방송은 2011년부터 디지털 방송을 할 예정이다.

5.2 통신과 시스템

여기서는 통신에 대한 기본 개념을 이해하고, 전기 통신 시스템과 데이터 통신 시스템의 기초를 알아보자.

5.2.1 통신의 기초

통신(communication)이란 '인간 상호간에 의사 전달이나 정보 교환'을 의미한다. 통신을 분류하는 방법으로는 여러가지가 있다. 통신은 전송되는 정보 신호에 따라 아날로그 통신과 디지털 통신으로 구분할 수 있으며, 전송 채널에 따라 유선 통신과 무선 통신으로 구분할 수도 있다.

첫째, 아날로그(analog) 통신은 가장 널리 사용하는 것으로 전화가 있으며, 디지털(digital) 통신은 데이터 통신이 있다. 전화에서는 가입자와 전화국 사이에 아날로그 통신을 하고, 전화국과 전화국 사이에는 펄스 부호 변조(pulse code modulation, PCM) 통신이라는 디지털 통신을 하는 것이다.

둘째, 신호를 전송하는 매체에 따라 유선 통신과 무선 통신으로 분류한다. 유선 통신은 구리선을 이용한 꼬임 2선로, 동축 케이블, 광섬유 케이블 등을 사용하는 것이다. 그림 1.81은 유선 통신 선로의 특징이다.

유선 통신은 CATV와 같이 방송에 사용되는 경우가 늘어나므로 주문형 비디오(VOD) 등으로 발전하고 있다. 또한 비대칭 디지털 가입자망(asymmetric digital subscriber line, ADSL)을 이용하여 비디오, 영상, 그래픽, 정보 등을 제공하고 있다.

무선 통신은 라디오 및 TV 방송, 핸드폰, 이동 통신, 레이더와 위성 항법 시스템(global positioning system, GPS) 등의 위성 통신 등을 생각할 수 있다. 이 분야는 매우 빨리 발전하고 있으며, 앞으로도 발전 가능성이 매우 높다.

명칭	(a) 꼬임 2선로	(b) 동축 케이블	(c) 광섬유 케이블
모양	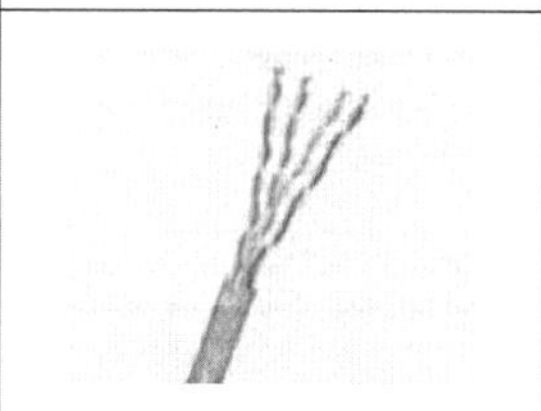	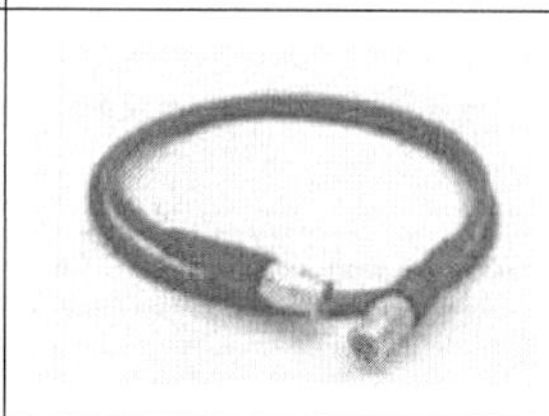	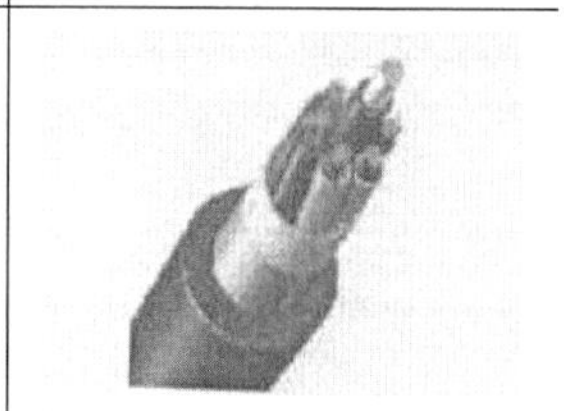
속도	늦음	저속	고속
비용	저가	보통	고가
거리	단거리	중거리	장거리

그림 1.81 유선 통신 선로의 특징

5.2.2 전기 통신 시스템

최근에 정보 통신의 개념이 생기면서 기존의 전기 통신과는 구분하여 사용되고 있으나, 그 경계가 뚜렷하지 않은 경우가 많다. 그러나 보통 전기 통신(telecommunication)이란 '유선, 무선 및 전자 방식에 의하여 음성, 부호, 영상, 화상 등을 송·수신하는 것'을 의미한다. 그러므로 정보의 가공 없이 신호의 전송만 하는 것을 전기 통신이라고 할 수 있다.

전기 통신은 전송하고자 하는 음성, 문자, 영상과 같은 신호들을 전기적인 신호로 변환하고, 변환된 신호는 아날로그 신호 또는 디지털 신호로 변환한 후에, 각종 변조 방식과 다중화를 거쳐서 유선 또는 무선으로 수신측에 전송되어 정보가 전달되는 통신 방식이다.

그림 1.82는 통신 시스템의 계통도를 나타낸 것이며, 이는 정보원에서 발생하는 정보를 수신자에게 전달하는 시스템이다. 통신 시스템은 입력 변환기, 송신기, 통신 선로, 수신기, 출력 변환기의 다섯 가지 기본 요소로 구성된다. 여기에서 입력 변환기와 송신기를 합쳐서 송신 장치라고도 하며, 수신기와 출력 변환기를 합쳐서 수신 장치라고도 한다.

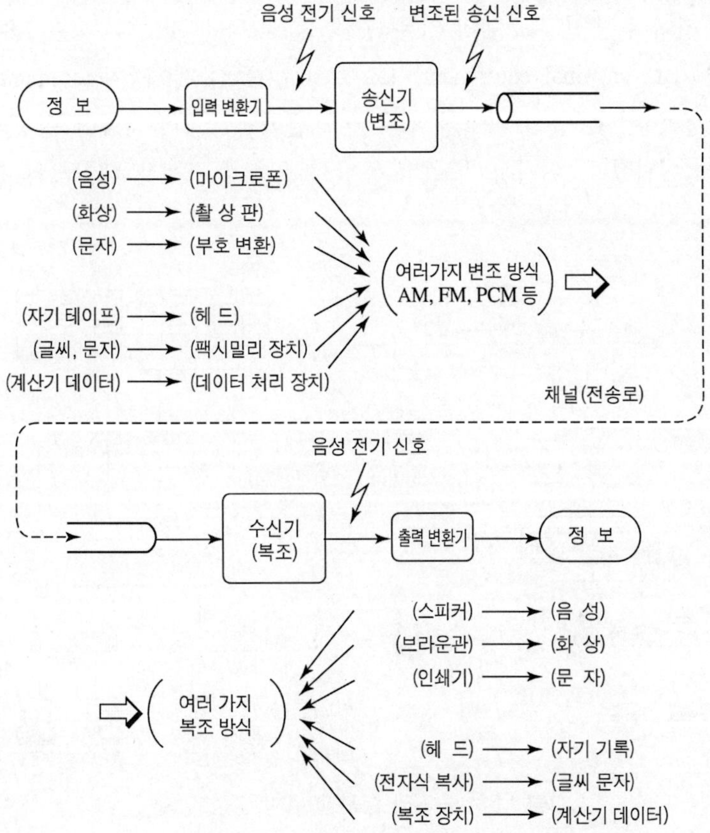

그림 1.82 통신 시스템의 계통도

5.2.3 데이터 통신 시스템

데이터 통신(data communication)이란 송신측 시스템으로부터 수신측 시스템 사이에 단말기를 비롯한 컴퓨터를 기반으로 하는 시스템 상호간의 데이터 전송 및 수신을 말한다. 이는 '전기 통신 회선에 음성, 문자, 영상과 같은 정보를 저장, 처리하는 장치나 그에 필요한 입·출력 및 그 밖의 기기를 접속하여 정보를 송·수신 처리하는 전기 통신'이라 할 수 있다. 그러므로 데이터 통신은 고도화된 전기 통신이라고 할 수 있다.

데이터 통신은 정보의 생산, 가공, 처리를 담당하는 컴퓨터 기술과 이를 유통시키기 위한 정보 전달 과정의 통신 기술 부분이 필요하다. 데이터 통신은 특히 PC의 활용이 늘어나면서 하드웨어와 소프트웨어의 기능이 더욱 중요시되고 있다. 이에 따라 근거리에 있는 통신 기기들을 그림 1.83과 같이 근거리 통신망(LAN)으로 연결하거나, 멀리 떨어져 있는 컴퓨터를 모뎀, 전화망 또는 전용 회선을 연결하여 전화, 화상, 문자 및 영상 등의 데이터를 송·수신하는 방향으로 발전하였다. 이러한 여러 개의 통신망을 연결하여 도시권 통신망(metropolitan area network, MAN), 광역망(WAN) 등으로 발전하고 있다.

그림 1.84는 데이터 통신 시스템의 기본 구성도를 나타낸 것이다. 그림 1.84에서 DTE는 데이터 단말장치(data terminal equipment)이고, CCU는 통신 제어장치(communication control service unit)의 약어이다. 통신 기술과 컴퓨터가 결합되어 컴퓨터망이 형성되어 컴퓨터간의 정보 교환이 쉬워졌다. 여기서, 데이터 통신 시스템의 구성은 데이터의 전송을 담당하

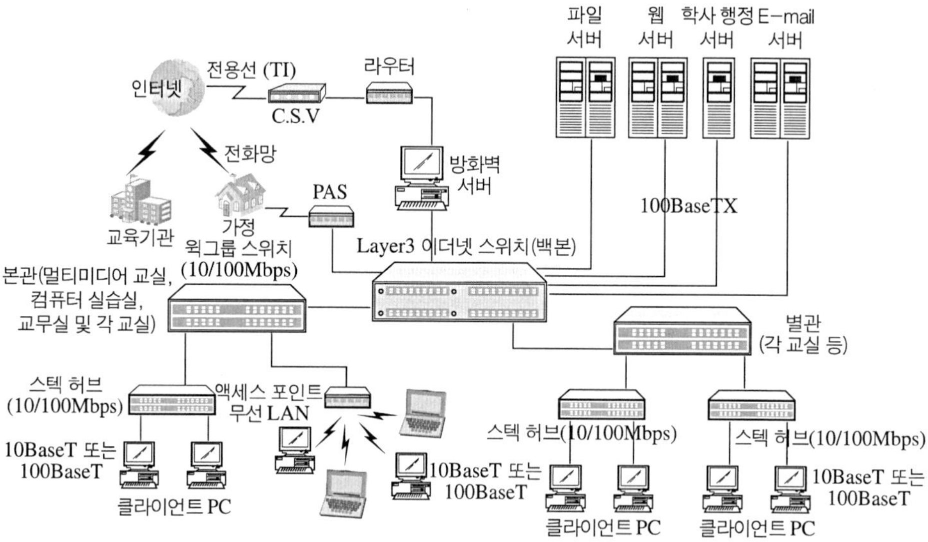

그림 1.83 근거리 통신망(LAN) 구성도 예

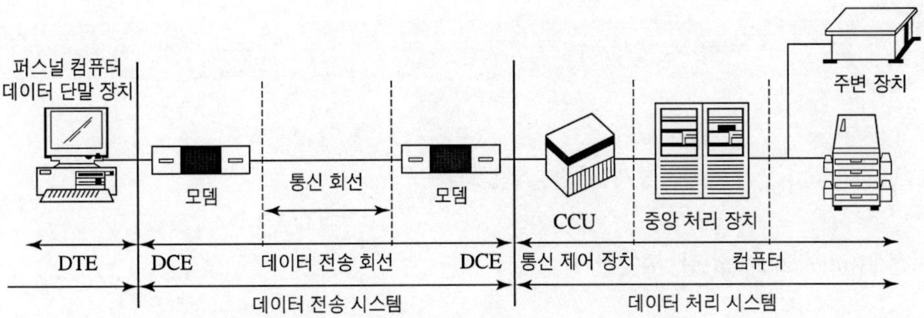

그림 1.84 데이터 통신 시스템의 기본 구성도

는 데이터 전송 시스템과, 데이터를 가공·처리하는 데이터 처리 시스템으로 구성된다. 그리고 각각의 특징은 아래와 같다.

첫째, 데이터 전송 시스템은 신호 변환 장치인 데이터 회선 종단장치(data circuit terminating equipment, DCE)와 통신 회선으로 구성된다. DCE에서 아날로그 회선은 모뎀이 이용되고, 디지털 회선은 디지털 서비스장치(digital service unit, DSU)가 이용된다.

둘째, 데이터 처리 시스템은 정보를 만드는 곳과 정보를 사용하는 곳으로 구성되어 있다. 이에 해당하는 장비로는 컴퓨터, 단말기, 통신 제어 장치로 구성되어 있다.

연구문제

1. 전자(electron)는 누가, 어떻게 발견하였는가?

2. 시정수(time constant)란 무엇인가?

3. 각종 저항기의 종류와 특징 등을 조사해 보자.

4. 각종 다이오드의 종류와 특징 등을 조사해 보자.

5. 각종 트랜지스터의 종류와 특징 등을 조사해 보자.

6. AM과 FM 라디오 방송의 차이점은 무엇인가?

7. 라디오의 공진주파수는 어떻게 구할 수 있는가?

8. LCD TV, LED TV 및 PDP TV를 비교해 보고, IPTV란 무엇인가?

9. RFID의 원리와 용도를 조사해 보자.

10. 각종 센서의 종류와 특징 및 용도를 조사해 보자.

11. 로봇의 역사와 용도를 조사해 보자.

12. 국내 통신 기술의 역사를 조사해 보자.

13. IMT-2000과 DMB 등 최신의 통신 기술 용어 5가지를 조사하고 설명해 보자.

14. 전기 통신과 정보 통신의 차이점은 무엇인가?

15. 데이터 통신이란 무엇인가?

CHAPTER 2

반도체

1 반도체 기초

1.1 반도체의 역사

전자 기술의 시초는 19세기 후반에 진공 기술의 발달과 더불어 진행되었으며 전자에 관한 연구부터이다. 1874년에 크룩스(Crookes)는 음전하를 확인하였고, 1897년에 톰슨(Thomson)은 전자를 확인하였고, 1904년 플레밍(Fleming)은 2극 진공관을 개발하였고, 1906년 드 포올레(De Forest)는 3극 진공관을 발명하였고, 1909년 밀리칸(Millikan)은 전자의 전하량을 측정하였다.

진공관의 발명에 의하여 전자 기술의 진보가 시작되었고, 1951년에 브래테인(Brattain), 바딘(Bardeen), 쇼클레이(Schockley)에 의하여 트랜지스터가 발명되었다. 특히 2차세계대전은 과학자나 기술자가 대규모로 동원되어 레이더나 전자계산기 기술의 발전을 촉진하는 계기가 되었다.

1950년에는 미국에서 집적회로(IC)가 개발되었고, LSI, VLSI 등이 개발되어 우리 생활과 산업이 급속도로 발달하게 되었다.

1.2 반도체 성질

반도체(semiconductor)란 도체와 절연체의 중간 정도 저항값을 가지는 물질을 말한다. 도체(conductor)는 구리 등의 금속과 같이 전류가 잘 흐르는 물질이며, 절연체(insulator)는

▶ **표 2.1** 저항률에 대한 물질의 분류

구분 / 항목	도 체	반도체	절연체
물질의 예	은, 구리, 금, 알루미늄	실리콘(Si), 게르마늄(Ge)	운모, 석영, 유리, 고무
저항률[Ω.m]	10^{-8}~10^{-5}정도	10^{-5}~10^{4}정도	10^{4}~10^{16}정도
용도 예	전선, 기판의 구리박	다이오드, IC용 웨이퍼	절연재료
	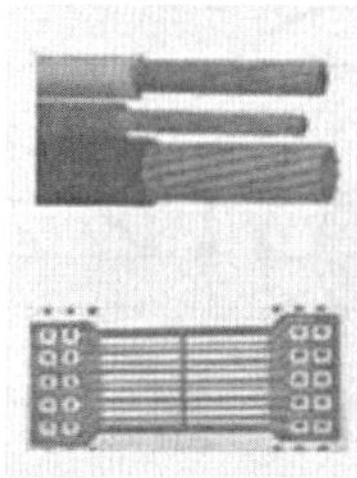	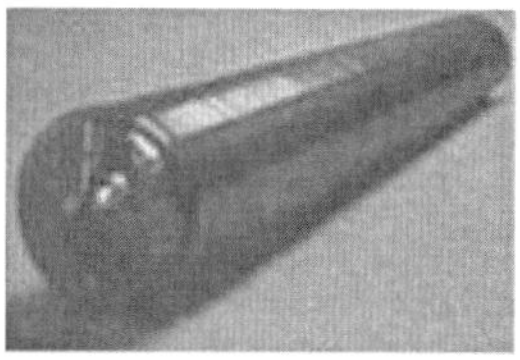	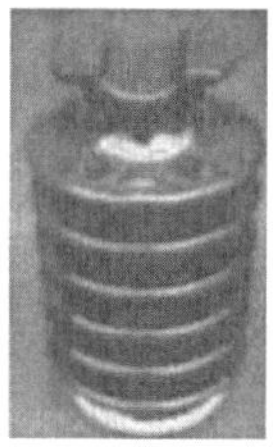

플라스틱 등과 같이 전류가 흐르지 않는 물질이다. 절연체는 도체와 반대 성질을 가지므로 부도체(nonconductor)라고도 한다. 도체는 물질 내부에 자유롭게 움직일 수 있는 전자를 가지고 있으며, 여기에 전압을 가해주면 많은 전자가 쉽게 이동하여 전류가 흐른다. 반도체는 순수한 반도체에 인위적으로 약간의 불순물을 첨가하여 전도율을 마음대로 조절할 수 있다.

표 2.1은 저항률에 따라 물질을 도체, 반도체, 절연체로 구분한 것이다.

그림 2.1은 저항률에 따른 재료들의 구분을 나타낸 것이다. 도체는 저항률이 매우 작으며(약 10^{-4}Ω · m 이하), 은이나 구리 등의 금속이 해당한다. 절연체는 도체와 반대로 저항률이 매우 크며(10^{4}Ω · m 이상), 운모, 석영, 베이클라이트 등이 해당된다. 반도체의 저항률은 도체와 절연체의 중간크기로서 10^{-4}~10^{4}[Ω · m]이다.

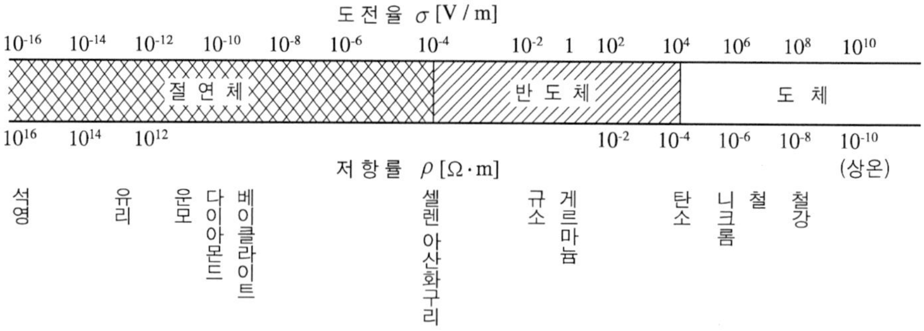

그림 2.1 저항률에 따른 도체, 반도체, 절연체의 구분

또한 반도체가 도체 및 절연체와 구분되는 대표적인 특징은 다음과 같다.

① **온도 계수**: 금속과는 반대로 반도체는 온도 상승과 더불어 저항률이 감소한다. 즉, 음의 온도 계수를 가지고 있다.

② **불순물에 따른 저항률 변화**: 순수 반도체에 소량의 불순물을 첨가함으로써 저항률이 감소한다.

③ **광전 효과**: 반도체 결정에 빛을 쬐면 저항률이 감소하여 도전성이 증가하므로 광기전력이 발생하는 광전 효과가 나타난다.

④ **정류 특성**: 반도체끼리 또는 반도체와 금속을 접촉시키면 접촉면에서 정류 특성이 나타난다.

⑤ **자기 효과**: 외부 자기장에 의하여 저항률의 변화가 크고, 또한 홀 효과(Hall effect)가 있다.

1.3 에너지대 이론

1.3.1 전자의 에너지 준위

모든 원소의 기본이 되는 수소 원자는 전자가 한 개이므로 그림 2.2에서 보는 바와 같이 수소 원자 주변의 전자의 에너지 상태는 확실하게 구분될 수 있다. 여기서 중요한 점은 한 에너지 상태와 다음 에너지 상태 사이에는 넓은 간격이 존재한다는 것이다. 이곳은 전자가 존재할 수 없는 금지 구역이다.

그림 2.3은 원자번호 11인 Na의 에너지 준위를 나타낸 것이다. 각 궤도는 2개까지의 전자를 가질 수 있고, 이 두 전자는 서로 반대 스핀을 가져야 한다. 그러므로 첫 번째 준위에

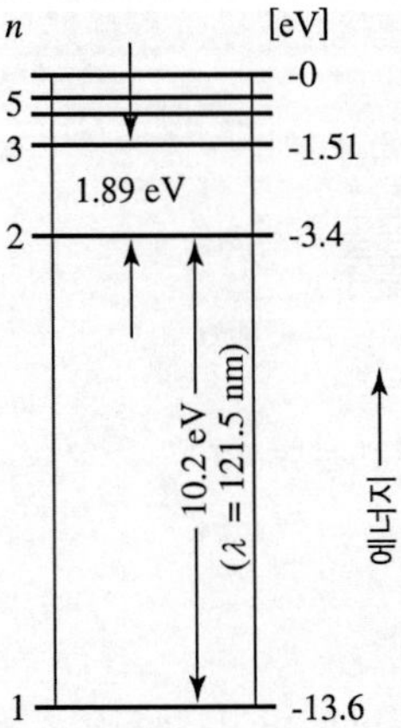

그림 2.2 수소 원자의 에너지 준위

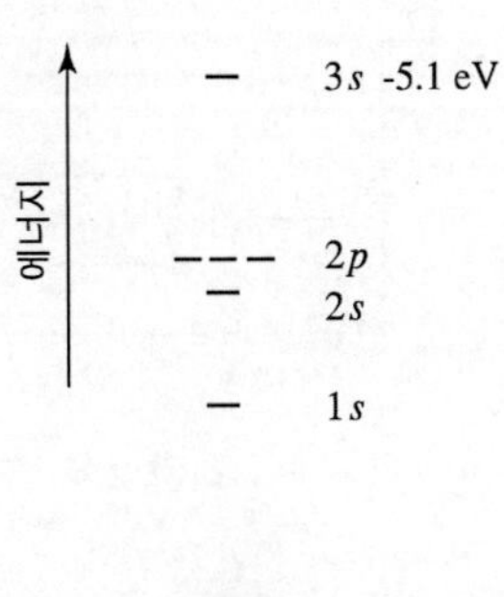

그림 2.3 나트륨 원자의 에너지 준위

는 2개의 전자가 있고, 두 번째 준위에는 8개의 전자가 있고, 세 번째 준위에는 1개의 전자가 있다. 이 때 가장 밖의 준위에 있는 전자가 가전자(valence electron)이다. 결국 한 개의 원자에서 전자들은 특정한 궤도나 에너지 준위에만 있을 수 있고, 이러한 준위들 간에는 금지된 에너지 간격(gap)이 존재하는 것이다.

1.3.2 고체 결정의 에너지 대역

그러나 그림 2.4와 같이 같은 원자가 여러 개 뭉쳐 있는 고체 결정체에서는 여러 원자들이 결합하는 힘은 가전자들에 주어진다. 이 때 가전자들의 에너지 준위는 같은 높이를 가지고 있어서 겹겹이 쌓여지게 되는데 이를 에너지 대역(energy band)이라 부른다. 마찬가지로 하위의 에너지 대역에서도 비교적 결집력은 약하나 같은 현상이 일어난다. 이와 같이 전자들이 존재하는 에너지 대역을 허용대(allowed band)라고 한다. 그러므로 결정 전체로 보면, 전자들이 차지하고 있는 에너지 허용대는 띄엄띄엄 존재하게 되는데 이러한 에너지 간격(energy gap)이 금지대(forbidden band)이다.

그림 2.4에서 전자가 존재할 수 있는 허용대는 충만대와 전도대로 나누어 설명하면 편리하다. 즉, 충만대(filled band)는 전자가 가득 차 있는 허용대이다. 반면에 전도대(conduction band)는 전자의 일부 또는 전부가 비어 있는 허용대이다.

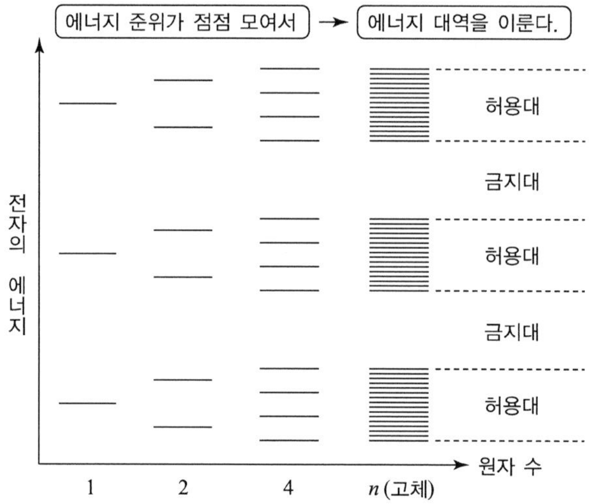

그림 2.4 고체 결정의 에너지 대역

1.3.3 도체, 반도체, 절연체의 에너지대

모든 고체는 각각의 고유한 에너지 대역을 가진다. 이 에너지 대역의 구조 변화가 그 물질의 전기 전자 특성의 원인이 되는 것이다. 그림 2.5는 도체, 반도체, 절연체의 에너지 대역을 나타낸 것이다.

그림 2.5의 (a)와 같이 도체는 충만대와 전도대(공핍대)가 접해 있어서, 충만대의 전자들이 전도대로 쉽게 옮겨갈 수 있으므로, 전기 전도가 매우 좋다.

그림 2.5의 (b)와 같이 반도체는 금지대의 폭이 절연체보다는 매우 좁다. 그러므로 외부에서 적은 에너지만 받아도 충만대의 전자들이 전도대로 쉽게 이동하여 전류가 흐르게 된다.

그림 2.5의 (c)와 같이 절연체는 충만대와 전도대의 에너지 간격이 매우 넓어서, 외부에서 에너지를 가하여도 전자가 이동하기 어려우므로 전류가 흐를 수 없는 물질이다.

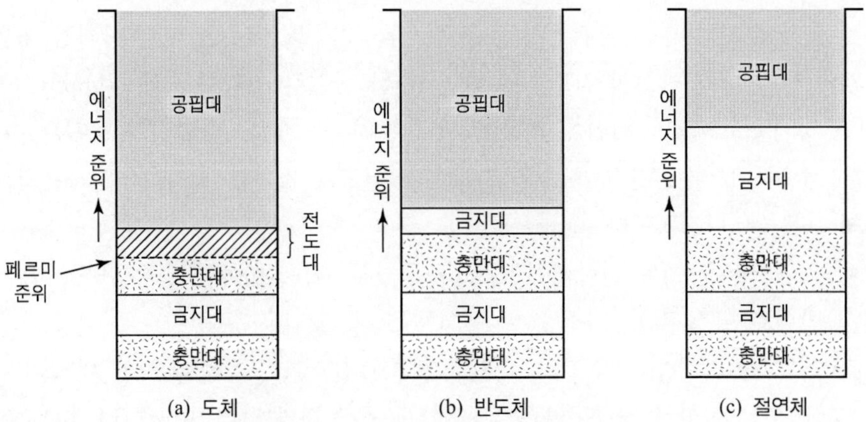

그림 2.5 도체, 반도체, 절연체의 에너지대

2 자유전자와 정공

금속 등의 도체에 전류를 흐르게 하는 것은 전자이지만, 반도체에서는 자유전자와 정공이 있다. 반도체 내에서 전자와 정공의 이동에 대하여 알아보기로 한다.

2.1 반도체의 결정 구조

일반적으로 고체는 결정체(crystalline)와 비결정체(amorphous)로 나눌 수 있다. 결정체는 원자나 분자 등이 규칙적이고 주기적인 배열을 하고 있다. 결정체는 단결정(single crystal)과 다결정(poly crystal)으로 나눌 수 있는데, 이를 그림 2.6에 나타낸다.

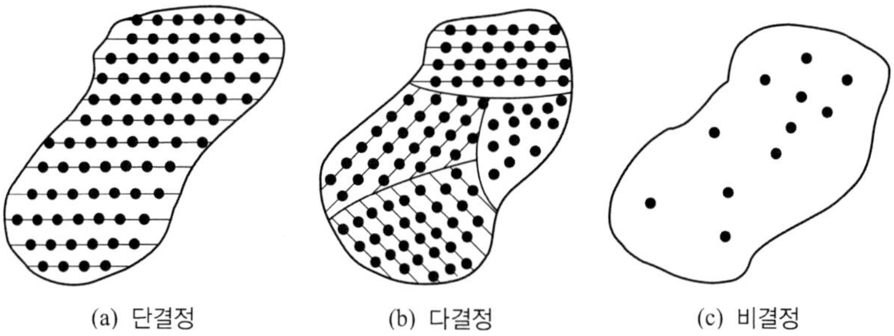

그림 2.6 결정과 비결정

단결정은 재료 전체적으로 주기적인 원자 배열을 하고 있는 고체이다. 반면에, 다결정은 원자 혹은 분자 크기의 넓은 범위에서 높은 질서를 갖지만, 이웃한 다른 단결정 영역에 대해서 크기와 원자 배열 방향이 서로 다르다. 이러한 단결정 영역을 그레인(grain)이라 부르고, 그레인 경계(grain boundary)에 의하여 서로 분리되어 있다. 단결정의 장점은 단결정이 아닌 다른 재료들 보다 전기적 특성이 우수하다. 반도체 소자를 제작할 때 사용되는 실리콘이나 게르마늄은 단결정이다.

물질 내의 원자들 간에는 결합력이 작용하고 있다. 이 결합에는 공유 결합, 이온 결합, 금속 결합, 반데르 발스 결합, 수소 결합 등이 있으나, 실리콘 등의 반도체 결정은 공유 결합을 하고 있다. 공유 결합은 인접하는 원자간에 가전자를 공유하는 결합 방식이다.

그림 2.7의 (a)는 실리콘 원자들의 공유 결합 구조를 나타낸 것이며, 그림 (b)는 공유 결합 상태를 평면으로 나타낸 것이다.

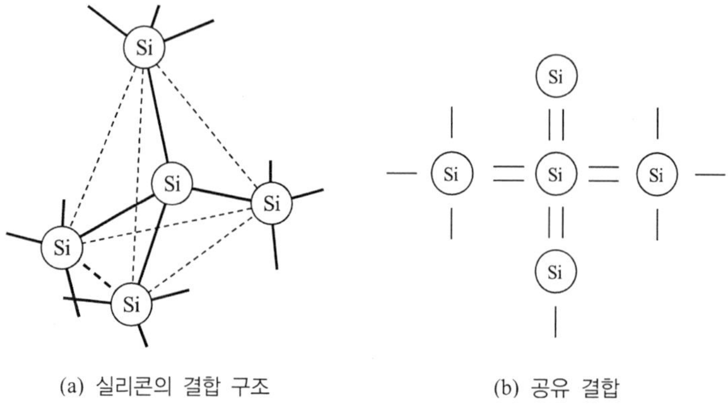

그림 2.7 실리콘의 공유 결합

2.2 실리콘의 자유전자와 정공

그림 2.8은 공유 결합을 하고 있는 실리콘 결정체에서의 자유전자와 정공을 나타낸 것이다. 이와 같이 순수한 실리콘으로 만든 반도체를 진성 반도체(intrinsic semiconductor) 또는 내인성 반도체라고 한다.

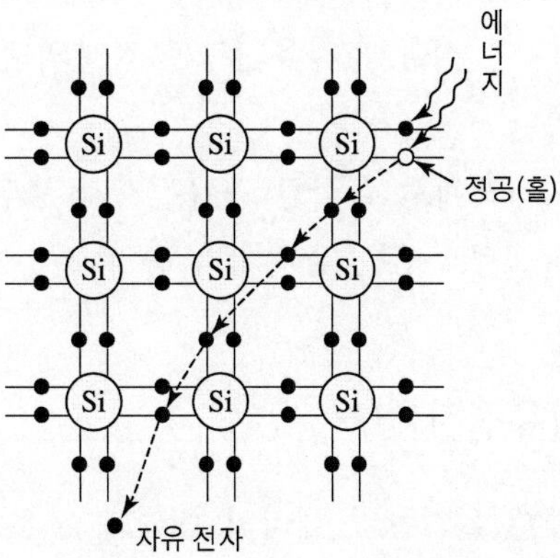

그림 2.8 자유전자와 정공

그림 2.9를 통하여 진성 반도체의 에너지대와 전기 전도에 대하여 생각해 보기로 하자. 충만대에 있는 가전자에 열 등의 미소한 에너지를 주면 운동이 활발해져서, 그 중에 몇 개는 금지대의 에너지 갭을 넘어 전도대(공핍대)로 올라가서 자유전자(free electron)가 된다. 여기서 가전자(valence electron)란 원자에서 최외곽 궤도에 있는 전자를 말한다.

그 결과, 충만대에는 전자가 빠져 나간 구멍이 생기게 된다. 이것은 처음에 중성인 상태로부터 전자가 없어져서 생긴 구멍이므로, 상대적으로 양의 전하를 가진다고 생각할 수 있으며, 이를 정공(positive hole) 또는 홀(hole)이라고 한다.

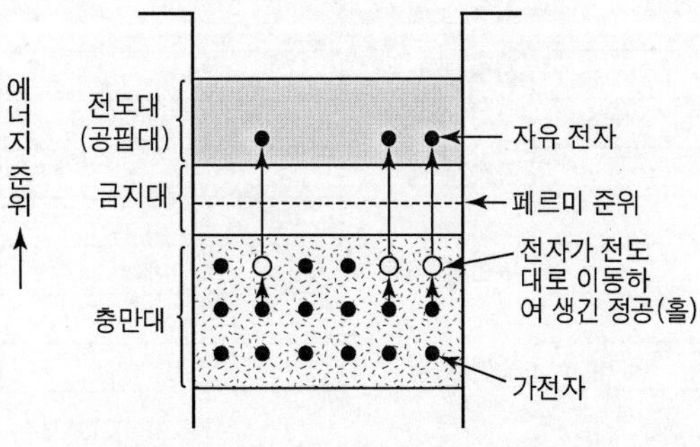

그림 2.9 에너지대에서의 자유전자와 정공

이렇게 생긴 정공은 충만대의 하위 준위 전자의 전하에 의해서 즉시 중화되므로, 점점 하위의 준위로 옮겨 가게 된다. 즉, 그림 2.8에서와 같이 외부 에너지를 받아서 공유 결합을 이탈한 자유전자는 화살표와 같이 차례차례로 그 정공의 위치에 들어가게 된다. 이는 전자가 이동하였다고도 생각할 수 있지만, 최초에 생긴 정공 부분에 다른 곳에서 전자가 이동하여 왔다고도 생각되므로, 결국 정공이 이동한 것으로 볼 수 있다.

따라서, 반도체에 흐르는 전류는 전자와 같은 수의 양전하를 가진 정공과 자유전자의 두 종류임을 알 수 있다. 여기서, 이 정공과 자유전자를 전하의 운반체라는 의미로서 반송자 또는 캐리어(carrier)라고 부른다.

아울러 진성 반도체에서는 전도대로 올라간 자유전자와 충만대에 남아 있는 정공의 수가 같으므로, 페르미 준위(Fermi level)는 금지대의 중앙에 있다.

2.3 열에너지와 자유전자

그림 2.10은 열에너지에 따른 실리콘의 에너지 대역과 자유전자 발생을 나타낸 것이다. 절대 온도 0K에서 실리콘 내에는 자유전자가 한 개도 없다. 그러나 상온인 300K 정도에서는 열에너지에 의하여 실리콘 결정의 공유 결합이 일부 파괴된다. 그러므로 그림 (b)와 같이 가전자대에 있는 전자는 전도대로 이동하여 자유전자가 된다. 이와 같이 열에너지에 의하여 전도대에는 소량의 자유전자가 존재하게 되며, 가전자대의 전자가 나간 곳에는 공백이 생겨서 정공이 발생되는 것이다.

따라서, 절대 온도 0K 이상에서는 전도대의 자유전자와 가전자대의 정공이 전기 전도에 기여하게 된다. 반도체 소자의 주변 온도가 더 증가하면 자유전자의 수도 더 증가하므로 전기 전도가 더 증가하게 된다.

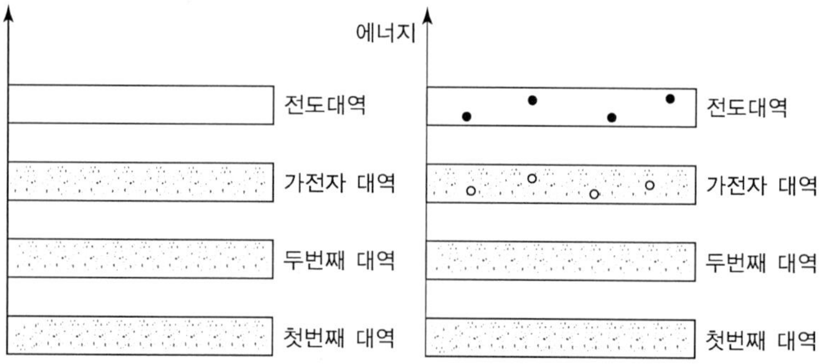

(a) 0K에서 (b) 상온(300K)에서

그림 2.10 실리콘의 열에너지와 에너지 대역

3 진성 반도체

3.1 반도체 재료

표 2.2는 몇 가지 원소를 나타낸 것이다. 반도체 재료로 사용되는 것은 주기율표의 4족에 있는 원소 반도체(element semiconductor)와, 3족 및 5족 원소들의 화합물 결합으로 이루어진 화합물 반도체(compound semiconductor)가 있다. 이러한 원소의 주기율표(periodic table)를 그림 2.11에 나타낸다.

▶ 표 2.2 주기율표의 4족, 3족, 5족 반도체 원소

구분	3족	4족	5족
원소	붕소, B 알미늄, Al 갈륨, GA 인듐, In	탄소, C 실리콘, Si 게르마늄, Ge	인, P 비소, AS 안티몬, Sb

1 H 번호 기호
1.008 원자량
수소 이름

금속
반금속
비금속

1 H 1.008 수소																	2 He 4.003 헬륨
3 Li 6.941 리튬	4 Be 9.012 베릴륨											5 B 10.81 붕소	6 C 12.01 탄소	7 N 14.01 질소	8 O 16.00 산소	9 F 19.00 불소	10 Ne 20.18 네온
11 Na 22.99 나트륨	12 Mg 24.31 마그네슘											13 Al 26.98 알루미늄	14 Si 28.09 규소	15 P 30.97 인	16 S 32.07 유황	17 Cl 35.45 염소	18 Ar 39.95 아르곤
19 K 39.10 칼륨	20 Ca 40.08 칼슘	21 Sc 44.96 스칸듐	22 Ti 47.88 티탄	23 V 50.94 바나듐	24 Cr 52.00 크롬	25 Mn 54.94 망간	26 Fe 55.85 철	27 Co 58.93 코발트	28 Ni 58.69 니켈	29 Cu 63.55 구리	30 Zn 65.39 아연	31 Ga 69.72 갈륨	32 Ge 72.61 게르마늄	33 As 74.92 비소	34 Se 78.96 셀렌	35 Br 79.90 취소	36 Kr 83.80 크립톤
37 Rb 85.47 류비듐	38 Sr 87.62 스트론튬	39 Y 88.91 이트륨	40 Zr 91.22 지르코늄	41 Nb 92.91 니오브	42 Mo 95.94 몰리브덴	43 Tc (98) 테크네튬	44 Ru 101.07 루테듐	45 Rh 102.91 로듐	46 Pd 106.42 팔라듐	47 Ag 107.87 온	48 Cd 112.41 카드뮴	49 In 114.82 인듐	50 Sn 118.71 주석	51 Sb 121.75 안티몬	52 Te 127.60 텔루륨	53 I 126.90 요소	54 Xe 131.29 크세논
55 Cs 132.91 세슘	56 Ba 137.33 바륨	57 La 138.9 란타노이드	72 Hf 178.49 하프늄	73 Ta 180.95 탄탈	74 W 183.85 텅스텐	75 Re 186.21 레늄	76 Os 190.2 오스뮴	77 Ir 192.22 이리듐	78 Pt 195.08 백금	79 Au 196.97 금	80 Hg 200.59 수은	81 Tl 204.38 탈륨	82 Pb 207.2 납	83 Bi 208.98 비즈머드	84 Po (209) 폴로늄	85 At (210) 아스타틴	86 Rn (222) 라돈
87 Fr (223) 프란슘	88 Ra (226) 라듐	89 Ac 227.0 악티노이드															

란탄계열	57 La 138.91 란타넘	58 Ce 140.12 세륨	59 Pr 140.91 프리세오디뮴	60 Nd 144.24 네오듐	61 Pm (145) 프로메튬	62 Sm 150.36 사바륨	63 Eu 151.97 유러피움	64 Gd 157.25 가드리듐	65 Tb 158.93 테르븀	66 Dy 162.50 아디스프로슘	67 Ho 164.93 호르뮴	68 Er 167.26 에르븀	69 Tm 168.93 트리움	70 Yb 173.04 이테르븀	71 Lu 174.97 루테튬
악틴계열	89 Ac (227) 엑티늄	90 Th 232.04 트리움	91 Pa (231) 플로트악티늄	92 U 238.03 우란	93 Np (237) 넵트늄	94 Pu (244) 폴로트늄	95 Am (243) 아메리늄	96 Cm (247) 큐륨	97 Bk (247) 베이크륨	98 Cf (251) 카르호르늄	99 Es (252) 아인스타이늄	100 Fm (257) 페르뮴	101 Md (258) 멘델레븀	102 No (259) 노벨륨	103 Lr (260) 로렌슘

* 원자질량은 안정한 동위원소 존재비에 대한 평균값이다. 우라늄과 토륨을 제외한 방사성 동위원소에서 괄호 안의 질량은 가장 안정한 동위원소의 값이다.

그림 2.11 주기율표

원소 반도체란 한가지 원소로 만든 반도체로서, 실리콘(Si), 게르마늄(Ge) 등이 있다. 실리콘 원소는 집적 회로(IC) 등 대부분의 전자 소자에 사용되는 반도체 재료이며, 지구상에 그 자원도 매우 풍부하다.

화합물 반도체란 2가지 이상의 원소로 만든 반도체로서, 알미늄인(AlP), 갈륨인(GaP), 갈륨비소(GaAs), 인듐안티몬(InSb) 등이 있다. 특히 갈륨비소(GaAs) 화합물은 화합물 반도체 중에서 가장 널리 사용되고 있다.

3.2 진성 반도체의 특징

3.2.1 반도체의 분류

반도체는 그것에 함유되는 불순물의 여부에 따라 그림 2.11과 같이 진성 반도체와 불순물 반도체로 나눌 수 있다.

진성 반도체(intrinsic semiconductor)란 불순물이 함유되지 않은 순수한 반도체이므로, 내인성 반도체라고도 한다.

불순물 반도체(impurity semiconductor)는 진성 반도체에 인위적으로 3족 및 5족 등의 원소를 첨가한 것으로, 외인성 반도체(extrinsic semiconductor)라고도 한다.

- 반도체
  - 진성 반도체
  - 불순물 반도체
    - N형 반도체
    - P형 반도체

그림 2.11 반도체의 분류

3.2.2 진성 반도체의 특징

실리콘이나 게르마늄 등의 반도체 결정체는 원자들이 공유 결합에 의하여 입체적으로 결합되어 있으나, 캐리어의 거동을 설명하기 위하여는 반도체 결정을 평면적으로 나타내는 것이 편리하다.

그림 2.12는 실리콘 진성 반도체의 원자 결합 모델을 평면적으로 나타낸 것이다.

그림 2.12와 같이 공유 결합에 참여하고 있는 가전자에 결합력보다 더 큰 빛에너지나 열에너지 등을 주게 되면, 가전자의 공유 결합이 파괴되고 자유전자가 되어 결정 내를 이동할 수 있게 된다. 이 때, 전자가 빠져나간 자리에는 정공이 발생된다. 이와 같이 전자와 정공의 쌍이 생성되는 과정을 전자-정공쌍 생성(production of a hole-electron pair)이라고

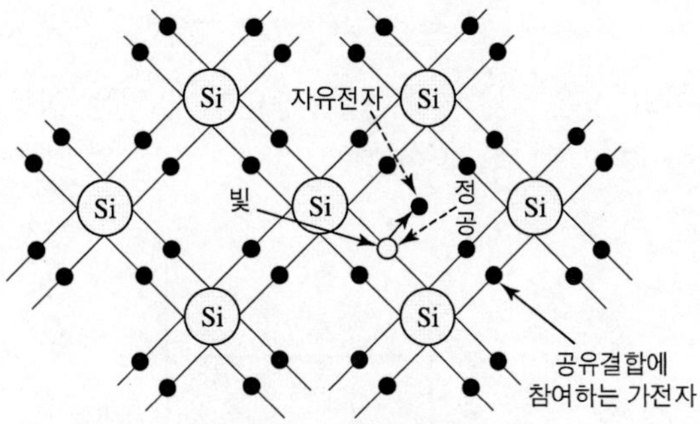

그림 2.12 실리콘 진성 반도체의 평면 모델

한다. 진성 반도체에서는 전자-정공쌍 생성에 의하여 전자 밀도와 정공 밀도가 같은 것이 특징이다.

그림 2.13은 진성 반도체의 에너지대를 나타낸 것이다. 즉 외부 에너지에 의하여 가전자대의 전자가 전도대로 이동하면, 가전자대에는 정공이 발생되는 것이다. 이때, 전도대의 자유전자와 가전자대의 정공은 외부에서 인가되는 전압에 의하여 이동하므로 전기 전도에 기여하게 되는 것이다.

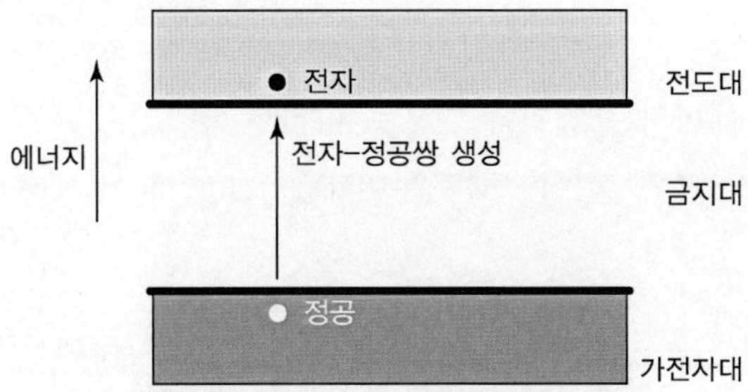

그림 2.13 진성반도체의 에너지대

3.2.3 광전도

실리콘 반도체의 충만대 속에 있는 전자가 열적 활성화에 의하여 에너지 갭을 뛰어 넘어 전도대로 올라갈 수 있는 확률은 매우 적다. 대표적으로 파장 660 mm인 붉은 빛의 광양자(photon)는 1.9 eV의 에너지를 갖고 있으므로, 1.1 eV인 실리콘의 에너지 갭을 뛰어넘을 수 있다. 그러므로 실리콘에 빛을 가하면 광활성(photo activation)에 의하여 전기 전도가 증가하므로 이를 광전도(photoconduction)라고 한다.

그림 2.14는 광양자의 빛에너지에 의하여 전자-정공쌍이 생성되는 것을 나타낸 것이다. 이때 전자-정공쌍의 생성 반응을 다음 식과 같이 나타낼 수 있다.

$$E \rightarrow n+p \quad \cdots\cdots (2.1)$$

여기서, E는 에너지이고, n은 전자이며, p는 충만대에 있는 정공이다. 이 식에서 에너지는 빛 외에도 열, 전압 등이 될 수도 있다.

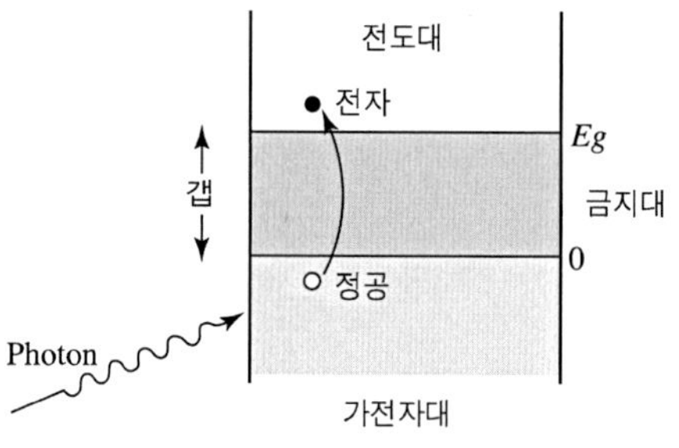

그림 2.14 광전도

3.2.4 발광 현상

그리고 재료에 가해진 에너지가 감소되면 안정하게 되므로 전자와 정공은 곧바로 결합하게 되는데, 이를 아래 식과 같이 나타낸다.

$$n+P \rightarrow E \quad \cdots\cdots (2.2)$$

이 식에서 방출되는 에너지는 열이나 빛으로 나타날 수 있다. 이렇게 방출되는 에너지가 빛으로 나타나는 현상을 발광 현상 또는 루미네슨스(luminescence)라고 한다. 이를 그림 2.15에 나타낸다.

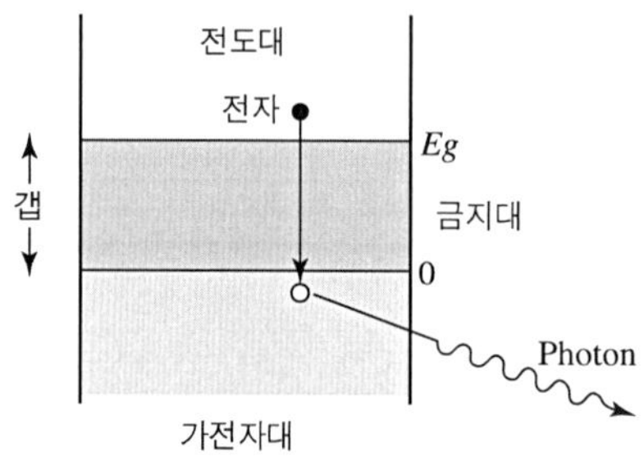

그림 2.15 발광 현상

4 불순물 반도체

상온(300K)에서 실리콘 진성 반도체 내의 자유전자와 정공만으로는 충분한 전류를 얻을 수 없다. 그래서 전도도(conductivity)를 높이기 위하여 진성 반도체에 인위적으로 불순물을 소량 첨가한다. 이와 같이 불순물을 첨가하는 것을 도핑(doping)이라고 하며, 도핑된 반도체를 불순물 반도체 또는 외인성 반도체라고 한다. 불순물 반도체에는 n형 반도체와 p형 반도체의 두 종류가 있다.

4.1 N형 반도체

4가인 진성 반도체에 5가인 불순물을 도핑시킨 것을 n형 반도체라고 한다. 이 때 5가인 불순물로는 인(P), 비소(As), 안티몬(Sb) 등이 있다. 이러한 5가 원소를 도너(donor)라고 한다.

그림 2.16과 같이 4가의 실리콘(Si) 결정에 5가의 안티몬(Sb) 원자를 소량 혼합시켰다고 하자. 그러면 결정의 전체 모양은 변하지 않으나 안티몬의 원자 때문에 안티몬의 5개 가전자 중 4개는 실리콘과 공유결합을 할 수 있지만, 한 개의 가전자는 결합할 수 없다. 이 때, 남게 되는 가전자를 과잉 전자(excess electron)라고 한다.

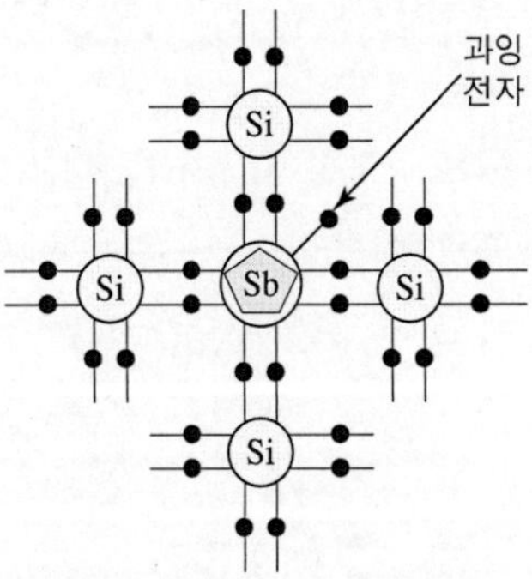

그림 2.16 N형 반도체의 원리

이 과잉 전자는 반지름이 큰 안티몬의 주위를 돌아, 그림 2.17과 같이 전도대 가까운 곳에 새로운 에너지 준위를 차지하게 된다. 이와 같이 과잉 전자인 도너가 만드는 에너지 준위를 도너 준위(donor level)라고 한다.

그림 2.17에서와 같이 도너 준위에 있는 과잉 전자는 외부에서 작은 에너지(0.01 eV)만 받아도 쉽게 전도대로 올라가서 전도 전자가 될 수 있다. 이 때 도너 준위에 있는 도너 원

자는 과잉 전자를 한 개 잃었으므로 양이온이 된다. 이와 같이 4가의 진성 반도체에 5가의 불순물을 첨가하여 반도체 내에 자유전자가 매우 많아짐으로써 음전하를 띠게 되는 불순물 반도체를 n형 반도체(negative type semiconduction)라고 한다. 즉 n형 반도체 내에 많이 있는 자유전자를 다수 반송자(majority carrier)라고 하며, 소량 있는 정공을 소수 반송자(minority carrier)라고 한다.

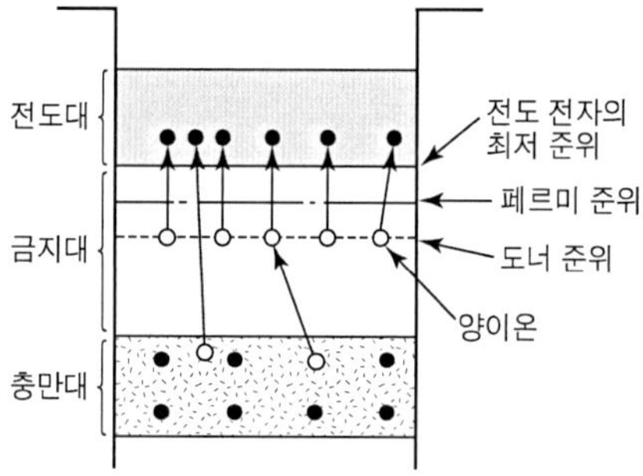

그림 2.17 N형 반도체의 에너지대

4.2 P형 반도체

4가인 진성 반도체에 3가인 불순물을 도핑시킨 것을 p형 반도체라고 한다. 이 때, 3가인 불순물로는 붕소(B), 알미늄(Al), 갈륨(Ga) 등이 있다. 이러한 3가 원소를 억셉터(acceptor)라고 한다.

그림 2.18과 같이 4가의 실리콘(Si) 결정에 3가의 갈륨(Ga) 원자를 소량 혼합하였다고 하자. 갈륨의 가전자는 3개 뿐이므로 이웃한 실리콘의 원자와 결합을 하지 못하는 1개의 구멍이 생긴다. 이 때, 결합을 못하고 부족한 구멍(hole)을 정공(positive hole)이라고 한다.

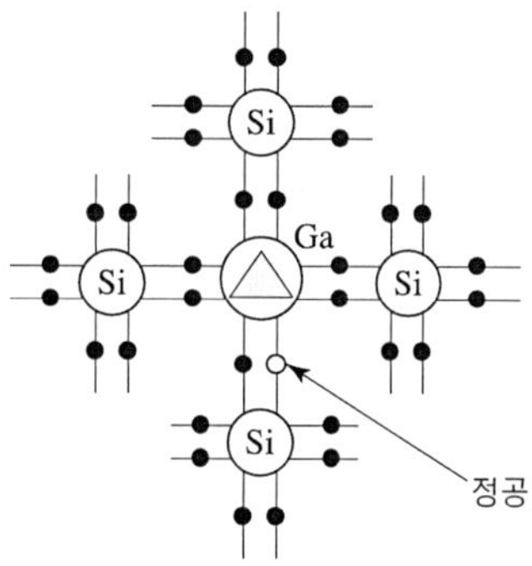

그림 2.18 P형 반도체의 원리

이 정공은 그림 2.19와 같이 충만대 가까운 곳에 새로운 에너지 준위를 차지하게 된다. 이와 같이 정공인 억셉터가 만드는 에너지 준위를 억셉터 준위(acceptor level)라고 한다.

그림 2.19에서와 같이 상온에서도 충만대에 있는 전자는 억셉터 준위로 쉽게 올라가므로, 충만대에는 정공이 많이 생기게 되어, 이것이 다수 반송자가 된다. 이 때, 억셉터 준위에 있는 억셉터는 전자를 받았으므로 음이온이 된다.

이와 같이 4가의 진성 반도체에 3가의 불순물을 첨가하여 반도체 내에 정공이 매우 많아짐으로써 양전하를 띠게 되는 불순물 반도체를 P형 반도체(positive type semiconductor)라고 한다. 즉, p형 반도체 내에 많이 있는 정공을 다수 반송자라고 하며, 소량 있는 자유전자를 소수 반송자라고 한다.

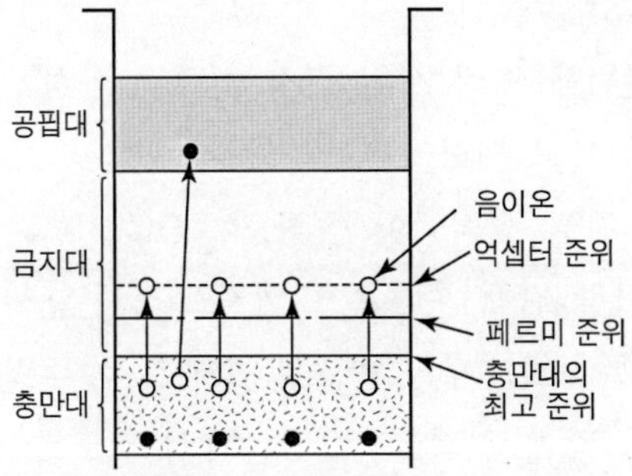

그림 2.19 P형 반도체의 에너지대

그림 2.20은 n형 반도체와 p형 반도체의 반송자를 나타낸 것이다. 결국, n형 반도체의 다수 반송자는 자유전자이고, p형 반도체의 다수 반송자는 정공이다.

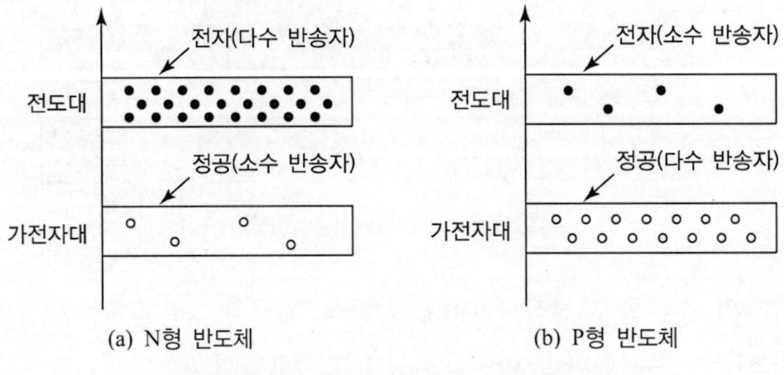

그림 2.20 다수 반송자와 소수 반송자

5 반도체 소자

반도체를 사용한 전자 소자에는 다이오드, 트랜지스터, IC, CdS, LED, 태양 전지 등 여러가지가 있다. 이 중에서 다이오드는 제 3장에서 자세히 다루고, 트랜지스터는 제4장에서 자세히 다룰 것이다.

5.1 IC

5.1.1 IC의 구조와 종류

그림 2.21은 실리콘 기판 위에 여러 개의 전자 소자를 집적한 IC이다. 최근에는 전자 회로에 사용되는 소자는 개별적으로 사용될 수도 있지만, 전자 기기 제품을 소형화하기 위하여 최근에는 이들의 개별 소자를 집적화한 집적 회로(IC ; Integrated Circuit) 소자가 널리 사용되고 있다. IC는 작은 기판 위에 수많은 트랜지스터, 콘덴서, 저항기 등의 소자를 집적하여 회로를 구성하였기 때문에 한 개의 반도체 소자로 간주되고 있다.

이 때 기본 회로를 얼마나 많이 집적할 수 있는가의 정도를 집적도(level of integration)라고 하고, 집적도가 1000소자 이상인 IC를 LSIC(대규모 IC, Large Scale IC)라고 한다.

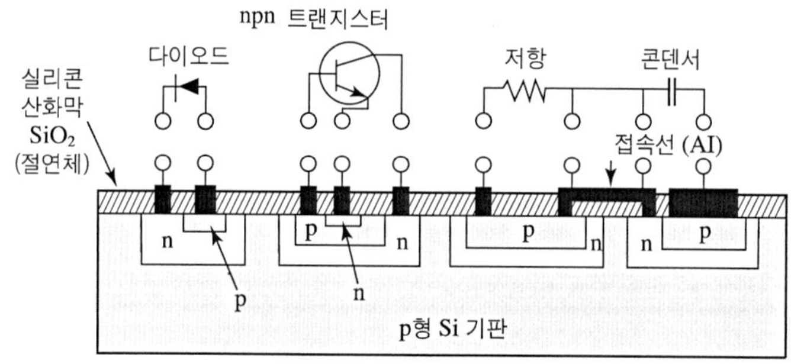

그림 2.21 바이폴러형 IC구조

그림 2.22는 IC의 종류를 분류한 것이며, 각각의 특징은 다음과 같다.

첫째, 트랜지스터의 종류에 따라 바이폴러형 IC와 MOS형 IC로 분류할 수 있다. 바이폴러형 IC는 npn형 트랜지스터를 중심으로 만든 것이고, MOS형 IC는 MOSFET를 중심으로 만든 것이다.

둘째, 회로가 동작하는 기능에 따라 리니어 IC와 디지털 IC로 분류할 수 있다. 리니어

IC(아날로그 IC)는 전자기기의 증폭회로 등에 사용되는 것이고, 디지털 IC는 컴퓨터 등의 디지털 논리 회로에 사용되는 것이다.

셋째, 집적도의 규모에 따라 SSI, MSI, LSI, VLSI, ULSI 등으로 분류할 수 있다. SSI(소규모 IC)는 하나의 칩에 집적도가 100소자 미만으로 제작되는 IC이고, MSI(중규모 IC)는 하나의 칩에 집적도가 100～1000 정도로 제작되는 IC이고, LSI(대규모 IC)는 하나의 칩에 집적도가 1000 이상으로 제작되는 IC이다.

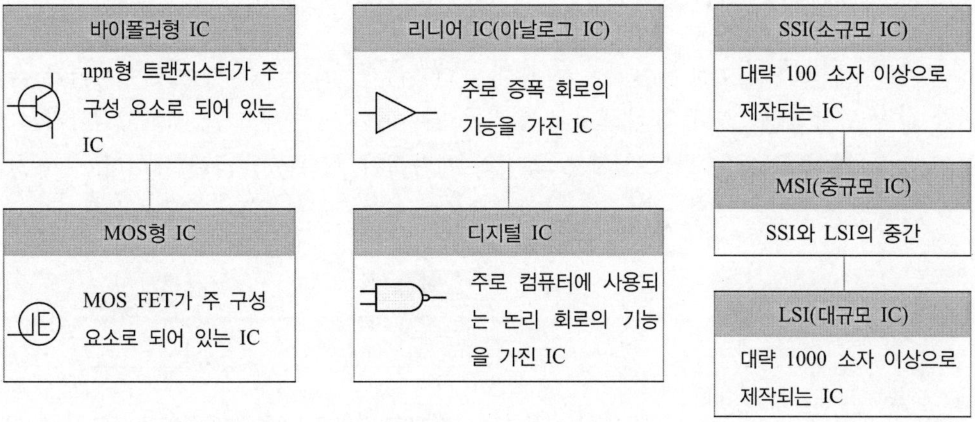

(a) 트랜지스터의 종류에 의한 분류 (b) 회로 동작 기능에 의한 분류 (c) 집적도의 규모에 의한 분류

그림 2.22 각종 IC의 분류

5.1.2 IC의 유형

그림 2.23은 IC의 유형을 나타낸 것이다. IC는 집적하는 회로와 크기에 따라 포장 기술도 달라진다.

그림 (a)의 메탈 캔이나 그림 (b)의 SIP(Single In-line Package) 형태의 IC가 초기에는 사용되기도 하였다.

그림 (c)는 전통적으로 많이 사용되는 IC로서 칩 양쪽에 핀이 달려서 DIP(Dual In-line Package)형태로 포장이 된 것이다.

그림 (d)는 마이크로프로세서 등과 같이 많은 핀이 요구되는 경우에 사용되는 IC로서 PGA(Pin-Grid Array) 형태가 주로 사용된다.

그림 (e)는 전자 제품의 크기가 점차 소형화되면서 기판의 표면에 붙일 수 있는 QFP(Quad Flat Package) 형태가 개발되었다.

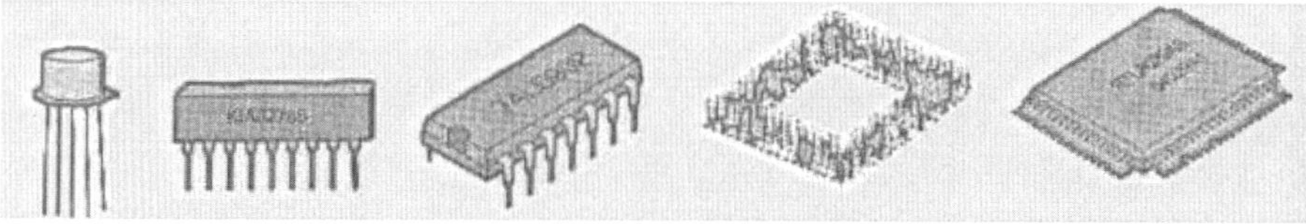

(a) 메탈 캔 (b) SIP (c) DIP (d) PGA (e) QFP

그림 2.23 IC의 유형

5.1.3 IC의 제조 방법

IC의 제조 방법은 국가나 회사별로 공정이 약간씩은 다를 수 있으나 기본적으로는 그림 2.24와 같이 나타낼 수 있다. 모래로부터 실리콘 웨이퍼를 만들어 IC를 제조하기까지는 복잡한 과정을 거치며, 이는 반도체 제조 공정의 개략적인 흐름을 나타낸 것이다.

① 실리콘 원석

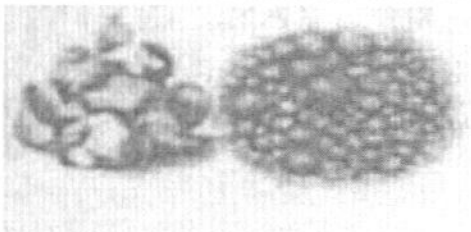

재료 : 모래의 반짝이는 유리 성분 (산화규소: SiO_2)

② 단결정 규소봉 성장(ingot)

실리콘 원석을 녹여 99.9999999%의 고순도를 가진 단결정 실리콘을 만듦

③ 완성된 웨이퍼

잉곳을 다이아몬드 날로 자른 순수한 실리콘으로 된 얇은 원판(기판 역할)

④ 회로 패턴 설계

CAD 등을 이용하여 칩에 내장될 회로 패턴을 설계함

⑤ 마스크 제작과 웨이퍼 복사

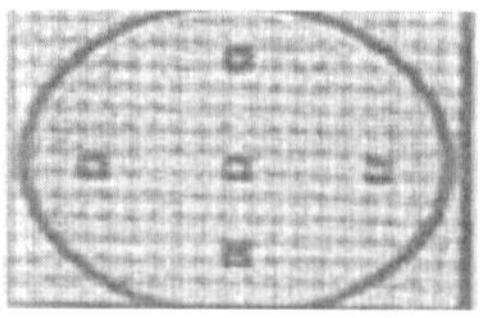

전자빔을 이용하여 석영판 위에 크롬으로 회로 모양을 새긴 포토 마스크를 제작하여 웨이퍼를 복사함

⑥ 금속 배선

회로 배선 외의 불필요한 부분을 녹인(식각 공정) 웨이퍼 표면의 회로선을 알루미늄 선으로 연결시킴

⑦ 웨이퍼 절단

다이아몬드 톱을 사용하여 수십~수천 개의 집적회로 칩을 절단함.

⑧ 금속 연결

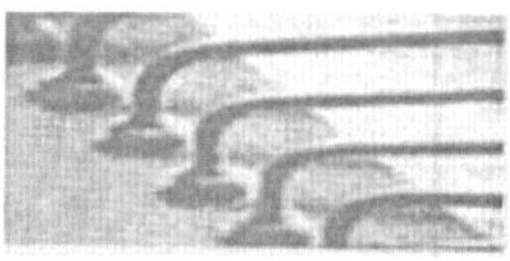

칩 내부에서 빼낸 연결선과 리드프레임을 금속선으로 연결함(IC의 핀으로 연결됨)

⑨ 밀봉 작업

칩을 보호하기 위하여 밀봉함

그림 2.24 IC의 제조 공정

IC의 재료로 사용되는 실리콘(Si)은 지구상에 대량으로 존재하는 원료이다. Si 원료를 고순도로 정제하여 단결정(Single Crystal)으로 성장시키면 잉곳(ingot)이 완성된다. 잉곳을 다이아몬드 날로 얇게 자르면 IC웨이퍼가 된다. 전자회로 패턴을 설계하여, 마스크를 제작하여 IC웨이퍼에 복사한 후, 에칭 공정을 거쳐 칩을 제작한다. 웨이퍼를 작은 크기로 모두 절단하여 칩 내부의 연결선과 리드 프레임을 연결한 후, 칩 전체를 패키징하면 IC의 제작이 완성된다.

5.1.4 모놀리식 IC와 하이브리드 IC

집적 회로는 하나의 반도체 칩(chip) 안에 반도체 개별 소자를 중심으로 수동소자와 함께 전자 회로를 구성하고 있다. IC 배선 폭의 초미세화 기술은 서브마이크로(~0.1μm) 이하까지로 점차 가늘어지고 있다.

모놀리식 IC의 트랜지스터, 다이오드, 저항기, 커패시터 등의 개별 소자들은 반도체 제작 공정을 통하여 다른 소자들과 함께 웨이퍼 위에 동시에 제작할 수 있다. 그림 2.25의 (a)는 반도체 웨이퍼이다. 저항기 R, 커패시터 C 등의 수동 소자를 반도체 칩에 바로 집적시킬 경우, 그림 (b)와 (c)같이 BJT나 MOS FET 같은 능동 소자에 비교하여 훨씬 넓은 면적을 차지한다.

커패시터 C는 다이오드와 구조는 같으나 용량을 크게 하기 위하여 면적을 넓게 한다. 인덕터 L은 IC로 구성하기가 어렵기 때문에 IC에서는 거의 사용되지 않는다. 그러므로 꼭 필요하지 않으면 RLC 같은 수동 소자는 그 기능을 트랜지스터로 대체하는 회로로 바꾸어 설계하는 것이 일반적이다.

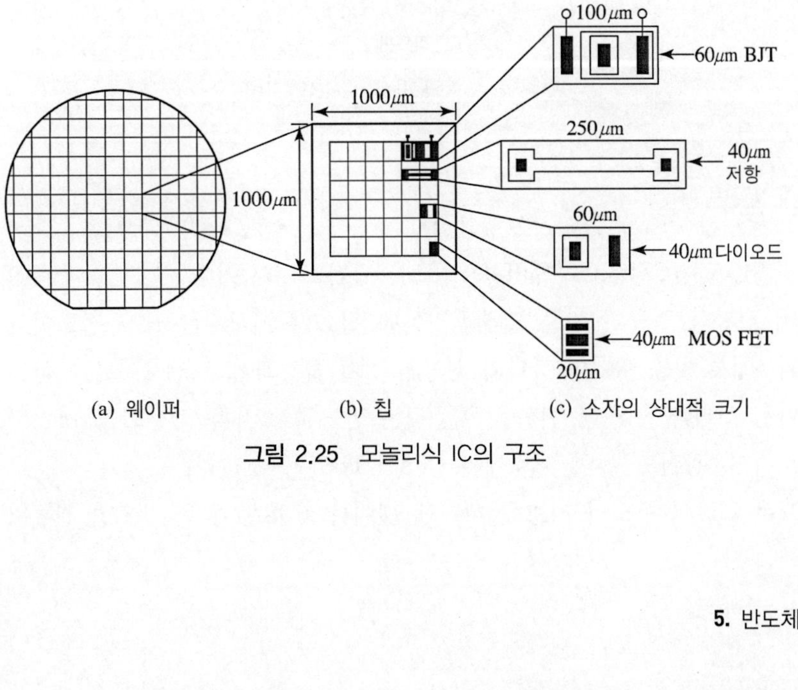

그림 2.25 모놀리식 IC의 구조

이러한 IC 구성의 어려움 때문에 IC 칩에서 사용되는 트랜지스터의 수는 많아져서 개별 소자를 사용했을 때보다 복잡해진다. 그러나 이러한 단점에도 불구하고 한 번 칩으로 제작되면 소형, 경량, 신뢰성, 고기능, 저가 등의 여러가지 장점들이 많이 있다.

한편, 모놀리식(monolithic)을 '단성'이라 하면, 하이브리드(hybrid)는 '혼성'이란 의미이다. 하이브리드 IC는 박막형 집적 회로(film IC)에 트랜지스터 같은 개별 소자와 모놀리식 칩들을 함께 조립하여 제작한다. 박막 집적 회로는 절연 기판 위에 스크린 인쇄 기술을 사용하여 저항기 및 커패시터의 수동 소자를 배선과 함께 배치한다.

그림 2.26은 하이브리드 IC를 나타낸 것으로서, 모놀리식 IC로 제작하기 어려운 수동 소자를 박막 IC에 조립할 수 있다. 그러면 고전압, 대전력, 고주파, 소량 생산면에서 모놀리식 IC에 비하여 장점을 갖게 된다. 따라서 모놀리식 IC는 디지털 회로에 적합하고, 하이브리드 IC는 정밀도가 요구되는 아날로그 IC에 적합하다.

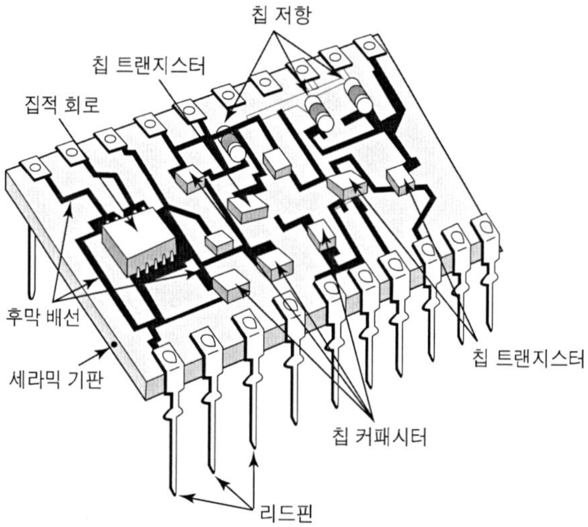

그림 2.26 하이브리드 IC의 구조

5.2 CdS

CdS는 황화카드뮴(Cadmium Sulfide)으로서 광전도 소자이다. 광전 효과에 의하여 반도체 내부에서 전자와 정공의 쌍을 발생시키는데 필요한 에너지는 1eV 정도이다. 그러므로 반도체에 외부에서 빛을 쬐이면 전자와 정공의 쌍이 발생되어, 도전율이 증가하는 광전도 효과가 나타나는 것이다. 이러한 현상을 이용하는 반도체 소자를 광전도 셀(photo conductive cell)이라고 하며, 광전도 셀의 재료에는 CdS와 PbS 등이 있다.

그림 2.27은 CdS의 구조와 기호를 나타낸 것이다. CdS는 빛을 받으면 전류가 증가하고,

어두워지면 전류가 흐르지 않게 된다. 그러므로 가로등이 자동으로 켜지고 꺼지도록 하는 데 사용할 수 있다.

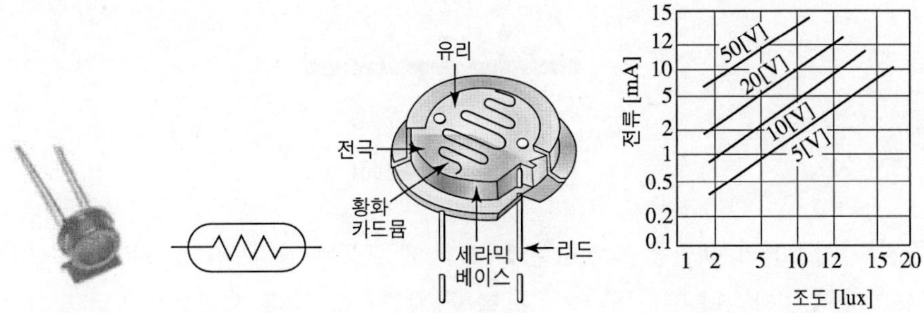

(a) 모양 (b) 기호 (c) 구조 (d) 조도-전류 특성

그림 2.27 CdS의 구조와 특성

5.3 LED

그림 2.28은 발광 다이오드의 모양과 기호를 나타낸 것이다. LED는 발광 다이오드(Light Emitting Diode)로서 pn 접합 다이오드에 전압을 가할 때 빛이 발생하는 다이오드이다.

LED는 수명이 반영구적이며, 직류 2[V]의 낮은 전압에서도 동작하며, 소비 전력은 0.05[W]로 매우 적다. 발광 다이오드에서 나오는 색은 적색, 녹색, 주황색 등이 있다.

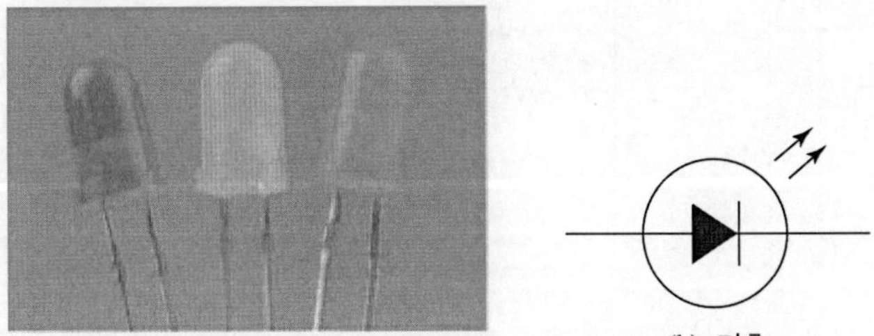

(a) 모양 (b) 기호

그림 2.28 발광 다이오드의 모양과 기호

그림 2.29는 LED의 원리를 나타낸 것이다. LED는 pn 접합에서 p형 층을 매우 얇게 만들며, LED에 순방향 전압을 가하면 발광을 하게 된다. 즉, 순방향 전압을 가했을 때 n형 반도체 내의 전자가 p형 반도체로 이동하여 p형 반도체 내의 정공과 결합하면 빛이 발생한다. 단, p형 반도체는 매우 얇게 만들었으므로 빛이 투과될 수 있다.

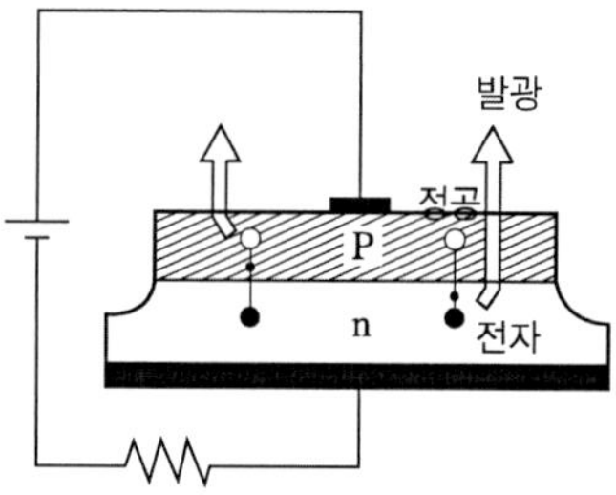

그림 2.29 LED의 원리

여러가지 가시광선의 색깔을 방사하는 LED의 재료로는 갈륨인(GaP)과 같은 금속 화합물이 사용된다. LED는 디지털 계측기 및 탁상 계산기의 숫자 표시용으로 사용되기도 하고, 최근에는 교통 신호등 및 광고판 등에 널리 사용되고 있다.

그림 2.30은 숫자 0부터 9까지 표시할 수 있는 숫자 표시기를 나타낸 것이다. 그림의 (a)는 IC 7447과 FND 507의 접속도를 나타낸 것이다. FND 507은 LED 7개를 패키지화하여 0부터 9까지 숫자를 표시할 수 있다.

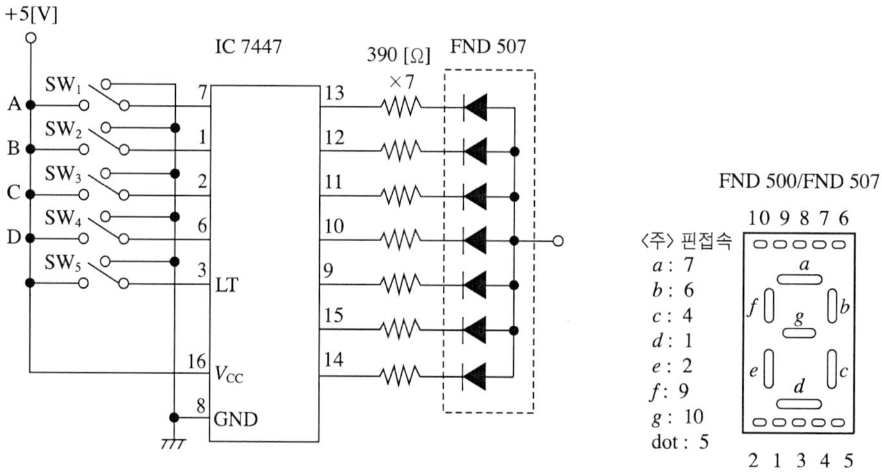

(a) IC와 FND 등의 접속도

(b) FND 507의 핀 접속도

그림 2.30 LED를 이용한 숫자 표시기

5.4 태양 전지

5.4.1 태양 전지의 원리

태양 전지(solar cell)는 친환경 에너지로서 최근에 세계적으로 보급이 확산되고 있다. 태양 전지란 태양 에너지를 전기 에너지로 변환할 목적으로 제작된 광전지를 말하며, 반도체 재료로는 실리콘이 주로 사용된다.

그림 2.31은 태양 전지의 셀 여러 개를 하나로 집합시켜 놓은 모듈(module)이다. 실리콘 태양 전지는 확산법에 의해 pn 접합을 형성하며, 소자(cell) 1개 당의 전압은 약 0.5[V]이고, 태양광 1[kW/m²]에 대한 전력 변환 효율은 15[%] 정도로 매우 적다.

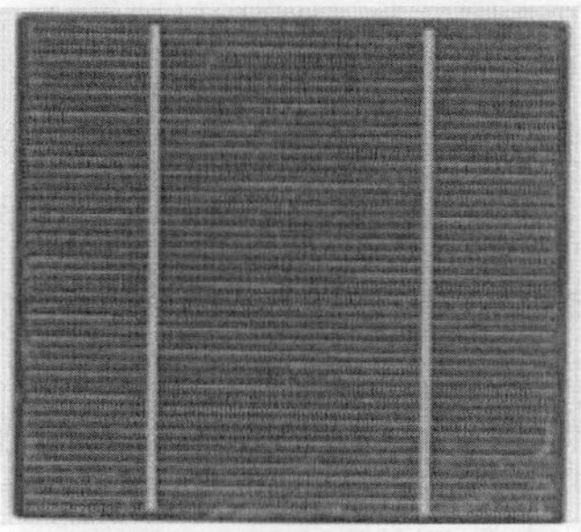

그림 2.31 태양 전지 모듈

그림 2.32는 태양 전지에서 전기가 발생되는 원리를 나타낸 것이다. 솔라 셀은 태양 전지의 기본 단위이며, 여러 개의 솔라셀을 납땜해서 태양 전지판을 만든다. 솔라셀 한 개는 약 0.5[V]를 만들며, 여러 개를 PCB 위에 병렬 및 직렬로 연결하여 납땜한 후, 그 위에 강화 유리나 에폭시를 씌워서 만든 것이 태양 전지판이다.

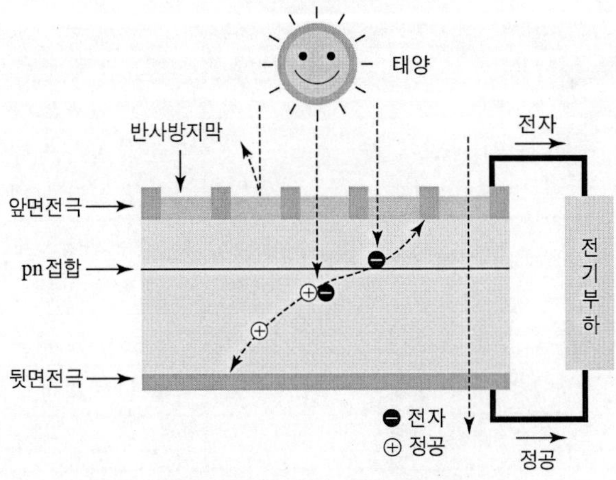

그림 2.32 태양 전지의 원리

그림 2.33은 태양 전지를 사용한 태양광 주택의 예를 나타낸 것이다. 결국 태양 전지판이란 전기를 공급하는 면에서는 배터리랑 비슷한 성격을 가지고 있다. 그러나 배터리는 아무 때나 쓸 수 있지만, 태양 전지는 태양 빛이 있을 때만 전기 사용이 가능하다.

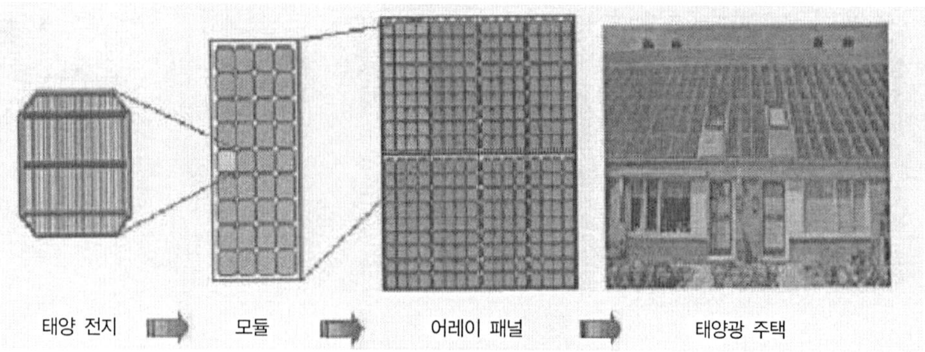

그림 2.33 태양 전지와 태양광 주택

5.4.2 태양 전지의 종류와 응용

표 2.4는 태양 전지의 종류를 나타낸 것이다. 태양 전지는 반도체 재료에 따라 분류할 수도 있고, 이용 목적에 따라 분류할 수도 있다.

태양 전지의 응용 분야는 점차로 증대되어 가고 있다. 태양 전지는 빛에너지를 전기 에너지로 바꾸는 소자인데 광이 닿으면 전기가 일어나는, 즉 발전기인 것이다. 보통 발전기는 회전하는 부분이나 자석 등이 있으나, 태양 전지는 그러한 것이 없이 빛을 직접 전기로 바꾸는 것이다. 태양 전지는 인공 위성이나 무인 등대 등에 사용되고 있다.

▶ 표 2.4 태양 전지의 종류

구분		종류
재료에 따라	실리콘계 태양 전지	단결정 실리콘 태양 전지 다결정 실리콘 태양 전지 비정질 실리콘 태양 전지
	화합물반도체 태양 전지	Ⅲ-Ⅴ족 화합물계, Ⅱ-Ⅳ족 화합물계
	적층형 태양 전지	화합물/Ⅵ족 계열
이용 목적 및 구조에 따라	지상용 태양 전지	결정형, 박막형, 집광형
	위성용 태양 전지	Ⅳ족, GaAs 계열, 적층형

그림 2.34는 태양 전지의 응용 분야의 예를 나타낸 것이다. NASA(미국항공우주국)가 계획한 것 중에 '우주 발전'이라는 것이 있다. 이것은 솔라 셀을 정지 위성에 실어서 발전한 후, 그 전기를 마이크로파 에너지의 형태로 지구로 보내면 지상에서 마이크로파를 전기로 환원하여 사용하는 것이다.

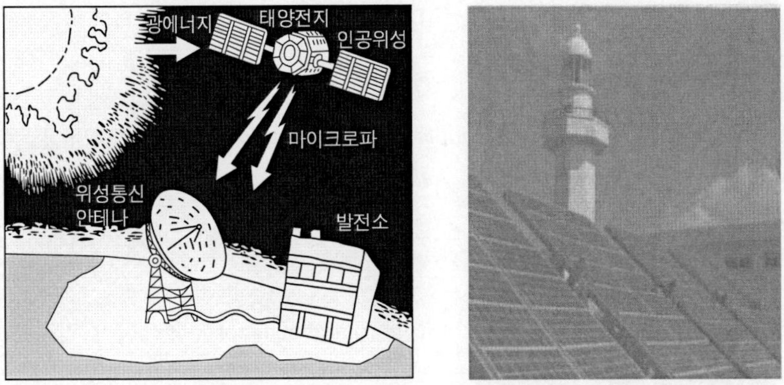

(a) 미래의 태양에너지 이용　　(b) 등대용 태양광 발전 시스템

그림 2.34 태양 전지의 응용 분야

6 반도체의 각종 효과

6.1 광전 효과

6.1.1 광도전 효과

그림 2.35는 반도체의 광도전 효과(photo conductivity effect)의 원리를 나타낸 것이다. 그림 (a)와 같이 진성 반도체에 빛에너지를 가하면 충만대에서 여기(excitation)된 전자가

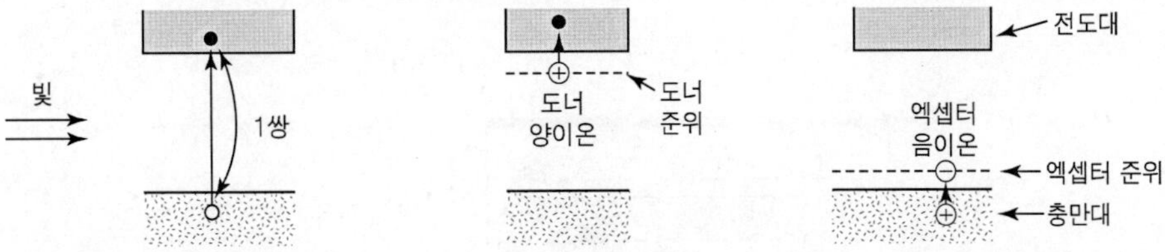

(a) 진성 반도체　　(b) n형 반도체　　(c) p형 반도체

그림 2.35 반도체의 광도전 효과

전도대로 이동하여 도전성을 높여 주는 것이 기본 원리이다. 그림 (b)의 n형 반도체에서는 도너 준위에서 전도대로 이동한 전자가 도전성을 높여주고, 그림 (c)의 p형 반도체에서는 충만대의 전자가 억셉터 준위로 이동한 다음에 생긴 정공이 도전성을 높여 준다.

황화 카드뮴(CdS) 소자는 광도전 효과를 이용한 대표적인 광도전 소자로서, 반도체에 입사된 빛에너지의 양이 변화됨으로써 저항값이 변하여 전류의 크기를 제어하는 소자이다.

6.1.2 광기전 효과

그림 2.36은 반도체의 광기전 효과(photo galvanic effect) 원리를 나타낸 것이다. 이는 pn 접합 반도체의 접합부에 빛에너지를 가하면 전자와 정공이 발생하여, 전자와 정공이 이동함으로써 기전력이 발생되는 것이다. 그러므로 p형은 양(+), n형은 음(−) 전압이 되는 것이다.

광다이오드(photo diode)나 광트랜지스터(photo transistor)는 광기전 효과를 이용한 소자이며, 태양 전지도 대표적인 예이다.

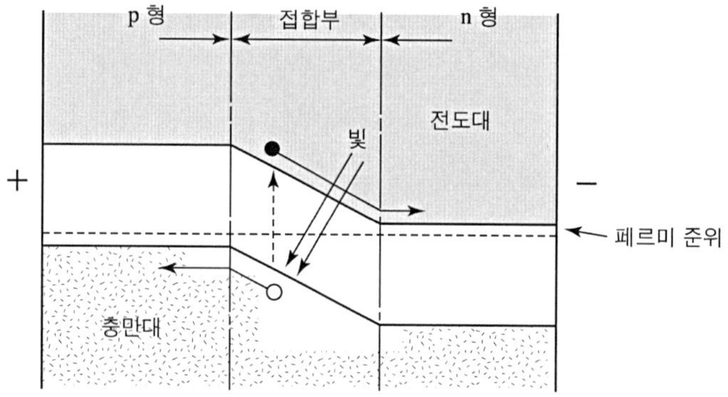

그림 2.36 반도체의 광기전 효과

6.1.3 루미네슨스

그림 2.37은 루미네슨스 효과의 구조를 나타낸 것이다. 고체 내의 전자의 여기(excitation)

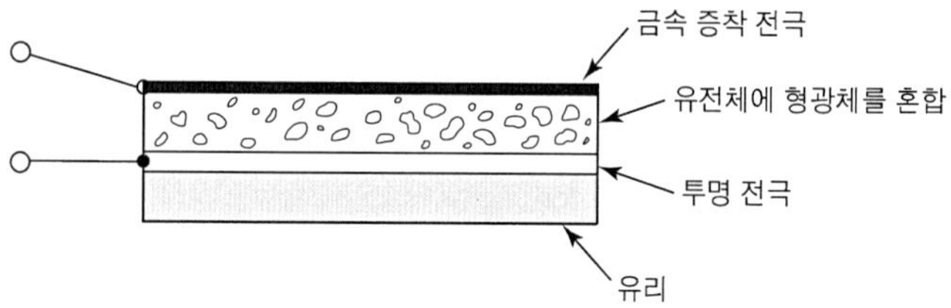

그림 2.37 전기 루미네슨스(EL)의 구조

에 의한 발광 현상과 같이 열을 동반하지 않는 발광 현상을 루미네슨스(luminescence)라고 한다. 일반적으로 형광 물질이라고 하는 것은 전자가 충만대에서 전도대로 이동하는데 충분한 여기를 받아서 이동하고, 그 다음에 기저 준위로 떨어질 때까지 발광을 한다.

특히 전자를 여기시킬 때 빛에너지 대신에 전기에너지를 사용하여 발광하는 경우를 전기 루미네슨스(electro luminescence, EL)라고 한다. EL 소자는 표시기나 표시 장치 등에 응용이 되고 있다.

6.2 열전 효과

열전 효과에는 제벡 효과, 펠티에 효과 등이 있다.

그림 2.38과 같이 2종류의 반도체나 금속으로 폐로가 되도록 접속한 후, 접속한 두 점 사이에 온도 차이를 주면 기전력이 발생하여 회로에 전류가 흐른다. 이 현상을 제벡 효과(Seebeck effect)라고 한다.

그림 2.39와 같이 이번에는 반대로 회로 내에 전류를 흘려주면 두 재료의 접점에서 한쪽은 열을 발생하고, 다른 쪽은 열을 흡수한다. 이러한 현상을 펠티어 효과(Peltier effect)라고 한다.

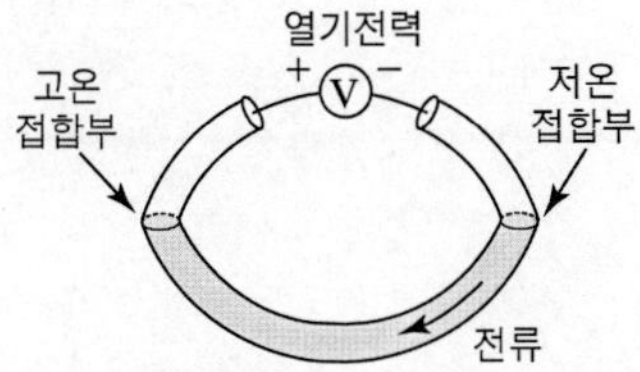

그림 2.38 제벡 효과

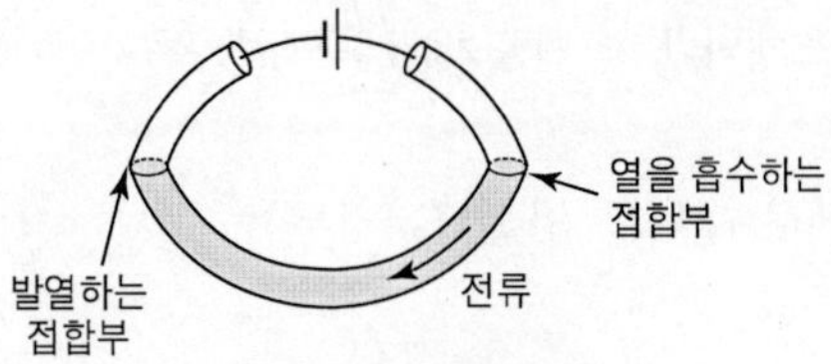

그림 2.39 펠티에 효과

연구문제

1. 반도체에 관련된 발명품 및 발명가 등을 조사해 보자.

2. 전자의 무게는 어떻게 측정하였을까?

3. 페르미 준위란 무엇인가?

4. 반도체의 에너지 대역을 설명해 보자.

5. 반도체에서 자유전자와 정공은 어떻게 발생하는가?

6. 화합물 반도체의 종류와 용도에는 어떠한 것이 있는지 조사해 보자.

7. 진성 반도체의 순도는 어느 정도이며, 고순도를 어떻게 만들 수 있는가?

8. N형 반도체와 P형 반도체의 특징은 무엇인가?

9. 반도체에서 도너와 억셉터는 무엇인가?

10. IC의 종류와 특성을 조사해 보자.

11. 반도체 회사에서 IC의 제조 방법의 실제를 조사해 보자.

12. CdS 소자가 중학교 기술 · 가정 교과서에 어떻게 소개되어 있는가?

13. LED의 종류와 용도를 조사해 보자.

14. 태양 전지의 원리와 사용되는 곳을 조사해 보자.

15. 반도체에서 광전 효과는 어떠한 원리에 의한 것인가?

CHAPTER 3

다이오드

1 PN 접합 다이오드

1.1 PN 접합의 제조 방법

다이오드(diode)란 2개(two)의 전극을 의미하는 di와 전극(electrode)의 ode를 합쳐서 만든 복합어이다. 다이오드의 특성을 이해하기 전에 제조 방법을 알아보기로 한다.

1.1.1 합금 접합법

그림 3.1은 합금 접합법에 의한 pn 접합 공정을 나타낸 것이다. 우선 그림 (a)와 같이 n형 Ge 단결정 위에 작은 알갱이의 인듐(In)을 놓은 후, 인듐이 용해되도록 500°C 정도로 가열한다.

그러면 그림 (b)와 같이 In과 Ge이 용융되어 합금을 이루게 된다. 그림 (c)와 같이 합금

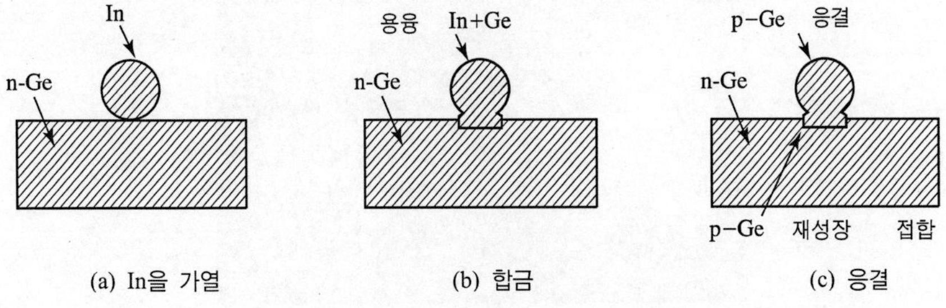

그림 3.1 합금 접합법에 의한 PN 접합

된 접합부의 부분이 냉각되어 굳어질 때, n형 Ge과 연속적인 구조를 가지며 이것이 p형의 Ge 결정으로 되는 것이다.

1.1.2 성장 접합법

그림 3.2는 성장 접합법에 의한 pn 접합의 공정을 나타낸 것이다. 우선 그림 (a)와 같이 단결정 반도체의 잉곳(ingot) 성장(growth) 과정에서 p형 불순물과 n형 불순물을 교대로 넣어 줄 수 있는데, 이러한 방법을 성장 접합이라 한다.

그런 다음에 그림 (b)와 (c)처럼 반도체 결정을 잘라내면 pn 접합 다이오드 및 npn 성장 접합형 트랜지스터를 만들 수 있다.

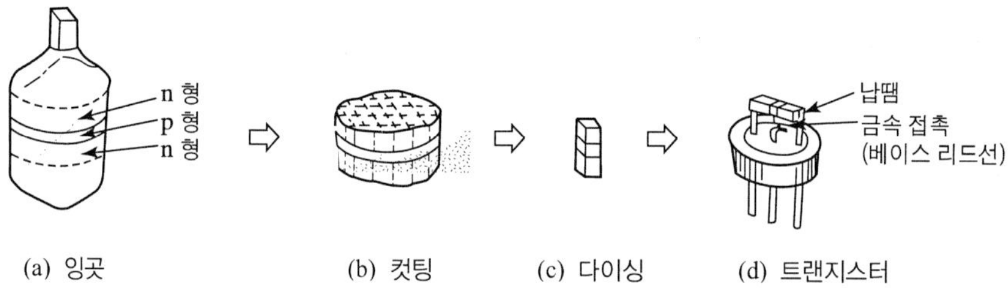

그림 3.2 성장 접합법에 의한 pn 접합

1.1.3 확산형 접합

확산형 접합은 pn 접합을 만드는 데 가장 많이 사용되며, 대량으로 생산이 가능한 불순물 확산 공정법이다. 반도체 공장에서 IC 등을 만드는 경우에 이 방법이 주로 이용된다.

그림 3.3은 실리콘 소자의 생산에 주로 사용되는 확산노를 나타낸 것이다. 노(furnace)

그림 3.3 확산노에 주입되는 실리콘 웨이퍼

중심은 불순물 가스가 흐르는 실리카 관으로 둘러싸여 있다. 실리콘에서 불순물 확산을 위하여 주로 사용되는 불순물로서, 붕소(B)는 B_2O_3, BBr_3, BCl_3이며, 인(P)은 PH_3, P_2O_5, P_5Cl_3가 사용된다.

N형 실리콘 웨이퍼를 고농도의 붕소(B) 원자를 함유한 가스 분리기 속에서 1000°C의 온도로 높여 주면 웨이퍼 표면에 불순물의 농도 차가 생긴다. 온도가 충분히 높아지면 붕소 원소는 웨이퍼의 내부로 확산(diffusion)하게 되는 것이다.

그림 3.4는 확산형 접합에 의한 pn 접합의 공정을 나타낸 것이며, 아래와 같은 과정을 거친다.

① 실리콘(Si) 표면에 불순물의 확산을 방지하기 위하여 표면을 산화시켜 SiO_2층을 만든다. SiO_2층(두께는 1μm 이하임)을 성장시키기 위해서 O_2가스가 함유된 노 속에 넣어 준다.

② 선택적으로 확산물을 제거할 수 있도록 산화물 표면에 확산용 홈을 만들기 위하여 내산성 피복제를 덮는데, 이 피복제로는 포토 레지스트(photoresist ; PR)라고 하는 감광성 유기물을 발라 준다.

③ 확산을 하기 위하여 원하는 모양의 마스크(mask) A를 씌우고 자외선을 쬐면 빛에 노출된 PR층은 중합된다.

④ 중합되지 않은 부분은 사진 인화법으로 제거된다.

⑤ 이 시료를 HF용액에 넣어 에칭(etching, 식각이라 함)시키면 피복제가 도포되지 않은 부분의 SiO_2층이 제거된다.

⑥ 포토 레지스트(PR)를 제거하고, p형 원소인 붕소(B)를 확산시켜 pn 접합을 만든다.

⑦ 입출력 단자를 만들기 위하여 시료 표면에 알미늄을 증착시킨다.

⑧ p형에 접촉되지 않은 알미늄을 제거하기 위해서는 마스크 B를 씌우고 ②~④의 공정을 반복하면 된다.

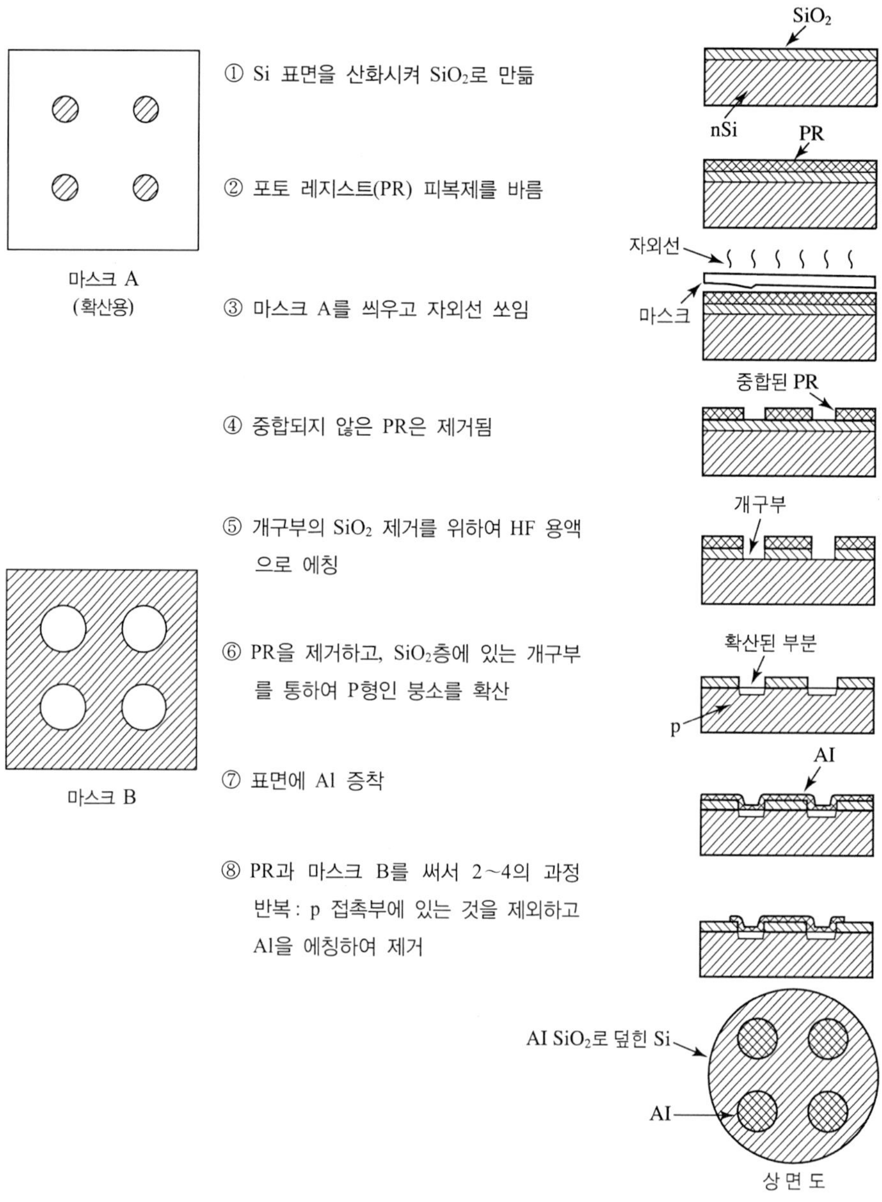

그림 3.4 확산형 접합에 의한 pn 접합의 공정

1.1.4 이온 주입법

그림 3.5는 pn 접합을 만들기 위한 이온 주입 장치를 나타낸 것이다. 앞에서 설명한 확산 주입법의 대안으로서 시료의 온도를 높이지 않고 pn 접합을 만들기 위한 것인데, 반도체 내부로 강력한 에너지의 이온을 주입하는 방법이다. 이 때 이온은 수keV～수MeV 정도의 운동 에너지를 가진 불순물 이온 빔을 사용한다.

이온 주입법은 낮은 온도에서 사용할 수 있고, 불순물의 농도를 정확하게 제어할 수 있는 것이 장점이다.

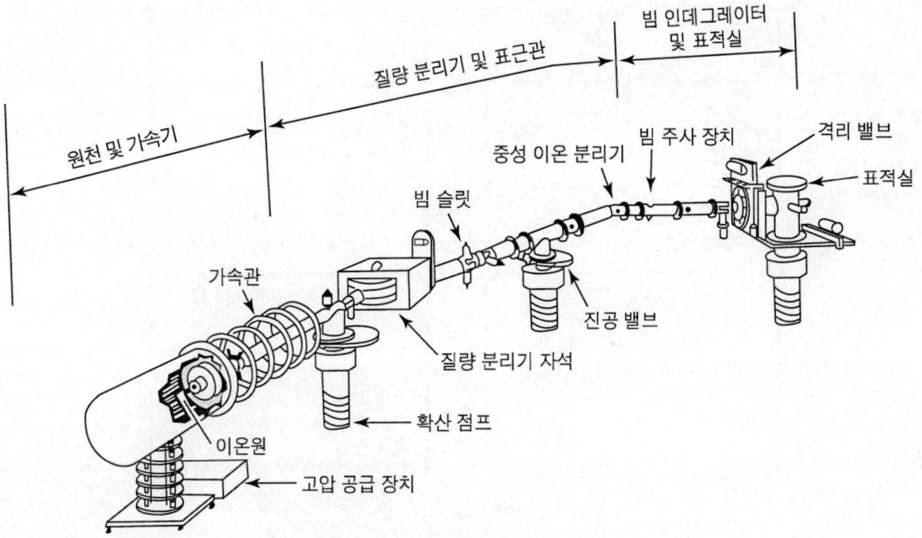

그림 3.5 PN 접합을 위한 이온 주입 장치

1.2 다이오드의 내부 구조

다이오드는 pn 접합의 방법에 따라 그 내부 구조가 달라진다. pn 접합의 대표적인 것으로는 접합형과 점접촉형이 있다.

1.2.1 접합형과 점접촉형 다이오드

그림 3.6은 점접촉형의 pn 접합을 나타낸 것이다. 반도체편으로서 n형은 게르마늄(Ge), p형은 실리콘(Si)이 많이 사용된다. 점접촉형은 눈으로 보기에는 접합형과 완전히 다른 구조를 가지고 있으나, 반도체편과 접해 있는 부분에 pn 접합의 성질을 가진 작은 영역이 생긴 것이다.

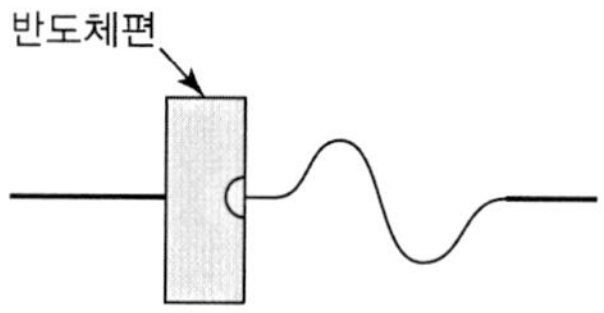

그림 3.6 점접촉형의 pn 접합

그림 3.7의 (a)는 접합형의 pn 접합이고, 그림 (b)는 점접촉형의 pn 접합이다. 접합형과 점접촉형 구조는 pn 접합의 제조 방법에 따라 달라지게 되지만, pn 접합의 특성은 거의 같다.

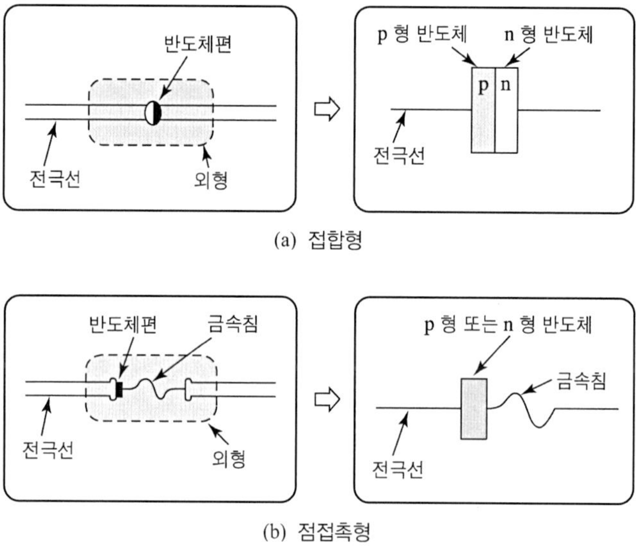

그림 3.7 PN 접합 다이오드의 내부 구조

1.2.2 다이오드의 기호와 종류

그림 3.8은 pn 접합 다이오드의 기호와 극성을 나타낸 것이다. 다이오드는 그림 (a)와 같이 둥근 띠(band)가 있는 쪽이 n형의 캐소드 단자이다. 그림 (c)는 다이오드의 KS 기호(symbol)를 나타낸 것이며, 그림 (d)는 다이오드의 KS 명칭인데, 맨 앞의 숫자 1은 pn 접합이 1개이므로 다이오드를 의미하는 것이다.

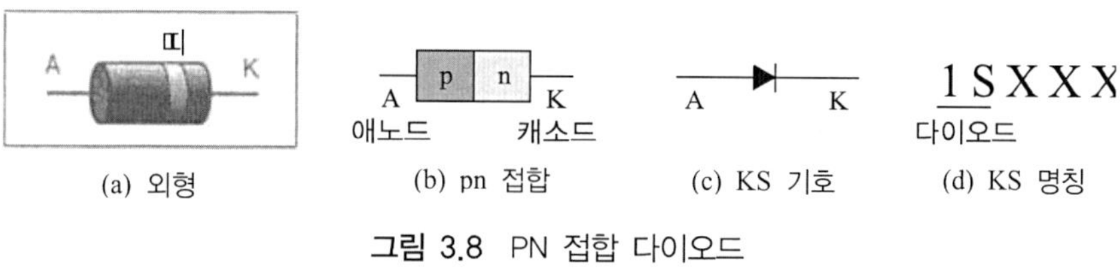

그림 3.8 PN 접합 다이오드

표 3.1은 다이오드의 종류와 용도를 나타낸 것이다. 다이오드는 구조도 간단하고 기본적인 특성을 가졌으나, 반도체 소자 중에서 종류와 용도가 매우 다양하다.

그림 3.9는 각종 다이오드의 실물을 나타낸 것이다.

▶ **표 3.1** 다이오드의 종류와 용도

다이오드 종류	용도
정류 다이오드	교류를 직류로 변환할 때 응용
스위칭 다이오드	고속 ON/OFF 특성을 스위칭에 응용
정전압(제너) 다이오드	정전압 특성을 전압 안정화에 응용
가변 용량(바랙터) 다이오드	가변 용량 특성을 FM 변조에 응용
터널(에사키)다이오드	음저항 특성을 마이크로파 발진에 응용
MES(쇼트키)다이오드	금속과 반도체의 접촉 특성을 응용
발광(LED) 다이오드	발광 특성을 응용하여 표시용 램프로 사용
수광(포토)다이오드	광검출 특성을 응용하여 광센서로 사용
배리스터 다이오드	트랜지스터 출력단의 온도 보상에 주로 사용

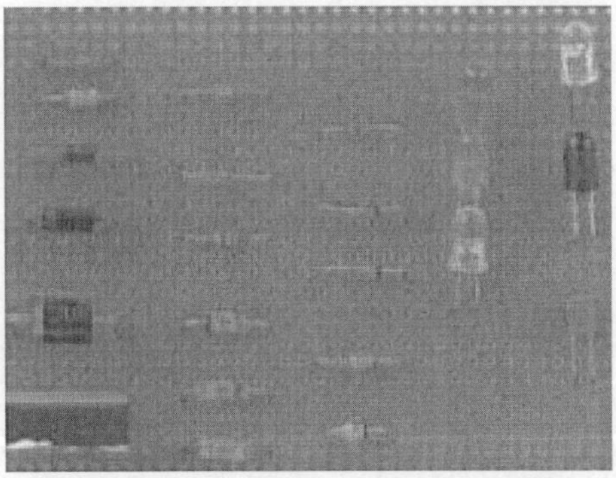

그림 3.9 각종 다이오드의 실물

1.2.3 다이오드의 극성 찾기

다이오드는 p형과 n형 반도체가 접합된 것이다. 그러므로 회로시험기를 사용하여 다이오드의 저항값을 측정하면 다이오드의 극성을 찾을 수 있고, 다이오드의 불량 여부도 알아낼 수 있다.

그림 3.10과 같은 간단한 실습을 통하여 확인해 보도록 하자. 단, 회로시험기의 내부에는 건전지가 있으며, 회로 시험기의 흑색봉에는 양(+)전압이 흘러나오도록 되어 있는 점에 유의하여야 한다.

[실습 1] 회로 시험기를 이용한 다이오드의 극성 찾기

〈학습 목표〉 회로 시험기를 이용하여 다이오드의 극성을 찾을 수 있다.

〈준비물〉 회로 시험기, pn 접합 다이오드

〈실습 방법〉

① 회로시험기의 전환 스위치를 돌려 저항값 측정 배율의 100 [Ω]에 맞춘다.

② 그림 3.10의 (a)와 같이 리드봉을 다이오드의 양 단자에 댄다. 이 때 회로시험기 바늘이 0 [Ω]을 가리켰다면, 흑색의 리드봉 쪽 단자가 애노드(A)이고, 적색 쪽 단자가 캐소드(K)가 된다.

③ 반대로 그림 (b)와 같이 흑색과 적색 봉을 다이오드에 반대로 대면 바늘은 거의 ∞ [Ω]을 나타낸다.

④ 만약, 반대로 대었을 때 바늘이 0 [Ω]을 가리키면 다이오드는 불량품이다.

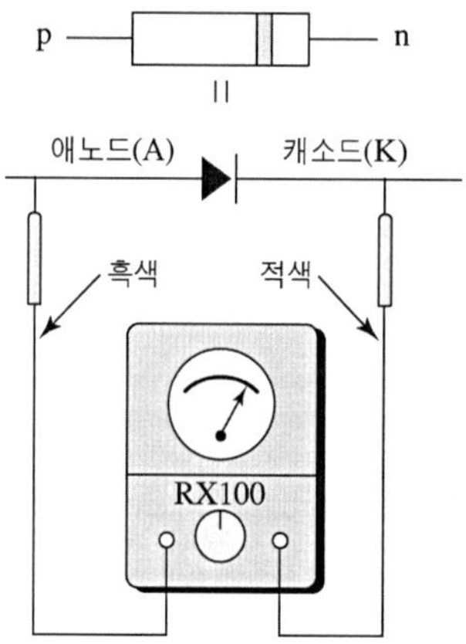

(a) 순방향 바이어스

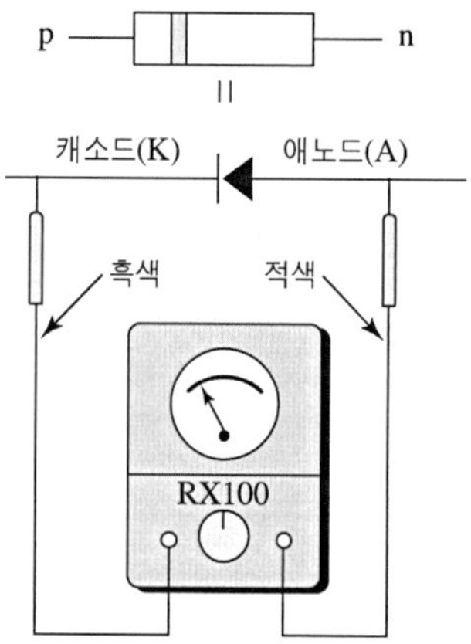

(b) 역방향 바이어스

그림 3.10 다이오드의 극성 찾기

2 다이오드의 PN 접합 특성

2.1 반송자

반송자(캐리어, carrier)란 n형 반도체 및 p형 반도체 내부에서 전기 전도에 기여하는 전하를 의미한다는 것을 제 2장에서 배웠다. 그림 3.11의 (a)와 같이 n형 반도체 내부에는 도너(donor)와 자유전자가 있고, 그림 (b)와 같이 p형 반도체 내부에는 억셉터(acceptor)와 정공이 있다. n형 반도체의 다수 반송자는 자유전자이고, p형 반도체의 다수 반송자는 정공이다. 이 자유전자와 정공이 다이오드의 전기 전도에 기여하게 된다.

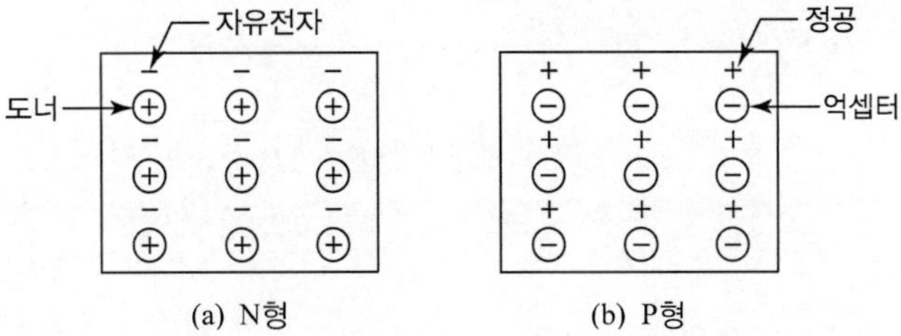

그림 3.11 N형과 P형 반도체의 반송자

2.2 공핍층과 전위 장벽

PN 접합 다이오드를 제조할 때 p형과 n형 반도체가 만나는 경계를 접합(junction)이라고 한다. 이 접합면 부근에서는 중요한 물리적 · 전기적 특성이 나타나게 된다.

그림 3.12의 (a)는 p형과 n형의 접합 순간을 나타낸 것이다. 이 때, n형의 자유전자들은 p형 쪽으로 확산(diffusion)하게 되며, 이를 화살표로 나타낸 것이다. pn 접합의 접합면 근처에 있는 자유전자가 p형으로 확산되어 접합을 넘는 순간에 자유전자는 정공과 결합하게 된다.

그림 (b)와 같이 접합면 부근의 p형 반도체에는 n형에서 온 자유전자가 정공과 결합하였으므로 음이온이 되고, n형 반도체에는 자유전자가 떠나갔으므로 양이온이 된다. 이와 같이 pn 접합의 접합면 부근에는 자유전자와 정공이 소멸되었으며, 반송자가 공핍(depletion)되어 있으므로, 이 영역을 공핍층(depletion layer)이라고 한다. 이러한 공핍층의 영역을 전이 영역(transition region)이라고 한다. 그리고 공핍층 영역에서는 p형 측에 음이온이 존재하고 n형 측에 양이온이 존재하므로 pn 접합면에 전위차가 생기게 된다. 이 전위차는 접합면을 통해 자유전자가 계속해서 확산되지 못할 정도로 커지게 된다. 이와 같이 접합면의

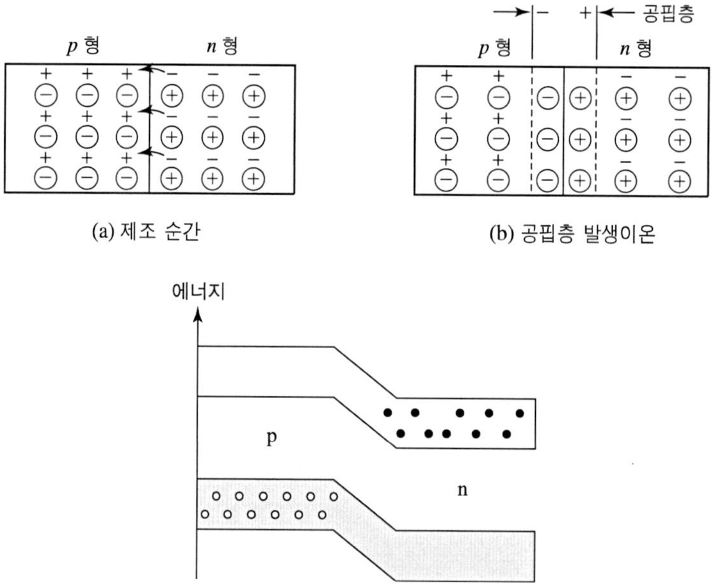

(a) 제조 순간　(b) 공핍층 발생이온

(c) 에너지 대역

그림 3.12 PN 접합의 공핍층과 에너지 대역

음이온과 양이온에 의하여 발생된 전위차를 전위 장벽(potential barrier)이라고 한다.

그림 (c)는 p형과 n형 반도체의 접합에 대한 에너지 대역을 나타낸 것이다.

그림 3.13은 전위차에 의한 전위 장벽을 나타낸 것이다. 그림에서 공핍층의 이온화된 도

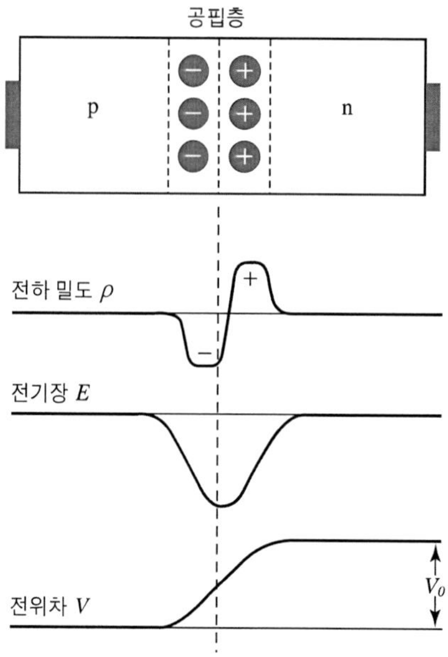

그림 3.13 공핍층의 전위 장벽

너와 억셉터에 의하여 만들어지는 전위차 V_d를 확산 전위라고 한다.

2.3 PN 접합면의 에너지대

그림 3.14는 p형과 n형 반도체의 접합 전과 접합 후의 에너지대를 나타낸 것이다.

P형에는 정공이 다수이므로 페르미 준위(Fermi level) E_{fp}가 가전자대보다 조금 위에 존재하고, n형에는 자유전자가 다수이므로 페르미 준위 E_{fn}이 전도대 바로 아래에 존재한다.

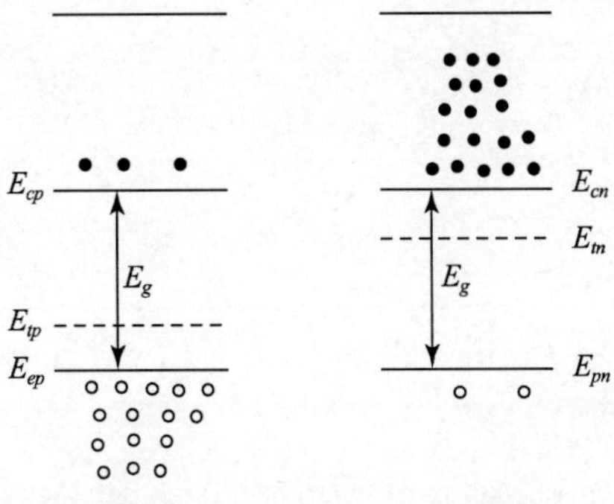

그림 3.14 P형과 N형 반도체의 페르미 준위

그림 3.15는 pn 접합을 시킨 것으로서, 열평형 상태에서는 p형 영역과 n형 영역의 페르미 준위 E_f는 일치하기 때문에 에너지대의 모양은 그림과 같이 된다.

그림 3.15에서 공간 전하 영역의 전위차 $e\,V_d$는 반송자의 이동을 방해하는 역할을 하므

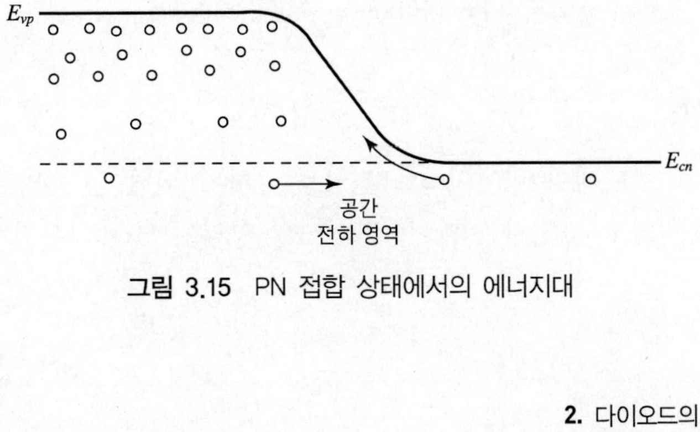

그림 3.15 PN 접합 상태에서의 에너지대

로 이를 전위 장벽이라 한다. 전위 장벽의 폭은 1~10[μm] 정도로 얇기 때문에 이 부분의 전기장의 세기는 수백에서 수천 볼트[V/mm]가 된다. 자유 전자가 n형 영역에서 p형 영역으로 이동하기 위해서는 이 장벽을 넘어야 하므로 eV의 에너지가 외부로부터 공급되어야 계속 반송자의 이동이 이루어진다.

이들 전위 장벽의 높이는 외부에서의 전압 인가 유무와 인가 방식에 따라 달라진다. 이 전압을 바이어스(bias) 전압이라 하며, 이때의 여러가지 현상을 다음 절에서 알아보기로 한다.

3 다이오드의 I–V 특성

3.1 순방향 바이어스

3.1.1 전압의 극성

그림 3.16의 (a)는 pn 접합 다이오드의 양단에 직류 전압을 인가한 경우이다. P형 반도체에는 (+)전압을, n형 반도체에는 (−)전압을 연결한 경우를 순방향 바이어스(forward bias)라고 하며, 이때의 전압을 V_F로 표시한다.

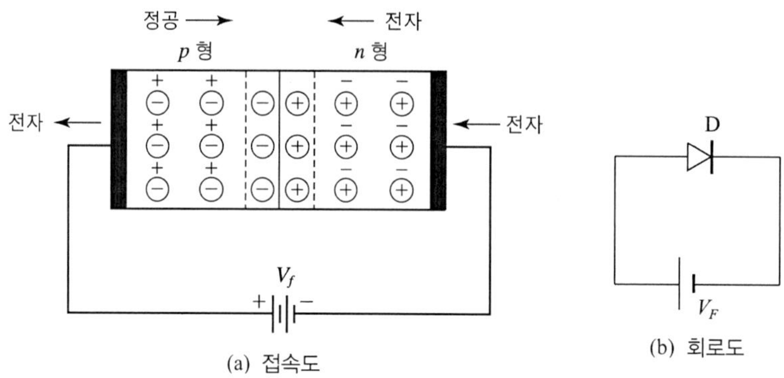

그림 3.16 다이오드의 순방향 바이어스

3.1.2 순방향 전류

pn 접합 다이오드에 순방향 바이어스로 전압을 가하게 되면 큰 순방향 전류가 흐르게 된다. 그 이유는 전원의 (−) 단자는 다이오드의 n형 영역에 있는 자유전자들은 접합면 쪽으로 밀기 때문이다. 이 때 큰 에너지를 가진 자유전자는 pn 접합면을 넘어서 p형 측의 정공 속으로 들어간다. 건전지의 (+)전압은 p형 측에 연결되어 있기 때문에 p형 영역의 모든 정공은 접합면을 향해 밀리게 된다. 정공이 오른쪽으로 이동할 때 이들은 결정의 왼쪽 끝에 음이온을 남기게 되며, 이 때 가전자들은 이 음이온으로부터 전선을 통해 연결된 건전지의 양의 단자로 흐른다. 이들 가전자들이 떠날 때 새로운 정공의 결정이 p형의 왼쪽 끝에 만들어지게 된다. p와 n형의 결정 내에서 자유전자와 정공들은 접합을 향해 이동하고, 이들이 이동하자마자 새로운 자유전자가 n형의 오른쪽 끝으로 유입되어 새로운 정공이 왼쪽 끝에 생성된다. 그러므로 n형 측은 자유전자로 가득 채워지고, p형 측은 정공으로 가득 차게 되며, 접합을 건넌 자유전자는 접합에 도달하는 정공과 재결합하게 된다.

결국, 연속적인 전류가 결정 내에 흐르게 되며, 전지와 다이오드에 직렬로 전류계를 접속하여 전류를 측정하면 회로에 큰 전류가 흐르고 있음을 알 수 있다.

그림 3.16의 (a)에서 전지의 (−) 단자에서 한 개의 전자가 (+) 단자로 이동하는 과정을 요약하면 다음과 같이 된다.

① 전자는 (−) 단자를 떠난 후에 결정체의 오른쪽 끝에 주입된다.

② 자유전자로서 n형 영역을 통해서 이동한다.

③ 접합면 근처에서 재결합하여 가전자가 된다.

④ 가전자로서 p형 영역으로 이동한다.

⑤ 결정체의 왼쪽 끝을 떠난 후에 (+) 전원 단자로 흘러 들어간다.

3.1.3 에너지 대

PN 접합 다이오드에 순방향 바이어스를 인가했을 때 크게 흐르는 전류의 현상을 위에서 설명하였지만, 다이오드의 물리적 동작을 더 깊이 이해하기 위해서는 에너지 대의 개념을 도입하면 된다.

그림 3.17은 pn 접합 다이오드에 순방향 바이어스를 가할 때의 에너지 대(energy band)를 나타낸 것이다.

PN 접합에서는 전위장벽 때문에 p형 반도체의 에너지대가 n형 반도체보다 약간 높은 에너지를 갖는다고 설명하였다. PN 접합에 순방향 바이어스를 가하면 n형 영역에 있는 전도대 전자를 접합부분 쪽으로 밀어내고 p형 영역으로 들어간 후 각각의 전자는 p형의 정공과 결합하여 가전자로서 결정의 왼쪽 끝으로 계속 이동한다(경로 A).

간혹 n형의 전도대 전자는 접합면을 통과하기 전에 정공과 결합하는 경우도 있다. 여기서 정공은 n형 측에서 소수 반송자가 되어 정공은 짧은 수명을 가지며 곧 전도대 전자와 결합하게 된다(경로 B).

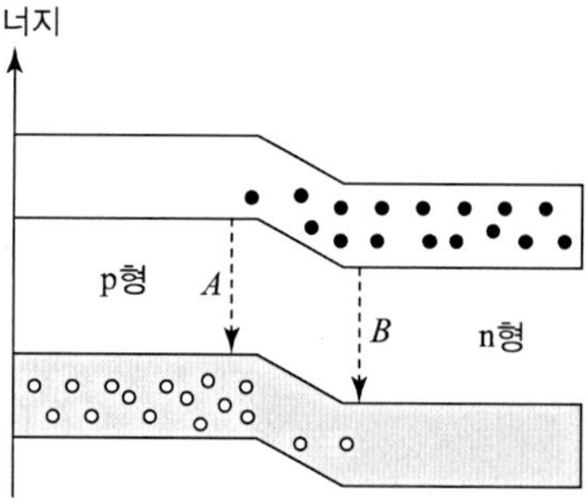

그림 3.17 PN 접합 다이오드의 순방향 바이어스시 에너지대

이러한 재결합이 어디에서 이루어지든 그 결과는 같다. 전도대 전자는 접합면을 향하여 계속해서 이동하고 접합면 근처에서 정공과 결합한다. 가전자는 p영역에서 정공을 통하여 계속해서 왼쪽으로 이동되므로 다이오드를 통해서 연속적인 전자의 흐름이 일어나며, 이것이 전류인 것이다.

또한 자유전자가 경로 A와 B를 따라 이동할 때 높은 에너지준위에서 낮은 에너지준위로 떨어지게 되며 열과 빛의 형태로 에너지를 발산하는데, 발광 다이오드(light-emitting diodes)의 경우는 이것이 빛으로 나타나는 것이다.

3.1.4 순방향 전류 특성

PN 접합 다이오드에 순방향 바이어스를 가할 때 흐르는 순방향 전류의 특성을 알아보자.

그림 3.18은 Si과 Ge 반도체를 사용한 pn 접합 다이오드의 각각의 순방향 전류 특성을 나타낸 것이다. 공핍층의 전위차에 의하여 생긴 전위 장벽이 25°C에서 실리콘은 0.7V이고,

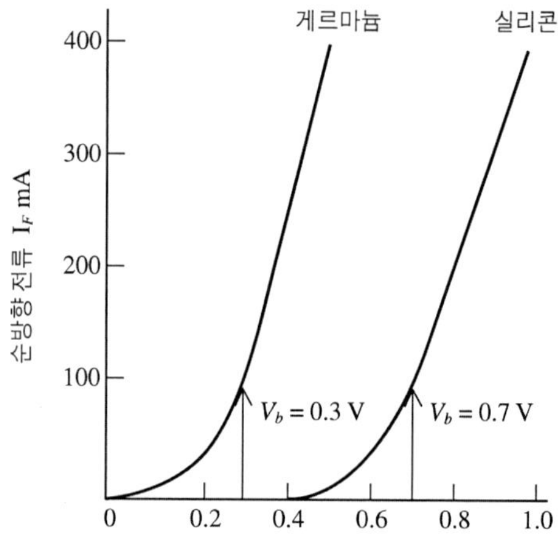

그림 3.18 다이오드의 순방향 전류 특성

게르마늄은 0.3V 정도이므로, 순방향 바이어스 시 전류가 흐르려면 이 전위 장벽보다 높은 전압을 가해야 한다. 순방향 전류에 대한 V_F의 중간값은 Si접합에서 0.6V이며, 순방향 전류는 0.2A 정도이다.

3.2 역방향 바이어스

3.2.1 전압의 극성

그림 3.19의 (a)는 pn 접합 다이오드의 양단에 직류 전압을 인가한 경우이다. p형 반도체에는 (−)전압을, n형 반도체에는 (+)전압을 연결한 경우를 역방향 바이어스(reverse bias)라고 하며, 이때의 전압을 V_R로 표시한다.

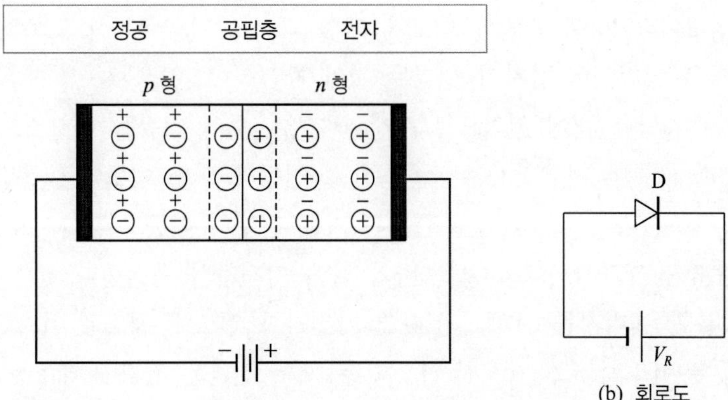

(a) 접속도

(b) 회로도

그림 3.19 다이오드의 역방향 바이어스

3.2.2 역방향 전류

pn 접합 다이오드에 역방향 바이어스의 전압을 가하게 되면 전류가 흐를 수 없다. 그 이유는 접합면 근처의 n영역에 있는 자유전자는 전지의 (+) 단자 쪽으로 이끌리게 되고, 접합면 근처의 p영역에 있는 정공은 전지의 (−) 단자 쪽으로 이끌리게 된다. 그러므로 접합면 근처에는 더 많은 양이온과 음이온을 남기게 되므로 공핍층은 더욱 넓어진다. 역방향 바이어스의 전압이 크면 클수록 그 공핍층은 더욱 더 넓어지며, 공핍층의 전위차가 전원전압과 같을 때 그 공핍층 폭의 증가가 중지된다.

pn 접합에서 역방향 바이어스 시에는 매우 적은 전류가 흐르는데, 그 이유는 열에너지가 접합면 양쪽에서 극히 제한된 자유전자와 정공을 연속적으로 만들기 때문이며, 이 소수 캐리어(minority carrier)에 의하여 발생한 역방향 전류를 포화전류(saturation current)라고 하며, I_s로 표시한다. 여기서 포화라는 의미는 열에너지에 의하여 생성된 역전류 이상은 얻을 수 없다는 것을 말한다. 즉, 역전압을 높인다 해도 열적으로 발생하는 소수 캐리어의 수를 증가시키지는 못하고, 단지 온도 증가만이 포화전류 I_s를 증가시킬 수 있다.

실험에 의한 예로서 Si 다이오드의 I_s는 10°C의 온도상승에 의하여 약 2배로 증가한다. 즉, I_s가 25°C에서 5nA이면, 35°C에서는 10nA로 된다. Si 다이오드는 Ge 다이오드보다 I_s가 훨씬 작으며, 그러한 이유 때문에 Si 다이오드가 가장 널리 사용되는 것이다.

3.2.3 항복 전압

PN 접합 다이오드에 역방향 바이어스의 전압을 계속 증가시키면 다이오드의 항복 전압(breakdown voltage)이라 하는 항복점에 이를 것이다. 정류용 다이오드의 항복 전압은 일반적으로 50V 정도이고, 항복 전압에 이르게 되면 다이오드는 급격히 도통하게 된다. 그러면 이 캐리어들은 어디에서 갑자기 생기는 것인가?

그림 3.20 (a)는 공핍층 내에 열적으로 생성된 자유전자와 정공을 나타내고 있다.

역방향 바이어스 때문에 자유전자는 오른쪽으로 이동하고 또 이들이 이동할 때 속도는 점점 빨라진다. 역방향 바이어스가 크면 클수록 자유 전자의 이동도 빨라지게 되고, 그 중 일부 자유전자는 그림 3.20 (b)에서 보는 바와 같이 가전자와 충돌한다.

자유전자가 충분한 에너지를 가지고 있다면 가전자가 전도대 궤도로 여기되어 두 개의 전자가 존재하게 된다[그림 3.20 (c) 참조]. 이 두 개의 전자는 전자 사태(avalanche)가 일어날 때까지 가속되어 다른 가전자와 계속 충돌한다. 이 결과 수많은 자유전자 때문에 그림 3.20 (a)의 다이오드는 도통이 너무 잘 되고 과도한 전력소비로 파괴된다.

대부분의 다이오드는 항복이 허용되서는 안된다. 즉 신중한 설계에 의해 정류용 다이오드 양단의 역방향 전압은 항상 그 항복 전압 이하로 유지시켜야 한다.

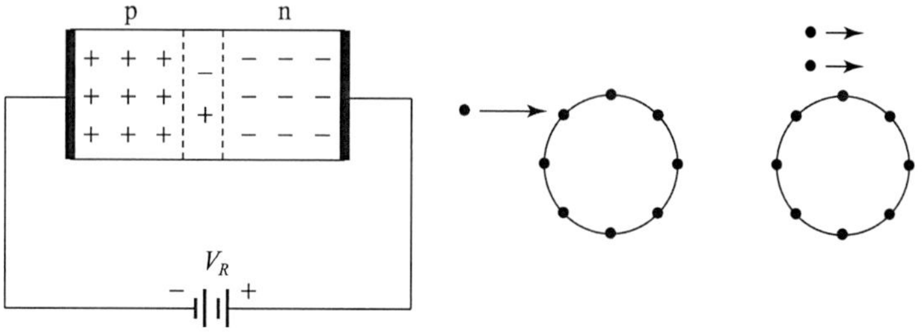

(a) 공핍층의 소수 캐리어 (b) 자유전자 충돌 (c) 두 개의 자유전자

그림 3.20 다이오드의 항복 현상

3.2.4 에너지 대

pn 접합 다이오드에 역방향 바이어스를 인가했을 때 전류가 흐르지 못하는 현상을 위에서 설명하였지만, 다이오드의 물리적 동작을 더 깊이 이해하기 위해서는 에너지 대의 개념을 도입하면 된다.

그림 3.21은 pn 접합 다이오드에 역방향 바이어스를 가할 때의 에너지 대(energy band)를 나타낸 것이다.

PN 접합 다이오드에 인가되는 역방향 전압은 접합의 n형측에 존재하는 자유전자들의 에너지 준위를 감소시킨다. 이는 n형측 대역이 p형측 대역보다 에너지 준위를 훨씬 밑으로 내려가게 하는 이유인 것이다. 그러므로 자유전자들의 궤도는 너무 작아 p형측의 훨씬 큰 궤도로 진입할 수 없기 때문에 자유 전자는 접합면을 넘을 수가 없다.

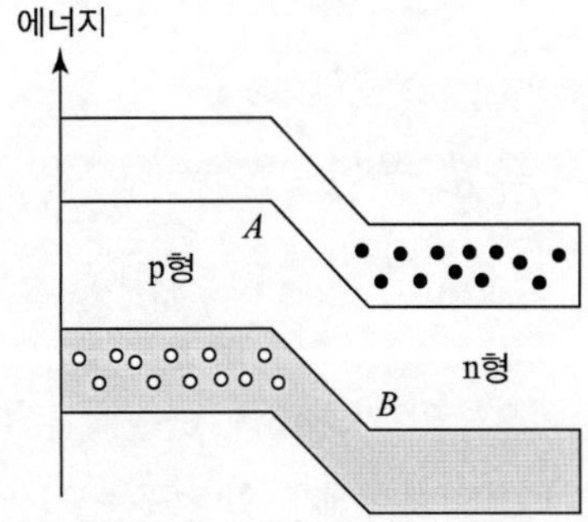

그림 3.21 PN 접합 다이오드의 역방향 바이어스시 에너지대

3.2.5 역방향 전류 특성

PN 접합 다이오드에 역방향 바이어스를 가하면 아주 작은 전류만이 흐른다. 그림 3.22는 Si과 Ge 반도체를 사용한 pn 접합 다이오드의 각각의 역방향 전류를 나타낸 것이다.

Si 다이오드에서 역방향 전류는 1μA 정도이며, Ge 다이오드는 1mA 정도이므로 실제로 Si 다이오드에서 역방향 전류는 거의 흐르지 않는다고 말할 수 있다. 이 전류는 I_{CO}로 나타내며 이는 컷오프(cut-off) 전류를 말한다. PN 접합은 역방향 전압에서 개방 회로이고, 순방향 전압에서는 단락 회로이다.

그림 3.22에서 pn 접합 다이오드에 역방향 전압 V_R을 가할 때 역방향 전류 I_R은 매우 적은 값으로 일정하지만, 항복 전압에서는 갑자기 많은 양의 역방향 전류가 흐르게 된다. 항복 현상(breakdown)이 일어날 때 pn 접합 양단의 역방향 전압은 일정한데, 이러한 현상은 정전압 조정 다이오드(voltage regulator diode)에 이용된다.

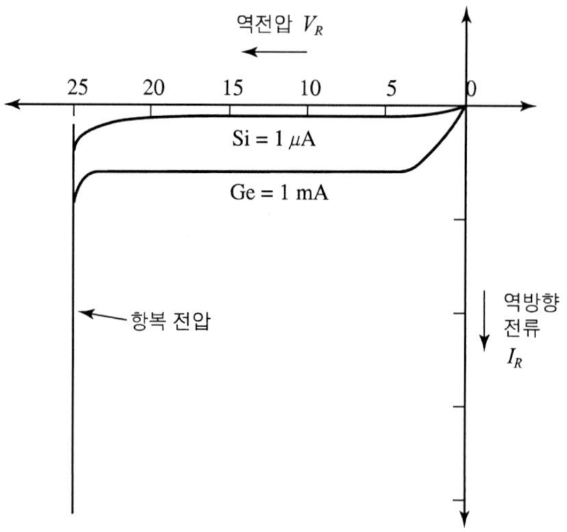

그림 3.22 다이오드의 역방향 전류 특성

3.3 다이오드의 I-V 특성 곡선

3.3.1 다이오드의 기본 회로

그림 3.23의 (a)는 pn 접합 다이오드의 기호로서, p형 측은 애노드(Anode, A)이고, n형 측은 캐소드(Cathode. K)이다. 다이오드 기호에서 화살표는 전류가 흐르는 방향을 의미한다.

그림 3.23의 (b)는 다이오드의 기본 회로로서 전원 전압 V_S와 다이오드 사이에는 직렬로 저항 R_S를 접속한다. 이 저항 R_S를 전류 제한 저항(Current Limiting Resistor)이라고 한다.

R_S를 크게 하면 할수록 다이오드에 흐르는 전류는 점점 작아진다. 다이오드 회로에서는 전류 제한 저항 R_S를 직렬로 접속하도록 설계된다. 그리고 다이오드의 전류 특성은 비선형성(nonlinearity)을 나타낸다.

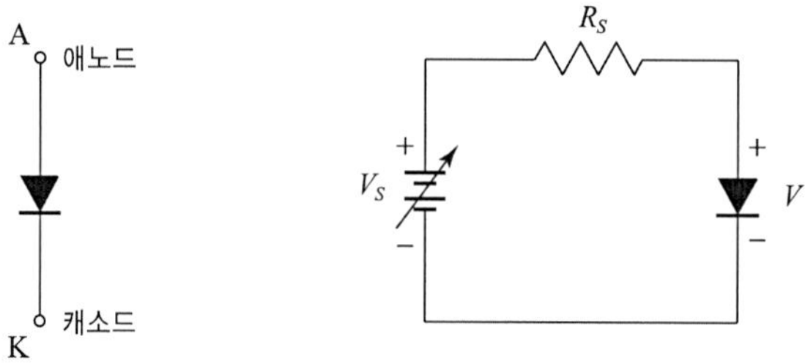

(a) 다이오드 기호 (b) 기본 회로

그림 3.23 다이오드의 기본회로

3.3.2 I-V 특성 곡선

그림 3.24는 pn 접합 다이오드의 전압-전류 특성 곡선으로, 간단히 I-V 특성 곡선이라고도 부른다. I-V 특성 곡선의 1사분면에는 순방향 특성이 표시되고, 3사분면에는 역방향 특성이 표시된다. 이들 특성에 대하여 알아보자.

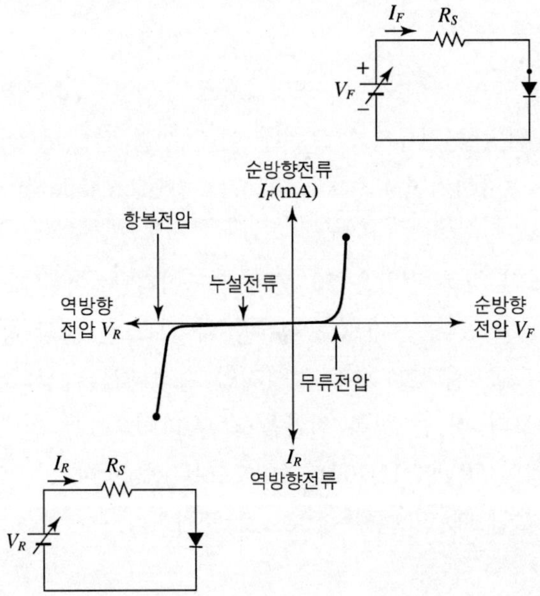

그림 3.24 다이오드의 I-V 특성 곡선

(1) 무릎 전압

그림 3.24의 1사분면 같이 다이오드에 순방향으로 전압이 접속되었을 경우를 생각하자. 순방향 바이어스가 걸렸을 때 다이오드는 접합면의 전위 장벽을 극복할 때까지는 전류가 흐르지 않는다. 인가 전압을 서서히 증가시키다가 전위 장벽(Si=0.7V) 정도의 전압을 가하면 자유전자가 엄청난 수로 접합면을 통과하기 시작한다. 이것이 순방향 전압에 의하여 커다란 순방향 전류가 흐르는 이유가 되는 것이다. 인가 전압이 0.7V 이상이 되면 미세한 전압증가에서도 전류는 크게 증가한다.

이와 같이 순방향 전압을 가했을 때 전류가 급격히 증가하기 시작하는 전압을 무릎 전압(knee voltage) 또는 문턱 전압 및 오프셋 전압(offset voltage)이라고 한다. 무릎 전압은 기호 V_k로 표시하며, 실리콘 다이오드는 0.7V 정도이고 게르마늄 다이오드는 0.3V 정도이다.

(2) 벌크 저항

한편, 무릎 전압 이상에서 다이오드 전류는 급격히 증가하여 다이오드의 전압이 약간만 증가하여도 다이오드 전류는 크게 증가한다. 그 이유는 pn 접합면의 전위 장벽이 극복되면 전류에 대한 장애는 p영역과 n영역의 벌크 저항(bulk resistance) 또는 옴저항 만이 있기 때문이다. 이 벌크 저항은 선형적이다.

(3) 누설 전류와 항복 전압

그림 3.24의 3사분면 같이 다이오드에 역방향으로 전압을 접속하였을 경우를 생각해 보자. 이때는 매우 적은 역방향 전류가 흐르는데 이를 누설 전류(leakage current)라고 한다. 역방향 전압을 점차로 증가시키면 다이오드의 항복 전압(breakdown voltage)에 이르게 된다.

일반적으로 다이오드의 항복 전압은 50 볼트 정도이지만, 어떤 다이오드는 수 백 볼트의 항복 전압을 갖는 것도 있다. 그러므로 정류용 다이오드는 항상 항복 전압 이하로 동작시켜야 하므로 다이오드를 선택할 때는 정상적인 동작에서 예상되는 최대 역전압(PIV ; Peak Inverse Voltage)보다 더 큰 항복 전압을 갖는 다이오드를 선택하여야 한다.

예를 들어, 항복 전압이 50V인 1N4001 다이오드는 접합 온도가 25°C일 때 10μA의 누설 전류가 흐르고, 75°C일 때 역전류는 50μA로 증가한다.

(4) 정격 전력

정류용 다이오드는 한쪽 방향으로 전류가 흐르는 특성을 지니고 있다. 낮은 순방향 저항과 높은 역방향 저항을 갖기 때문에 다이오드를 한쪽 방향으로 흐르는 도체로 간주할 수 있다.

다이오드를 파괴시키는 한 가지 방법은 항복 전압 이상의 역방향 전압을 가하면 된다. 다이오드를 파괴시키는 다른 방법은 최대 정격 전력(power rating) 이상을 가한다. 회로 소자는 전압과 전류의 곱인 전력 소비가 있으며, 이 전력 소비가 너무 높으면 그 소자는 타버린다. 일반적으로 다이오드의 파괴점에서 파괴 전압은 문턱 전압보다 높은 1볼트 또는 수 볼트보다 조금 높다. 이 전압과 전류의 곱은 다이오드가 파손될 만큼의 많은 열을 발생시킨다.

제작자들은 데이터 시트에 다이오드의 정격 전력을 표시한다. 예를 들어서 1N914는 250mW의 최대 정격 전력을 가지며 대부분 데이터 시트에는 다이오드가 견딜 수 있는 최대 전류만을 표기하며 이것이 측정과 설계하는데 편리를 제공해 준다.

예로서 1N4003의 데이터 시트는 최대 정격 전력을 표시하지 않고 1A의 최대 직류 순방향 전류를 표시하고 있다. 즉 1A 이상의 전류가 1N4003의 다이오드에 연속적으로 흐르면 그 다이오드는 파괴되거나 수명이 단축된다는 의미이다.

데이터 시트에는 두 가지의 다이오드 즉, 소신호 다이오드(small-signal diode)와 정류용 다이오드로 구분하고 있다. 소신호 다이오드는 0.5W 이하의 정격 전력을 가지며, 정류용 다이오드는 0.5W 이상의 정격 전력을 갖는다. 1N914는 정격 전력이 0.25W이므로 소신호 다이오드이며, 1N4003은 정격 전력이 1W이므로 정류용 다이오드이다.

(5) 전류 제한 저항기

다이오드 회로에 저항은 항상 직렬로 접속하는 이유를 알아보자. 그림 3.23의 (b)에서 직렬로 접속한 저항기 R_S를 전류 제한 저항기(current limiting resistor)라고 한다. R_S를 크게 하면 할수록 다이오드에 흐르는 전류는 점점 작아진다. 다른 다이오드 회로에서도 다이오드와 직렬로 전류 제한 저항기를 항상 접속하며, 다이오드의 최대 정격 전류(rating current)이하의 최대 순방향 전류를 유지할 수 있도록 R_S값을 선택해야 한다. 즉 최대 정격 전류 이하의 전류로 제한시키기 위해서는 다이오드와 직렬로 충분한 크기의 저항을 연결하여야 한다.

예를 들어 다이오드의 전압이 0.75V일 경우 다이오드 전류가 50mA라면 다이오드에서 소비되는 전력은

$$P = \mathrm{VI} = (0.75\mathrm{V}) \times (50\mathrm{mA}) = 37.5\mathrm{mW}$$

가 되며, 이 전력은 열로 방출되어 다이오드의 온도를 상승시키게 된다. 전력은 흐르는 전류의 크기에 비례하기 때문에 다이오드의 파괴를 방지하기 위해서는 저항 R_S를 접속시켜야 한다.

3.4 다이오드의 근사 해석

전자 회로에서 사용하는 저항값은 일반적으로 ±5%의 오차를 가지며, 다이오드의 무릎 전압은 ±10%의 오차를 가지며, 다른 전자 소자들도 모두 그 이상의 오차값을 가진다. 여기서는 다이오드의 해석 방법을 알아보기로 한다.

3.4.1 이상적인 다이오드

이상적인 다이오드(ideal diode)의 해석은 간단하다. 즉, 순방향 전압 강하 및 역방향 전류는 전혀 없고 항복 현상은 없는 것이다. 실제로 이러한 이상적인 다이오드는 제조할 수

없으며, 이론적으로 가정할 뿐이다.

그림 3.25의 (a)와 같이 순방향으로 바이어스 되었을 때 다이오드는 완전한 도체(영 전압)처럼 동작하고, 역방향으로 바이어스 되었을 때 다이오드는 완전한 절연체(영 전류)와 같이 동작한다.

즉 그림 (b)와 같이 순방향 바이어스일 때는 닫힌 스위치처럼 동작하며, 역방향 바이어스일 때는 열린 스위치처럼 동작한다.

이상적인 다이오드의 해석법은 처음에는 극단적인 것으로 보이지만, 다이오드가 어떻게 동작하는지를 알려주는 적합한 방법이며 오프셋 전압이나 벌크 저항의 영향을 고려할 필요가 없다. 이상적인 다이오드의 해석법이 부정확할 경우에는 다음과 같은 근사 해석법을 사용하면 된다.

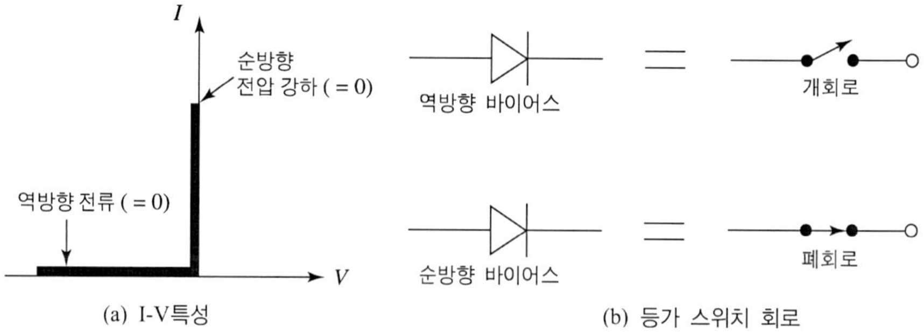

그림 3.25 이상적인 다이오드

예제 1

그림 3.26과 같이 이상적인 다이오드에 전지와 저항이 접속되었다고 하자. 이 때 부하저항 R_L의 출력 전압 V_{out}과 회로에 흐르는 전류를 구해보자.

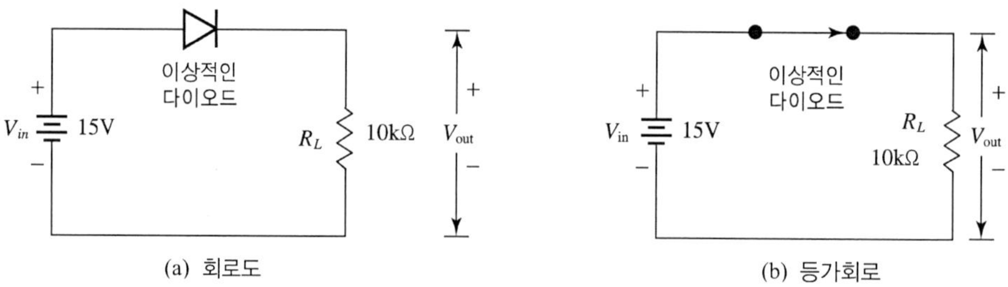

그림 3.26 이상적인 다이오드 회로

풀이 이상적인 다이오드에 순방향 전압이 가해졌으므로, 그림 (b)와 같이 다이오드는 닫혀진 스위치와 같이 등가 회로를 그릴 수 있다.

① 저항 R_L의 출력 전압 V_{out}은 다음과 같다.

$$V_{out} = V_{in} = 1.5\,[\mathrm{V}]$$

② 회로에 흐르는 전류 I는 옴의 법칙에 의하여 구할 수 있다.

$$I = \frac{V_{out}}{R_L} = \frac{15\,V}{10\,k\Omega} = 1.5\,[\mathrm{mA}]$$

3.4.2 제 2근사 해석법

이상적인 다이오드의 해석은 매우 간단하지만 정확성을 기하기 위해서는 근사해석법을 사용해야 한다. 즉, Si 다이오드가 도통이 잘 되기 위해서는 0.7V의 오프셋 전압이 필요하다. 전원 전압이 클 때는 0.7V의 전압은 별로 문제가 되지 않지만, 전원 전압이 작을 때는 무릎 전압을 고려해야 한다.

그림 3.27의 (a)는 제 2근사 해석법(second approximation)에 의한 다이오드의 I-V 특성을 나타낸 그래프이다. 다이오드 양단에 0.7V의 전압이 인가하기 전까지는 전류가 흐르지 않는다는 것을 보여주고 있다. 즉, 전압 V_k 이상에서 다이오드가 도통(turn on)된다.

그림 3.27의 (b)는 제 2근사 해석법에 의한 다이오드의 등가회로이며, 이상적인 다이오드와 0.7V 전원이 직렬로 연결된 것으로 생각할 수 있다. 전원 전압이 0.7V 이상이 되면 이상적인 다이오드는 단락 회로가 된다.

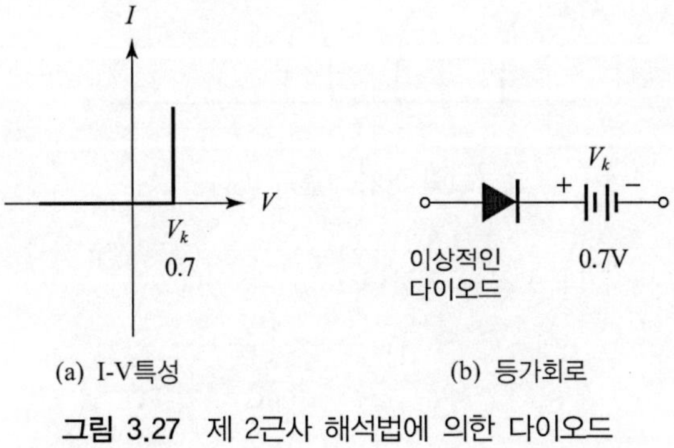

(a) I-V특성 (b) 등가회로

그림 3.27 제 2근사 해석법에 의한 다이오드

예제 2

제 2근사 해석법에 의한 다이오드 모형을 이용하여 그림 3.28과 같은 회로에서 다음을 구하라.

① 출력 전압 V_p의 크기를 구하라.

② 출력 파형 V_{out}을 그려라.

③ 출력 전류 I를 구하라.

④ 다이오드에서 소모되는 전력 P를 구하라.

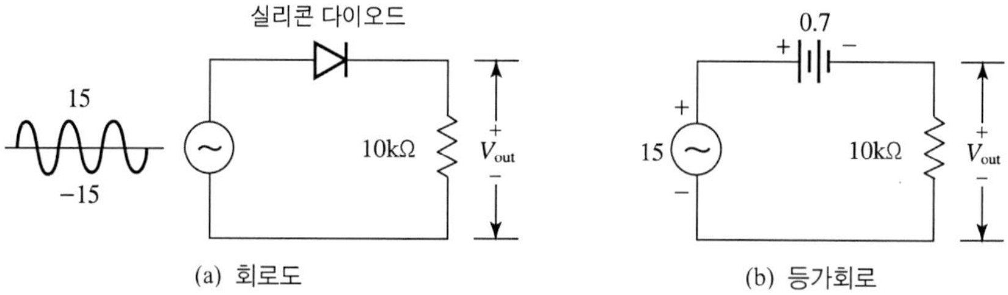

그림 3.28 제 2근사 해석법에 의한 다이오드 회로

풀이 그림 3.28의 (b)는 제 2근사 해석법에 의한 다이오드의 등가 회로를 나타낸 것이다.

① 출력 전압 V_p은 다이오드의 순방향 전압 인가 시에만 나타난다.

$$V_p = V_{in} - V_k = 15 - 0.7 = 14.3\,V$$

② 출력 파형은 전원 전압의 양의 반주기만 나타나고, 음의 반주기 동안에는 개방 회로가 되므로 그림 3.29와 같이 된다.

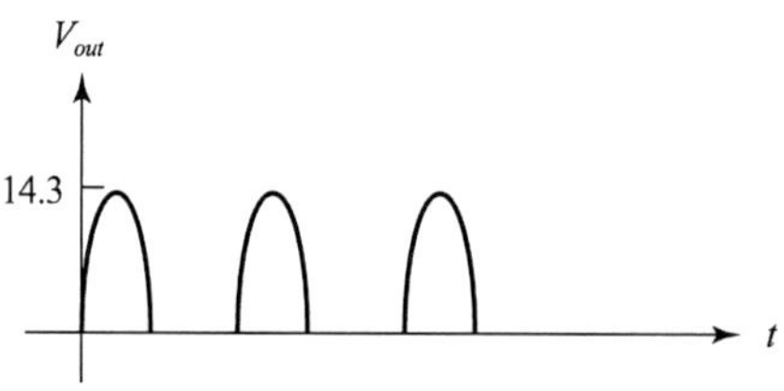

그림 3.29 출력 파형

③ 출력 전류 I는 옴의 법칙에 의하여 구할 수 있다.

$$I = \frac{V_{out}}{R_L} = \frac{14.3\,V}{10k\Omega} = 1.43\,\text{mA}$$

④ 다이오드에서 소모되는 전력 P는 전압과 전류의 곱으로 구한다.

$$P = VI = (0.7\text{V}) \times (1.43\text{mA}) = 1\text{mW}$$

3.4.3 제 3근사 해석법

다이오드의 제 3근사 해석법(third approximation)에서는 다이오드의 벌크 저항(bulk resistance) r_B를 고려해야 한다. 이 방법은 실제 다이오드를 정확하게 해석하는 방법이다.

그림 3.30의 (a)와 같이 실제 다이오드(actual diode)에서는 다이오드에 순방향 전압을 가할 때 전압 V_k에서 전류가 수직으로 증가하지 않고, 오른쪽으로 약간 경사진 그래프가 된다. 이 경사는 전류가 증가할 때 다이오드 양단에서 약간의 전력이 소비됨을 의미한다.

여기서 다이오드는 V_k 이상의 전압에서 도통되고 전류의 변화가 전압의 변화에 비례하므로 다이오드는 작은 저항과 같이 동작한다.

이 작은 저항을 다이오드의 벌크 저항(bulk resistance)이라고 한다.

그림 3.30의 (b)는 실제 다이오드의 등가 회로를 나타낸다. 그림 (b)에서 다이오드 양단의 전체 전압 V_F는

$$V_F = V_k + I_F \cdot r_B \quad \cdots\cdots (3.1)$$

가 된다. 여기서 V_k는 Si 다이오드의 경우 0.7V이고, I_F는 다이오드에 흐르는 전류이고, r_B는 다이오드의 벌크 저항을 말한다.

그리고 다이오드의 벌크 저항 r_B는 다음과 같다.

$$r_B = \frac{\Delta V}{\Delta I} \quad \cdots\cdots (3.2)$$

그러나 일반적으로는 제 2근사 해석법이 가장 적합하게 널리 사용하는 다이오드의 해석법이다.

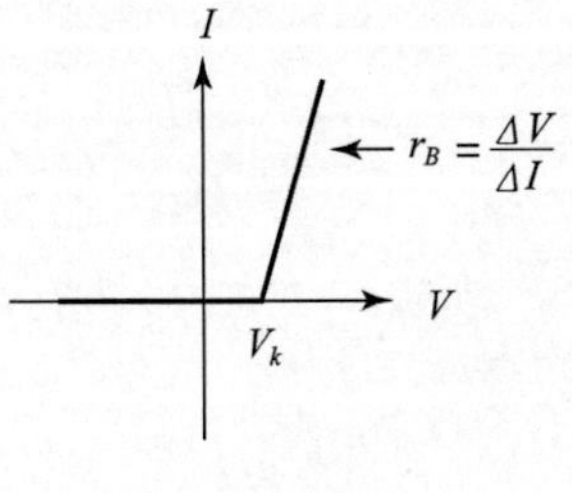

(a) I-V 특성

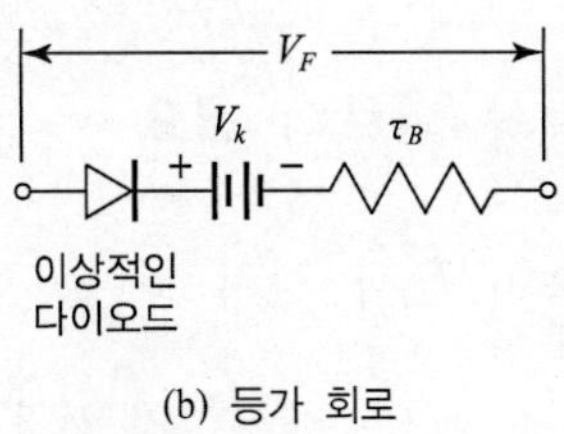

(b) 등가 회로

그림 3.30 제 3근사 해석법에 의한 다이오드

3.5 다이오드의 고장 진단

다이오드의 고장 진단(trouble shooting)은 회로 시험기나 저항계로 할 수 있다. 즉, 다이오드의 직류 저항을 측정한 후 리드선을 바꾸어 다시 직류 저항을 측정한다. 순방향 전류는 사용되는 저항계의 레인지(range)에 따라 값이 달라진다. 중요한 것은 순방향 저항에 대한 역방향 저항의 비가 높다는 것이다. 전자분야에서 사용되는 일반적인 실리콘다이오드에 대해서 그 비는 1000 : 1 이상이 되어야 한다. 저항계를 사용하여 다이오드를 검사하는 것은 임시방편적이다. 독자들은 실제로 다이오드의 정확한 직류 저항을 알지 못하더라도 다이오드가 거의 한쪽방향의 도체처럼 동작하는가 안 하는가를 알면 된다. 다시 말해서 순방향에서 낮은 저항과 역방향에서 높은 저항을 갖고 있는지를 알기만 하면 된다. 양쪽방향에서 극히 낮은 저항(다이오드의 단락 상태)을 갖거나 양쪽 방향에서 높은 저항(다이오드의 개방상태), 역방향에서 다소 낮은 저항(누설 다이오드)인 다이오드는 고장으로 간주한다.

고장 진단 검사는 일반적으로 회로에서 분리시켜 행하여야 한다. 그러나 다이오드가 회로 내에 있을 때일지라도 저항계를 이용한 검사는 전원을 끄고 한쪽이 다른 한쪽보다 낮은 저항값을 가리켜야 한다.

마지막으로 저항계에서 낮은 레인지는 소신호 다이오드를 파괴시킬 만큼 충분한 전류를 발생시킬 수 있다. 이러한 이유 때문에 소신호 다이오드는 $R \times 10$보다 큰 레인지로 검사해야 한다. 이 범위 이상에서 사용하여야 저항계의 큰 내부저항이 다이오드에 흐르는 과다한 전류를 막아준다.

4 정류 회로

4.1 정류 회로의 개요

4.1.1 생활 속의 전자 기기

전자 회로를 포함하는 대부분의 전자 기기는 직류 전원이 필요하다. 그러나 일상 생활에서는 교류 전압이 공급되므로 전자 기기를 사용하기 위하여 가장 먼저 해야 할 일은 교류 전압(AC)을 직류 전압(DC)으로 바꾸는 것이다.

그림 3.31은 우리 생활 주변에서 사용되는 전자 기기와 교류 기기의 예를 나타낸 것이

다. 즉, 직류 기기를 사용하기 위해서는 정류기로 교류 전압을 직류전압으로 바꾸어야 하며, 이 정류기의 핵심 부품이 다이오드이다.

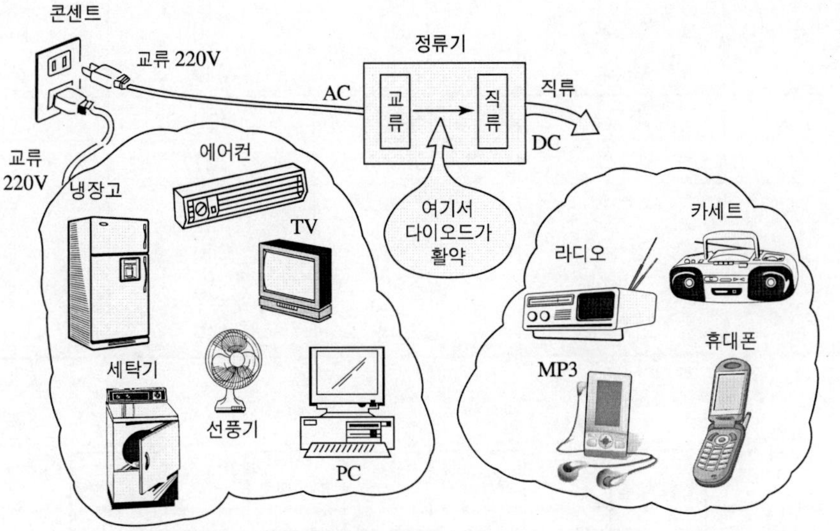

그림 3.31 생활 주변의 전자 기기와 교류 기기

4.1.2 직류 전원 회로의 구성

전기 전자 제품의 전원으로 사용되는 것은 일반적으로 각 가정 등에 공급되는 교류 전원이다. 우리나라는 220V, 60Hz의 규격을 사용하고 있다. 표 3.1을 보면 각 나라 또는 도시마다 사용하는 전압의 크기가 다르다. 따라서 수출용 전자 제품을 생산할 때에는 이 규격을 따라야 한다. 특히, 50Hz와 60Hz의 경우 변압기의 변환 효율의 차이로 발열 등의 문제가 생기거나 전원 콘센트 모양이 달라 전원을 연결할 수 없는 경우도 있다.

노트북 및 휴대 전화와 같이 건전지를 이용하면 어느 곳에서도 휴대하여 사용할 수 있지만, 건전지의 수명 및 비용 등을 따지면 교류 전원을 직류로 변환시키고 정류기를 사용하는 것이 좋다.

따라서 전자 기기를 사용하기 위해서는 직류 전원이 필요하며, 일반적으로 정류기를 많이 사용하고 있다.

그림 3.32는 정류기(rectifier)를 구성하는 직류 전원 회로의 예를 나타낸 것이다. 즉, 직류 전원 회로는 변압 회로, 정류 회로, 평활 회로, 정전압 회로의 4단계로 구분할 수 있다. 다음은 이들의 4단계 구성에 대하여 간단히 설명하기로 한다.

▶ **표 3.1** 각 나라의 전압과 주파수

지 역	국 가	도시명	전압(V)	주파수(Hz)
아시아	한 국	서 울	220	60
	일 본	도 쿄	100	50/60
	중 국	베이징	220	50
북 미	미 국	워싱턴	120	60
	멕시코	멕시코시티	127	60
유 럽	프랑스	파 리	127/220	50
	영 국	런 던	240	50
	독 일	베를린	220	50
	러시아	모스크바	127	50

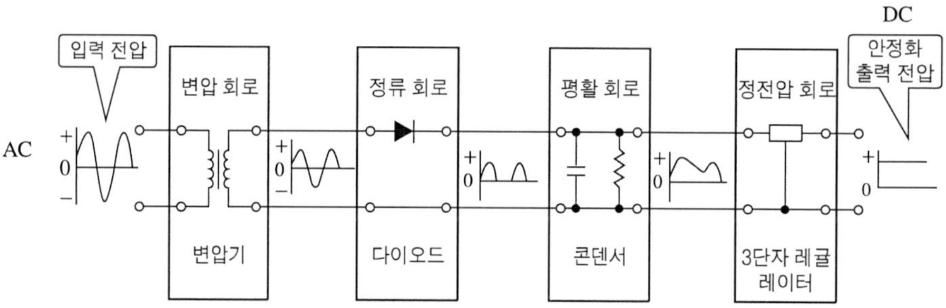

그림 3.32 직류 전원 회로의 구성 예

(1) 변압 회로

변압기(transformer)는 1차측과 2차측의 코일 권선비를 조정하여 2차측 교류 전압의 크기를 바꾸어 주는 전기 기기이다. 권선비에 따라 2차측 전압 및 전류가 결정되므로 제품에 필요한 전압 및 전류를 권선비를 통해 설계할 수 있다. 전원 회로에서 변압기의 또다른 역할은 1차측 전원과 2차측 전원을 전기적으로 절연(isolation)하는 역할이다. 이러한 절연 기능은 감전 등의 위험에 대한 사용자의 전기적 안정성 보장과 외부의 전기적 충격으로 인한 제품의 파손 위험을 막아주는 역할을 한다. 따라서, 변압기는 특별히 전기적 안정성이 입증된 것을 사용하여야 한다.

(2) 정류 회로

정류기(rectifier)는 (+), (−) 전압으로 극성이 변하는 교류 전압을 (+) 또는 (−)의 한쪽의 전압만을 흐르게 하는 회로이다. 교류 전압을 한쪽 방향으로만 흐르게 하여 맥동하는 직류(맥류)가 만들어진다. 이 때 정류기는 전류를 한쪽으로만 흐르게 하기 위하여 다이오드를 사용한다.

정류기를 통과한 맥류는 직류 성분과 함께 맥동하는 교류 성분이 섞여 있으므로, 평활 회로를 거쳐 교류 성분을 제거하여야 한다.

(3) 평활 회로

정류기의 출력은 맥동하는 직류 전압이므로 직류와 교류 성분이 섞여 있는 전압이다. 평활 회로는 맥류에 남아 있는 교류 전압을 제거하여 평활한(smooth) 직류 성분만을 얻는 회로이다. 일반적으로 L, C의 소자를 이용한 저주파 필터를 사용하여 평활 회로를 구성한다. 그러나 평활 회로에서 교류 성분의 완전한 제거는 불가능하여 약간의 교류 성분이 남게 되는데, 이를 리플 잡음(ripple noise)이라고 한다.

(4) 정전압 회로

평활 회로를 거친 직류 전압은 부하 조건 및 입력 교류 전압의 변동에 따라 함께 변하므로 아직은 불안정한 전압이다. 이러한 외부 조건에 관계없이 항상 일정한 출력 전압을 유지하지 않으면 시스템 동작이 불안하여 오동작의 원인이 된다. 전압 안정화 회로(regulator)는 외부 조건에 관계없이 항상 출력 전압을 안정화(regulating)하는 역할을 한다. 이는 전원 회로의 핵심 부분이다.

표 3.2와 같이 전압을 안정화하는 방식에는 크게 리니어(linear) 레귤레이터와 스위칭(switching) 레귤레이터의 2가지 방식이 있다. 간단한 전원 회로는 리니어 방식이 많이 쓰이지만, 컴퓨터 전원처럼 복수 전원(+3.3V, +5V, +12V, −12V)을 사용하는 경우에는 스위칭 방식이 사용된다.

▶ **표 3.2** 정전압 회로의 두 가지 방식

항 목	리니어 방식	스위칭 방식
전환 변환 효율	나쁘다(<50%)	좋다(약 85%)
중량	무겁다	가볍다
형상	대형	소형
복수 전원 구성	불편하다	간단하다
전압 정밀도	좋다	나쁘다(노이즈)
회로 구성	간단	복잡

4.2 반파 정류 회로

4.2.1 회로 구성

그림 3.33의 (a)는 반파 정류 회로(half-wave rectifier)로써 다이오드 한 개를 사용한 가장 간단한 정류 회로이다. 교류 입력 전압이 그림 (b)와 같을 때, 전압 극성이 순방향의 반주기 동안에는 다이오드가 도통되어 부하 저항에 전류가 흐른다. 반대로 전압 극성이 역방향의 반주기 동안에는 다이오드가 차단되어 부하 저항기 전류가 못 흐른다. 따라서 부하 저항에 흐르는 전류는 그림 (c)와 같이 된다. 이와 같이 사인파 입력 전압이 출력에는 반주기만 나타나므로 반파 정류라고 한다.

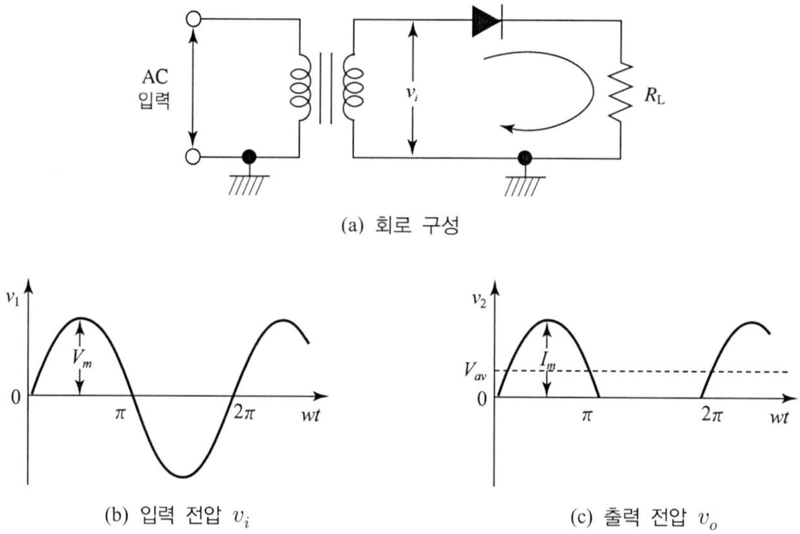

그림 3.33 반파 정류 회로

4.2.2 출력 전압과 주파수

반파 정류 회로에서의 전압과 전류의 크기를 구하여 보자. 그림 3.33의 (b)와 같은 사인파 교류 전압의 실효값 V와 최대값 V_m은 다음의 관계를 가진다.

$$V = \frac{V_m}{\sqrt{2}} = 0.707\ V_m \quad \cdots\cdots (3.3)$$

그림 (c)는 반류 정류 회로에서 정류된 출력 전압이다. 정류된 파형의 평균값(average value) V_{av}를 구하면 이것이 곧 직류 전압 V_{dc}가 된다.

$$V_{av} = V_{dc} = \frac{1}{T}\int_0^T V_m \sin wt\, dt$$
$$= \frac{V_m}{\pi} = 0.318\ V_m \qquad (3.4)$$

한편, 반파 정류 회로에서 정류된 출력 파형의 주기는 입력 파형의 주기와 같다.

$$f_{out} = f_{in} \quad \cdots\cdots (3.5)$$

예제 3

그림 3.33의 반파 정류회로에서 사인파 입력 전압이 115V, 60Hz라고 할 때 정류된 출력 전압을 구하시오.

풀이 식 (3.3)과 (3.4)에 의하여 출력 전압 V_{dc}를 구할 수 있다.

$$V_{dc} = 0.318\,V_m$$
$$= 0.318(\sqrt{2}\ V) = 0.318 \times \sqrt{2} \times 115 = 51.8\,V$$

4.2.3 변압기와 피크 역전압

대부분의 전자 제품의 정류기는 그림 3.33의 (a)와 같이 다이오드의 입력 측에 소형 변압기를 사용한다. 이와 같이 변압기를 사용하는 중요한 이유는 두 가지가 있다. 첫째, 변압기를 사용하여 220V 교류 전압을 원하는 대로 전압을 높이거나 낮출 수 있기 때문이다. 둘째, 외부에서 들어오는 교류 전압에 이상이 생기더라도 변압기가 전자 제품과 전기적으로 분리되어 있으므로 전기적인 충격을 줄일 수 있다.

그림 3.34는 변압기의 2차 전압이 음의 반주기 동안에 다이오드가 개방되어 있음을 나타내기 위하여 검게 칠한 것이다. 이 때 다이오드 및 저항에는 전류가 흐르지 않기 때문에, 부하 저항에는 전압이 걸리지 않는다.

즉, 인가된 모든 2차 전압이 개방된 다이오드의 양단에 걸리게 된다. 이와 같이 정류 회로에서 다이오드 양단에 걸리는 최대 역전압을 피크 역전압(peak inverse voltage ; PIV)이라고 한다.

다이오드의 항복(breakdown)을 피하기 위하여 가하는 최대 역전압은 다이오드의 정격 PIV보다 작아야 한다. 즉, 정류 회로의 최대 역전압이 75V라면 그 다이오드의 정격 PIV는 75V보다 큰 것을 사용해야 한다.

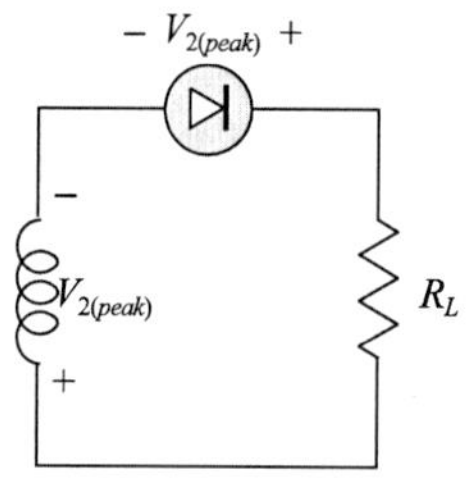

그림 3.34 다이오드의 피크 역전압

그림 3.34와 같은 반파 정류 회로에서의 피크 역전압 PIV는 다음과 같다.

$$\text{PIV} = V_{2(peak)} \quad \cdots\cdots (3.6)$$

여기서, $V_{2(peak)}$는 피크 2차 전압이다.

예제 4

그림 3.35의 회로에서 부하 저항에 걸리는 직류 전압 V_{dc}와 다이오드 양단에 걸리는 피크 역전압 PIV와 다이오드에 흐르는 직류 전류 I_{dc}를 구하라.

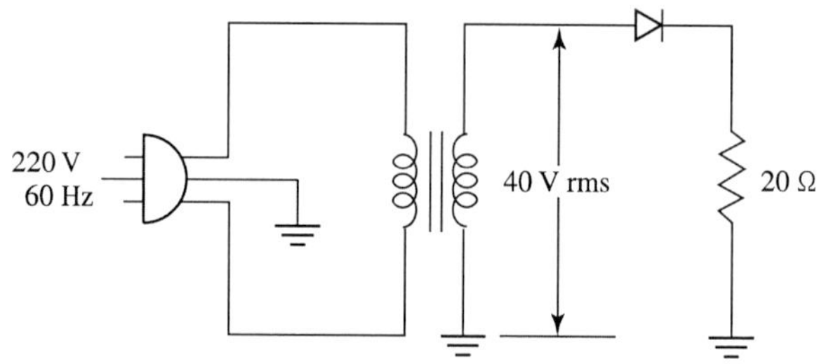

그림 3.35 예제 4

풀이 ① 부하 저항에 걸리는 직류 전압 V_{dc}는 식 (3.4)에서 구할 수 있다.

$$V_{dc} = 0.318\,V_m = 0.318 \times \sqrt{2}\,V = 0.318 \times \sqrt{2} \times 40 = 18\,V$$

② 다이오드 양단에 걸리는 피크 역전압 PIV는 식 (3.6)에서 구할 수 있다.

$$\text{PIV} = V_{2(peak)} = \sqrt{2}\,V = \sqrt{2} \times 40 = 56.6\,V$$

③ 다이오드에 흐르는 직류 전류 I_{dc}는 다음과 같다.

$$I_{dc} = \frac{V_{dc}}{R_L} = \frac{18\,V}{20\,\Omega} = 0.9\,A$$

4.3 전파 정류 회로

4.3.1 회로 구성

그림 3.36의 (a)는 전파 정류 회로(full-ware rectifier)로써, 다이오드 2개를 사용한다. 변압기의 2차 권선은 중간 탭(tap)이 있으며, 부하 저항은 중간 탭에 연결한다. 이 변압기의 2차 측에는 중간 탭을 기준으로 같은 위상과 같은 크기의 교류 전압 v_1과 v_2가 발생된다.

그림 (b)와 같이 교류 전압의 양의 반주기 동안에는 다이오드 D_1이 도통(turn on) 상태가 되어 저항에는 전류 i_1이 흐르고, 다이오드 D_2는 역방향 바이어스가 걸리므로 차단(turn off) 상태가 된다.

그림 (c)와 같이 교류 전압의 음의 반주기 동안에는 다이오드 D_1은 차단되고, 다이오드 D_2는 순방향이 되어 저항에는 전류가 흐른다.

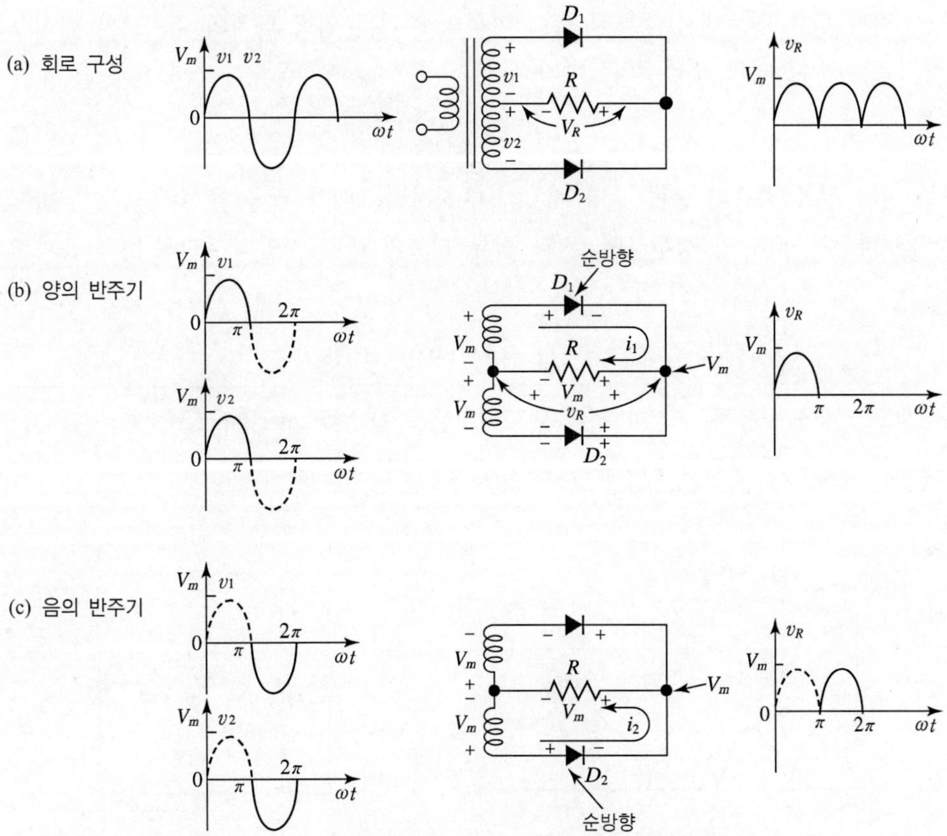

그림 3.36 전파 정류 회로

결국 그림 (b)에서의 출력 전류 i_1과 그림 (c)에서의 출력 전류 i_2의 모양은 각각 반파 정류와 같으므로, 저항에 흐르는 전류는 i_1과 i_2의 합에 의하여 그림 (a)의 우측과 같은 정류 파형이 나타난다. 이것이 전파 정류 파형인 것이다.

4.3.2 출력 전압과 주파수

그림 3.37의 (a)는 전파 정류 회로에서 정류된 출력 전압의 파형을 나타낸 것이다. 전파 정류된 파형의 평균값 V_{av}를 구하면 이것이 곧 직류 전압 V_{dc}가 된다.

$$V_{av} = V_{dc} = \frac{1}{T}\int_0^T V_m \sin\omega t dt$$

$$= \frac{2}{T}\int_0^{\frac{T}{2}} V_m \sin\omega t\, dt = \frac{2}{\pi} V_m = 0.637\, V_m \quad \cdots\cdots (3.7)$$

이것은 반파 정류에서 얻은 직류 전압의 평균값인 식 (3.4)보다 2배만큼 됨을 알 수 있다.

한편, 전파 정류 회로에서 정류된 출력 파형의 주기는 입력 파형의 주기보다 반이 되므로, 출력 주파수는 입력 주파수의 2배가 된다.

$$f_{out} = 2f_{in} \quad \cdots\cdots (3.8)$$

이는 반파 정류 회로의 출력 주파수인 식 (3.5)보다 2배가 됨을 알 수 있다. 만일, 입력 전압의 주파수가 60Hz인 경우라면, 전파 정류 회로의 출력 전압의 주파수는 다음과 같이 된다.

$$f_{out} = 2f_{in} = 2 \times 60 = 120\,\text{Hz}$$

다이오드 2개를 사용하는 전파 정류 회로에서는 중간 탭(center-tapped) 변압기를 사용한다. 다이오드의 피크 역전압 PIV는 다음과 같이 된다.

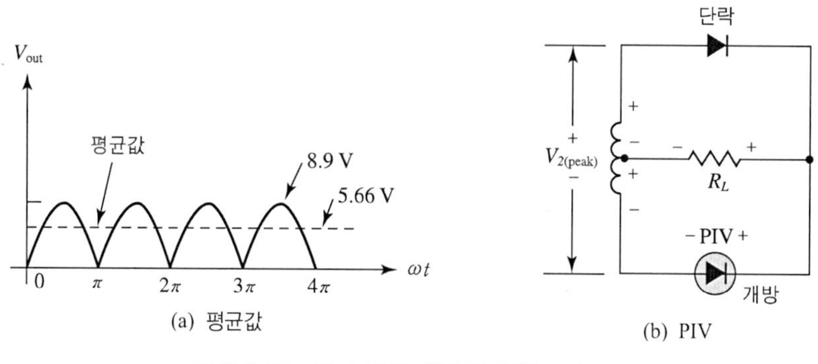

그림 3.37 전파 정류 회로의 평균값과 PIV

$$\text{PIV} = V_{2(peak)} \quad \cdots\cdots (3.9)$$

또한 2차 권선의 중간 탭 때문에 각 다이오드 전류는 2차 전압의 반주기만 흐르고, 정류 출력 전압의 피크값은 다음과 같이 된다.

$$V_{out(peak)} = \frac{1}{2} V_{2(peak)} \quad \cdots\cdots (3.10)$$

예를 들어, 2차 전압이 12.6V일 때, 2차 전압의 피크값은 $\sqrt{2}$ 배이므로 17.8V가 된다. 중간 탭 때문에 각각 다이오드 회로를 구동하는 피크 전압 $V_{out(peak)}$는 피크 2차 전압 $V_{2(peak)}$의 절반이 된다. 다이오드의 전압 강하를 무시하면 전파 정류의 출력은 절반인 8.9V가 되며, 평균값은 다음과 같이 된다.

$$V_{dc} = 0.637\,V_{out(peak)} = 0.637 \times 8.9 = 5.66\,V$$

그림 3.37의 (a)는 2차 전압 12.6V일 때의 전파 정류 회로에서의 피크값과 평균값을 나타낸 것이다.

4.4 브리지 정류 회로

4.4.1 회로 구성

그림 3.38과 같이 브리지 정류 회로(bridge rectifier)는 가장 널리 사용되는 정류 회로이다. 이는 다이오드를 4개 사용하며, 중간탭 변압기는 필요하지 않다.

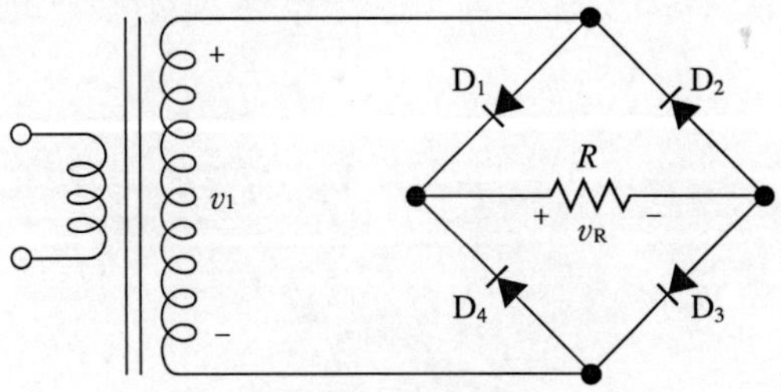

그림 3.38 브리지 정류 회로

다음은 브리지 정류 회로의 동작 원리를 설명하기로 한다.

첫째, 그림 3.39의 (a)와 같이 교류 전압의 양의 반주기 동안에는 다이오드 D_1과 D_3이 도통된다. 그러므로 전류는 다이오드 D_1 → 저항 R → 다이오드 D_3을 거쳐 흐르게 된다. 이 때 다이오드 D_2와 D_4는 그림 (b)에서와 같이 역방향 상태가 되므로 차단 상태가 된다.

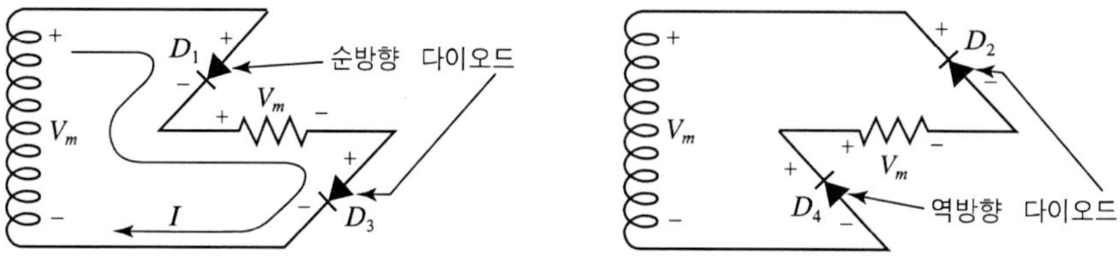

그림 3.39 교류 전압의 양의 반주기

또한 변압기의 전압 V_m과 저항에 걸리는 전압 V_m을 합친 것만큼 2개의 다이오드에 역전압이 걸리므로, 다이오드 D_2와 D_4에 걸리는 최대 역전압 PIV는 각각 V_m이면 된다.

둘째, 그림 3.40의 (a)와 같이 교류 전압의 음의 반주기 동안에는 다이오드 D_4와 D_2가 도통된다. 그러므로 전류는 다이오드 D_4 → 저항 R → 다이오드 D_2를 거쳐 흐르게 된다. 이 때 다이오드 D_1과 D_3은 그림 (b)에서와 같이 역방향 상태가 되므로 차단 상태가 된다.

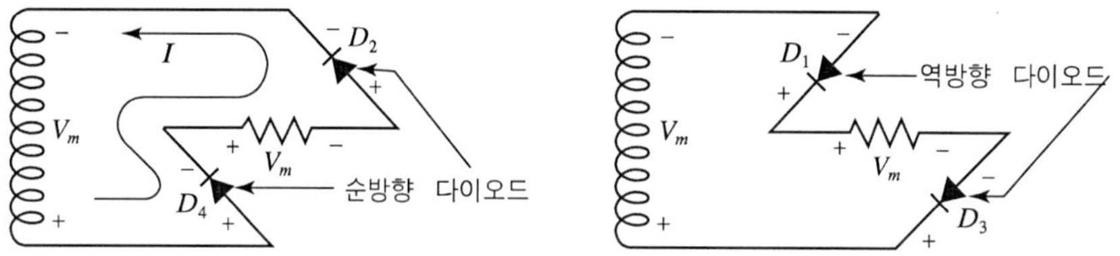

그림 3.40 교류 전압의 음의 반주기

4.4.2 출력 전압과 주파수

그림 3.41은 브리지 정류 회로에서 정류된 출력 전압의 파형을 나타낸 것이다.

그림 3.39에서 다이오드 전압 강하를 무시하면 부하 저항에 걸리는 전압의 피크값은 다음과 같다.

$$V_{out(peak)} = V_{2(peak)} \quad \cdots\cdots (3.11)$$

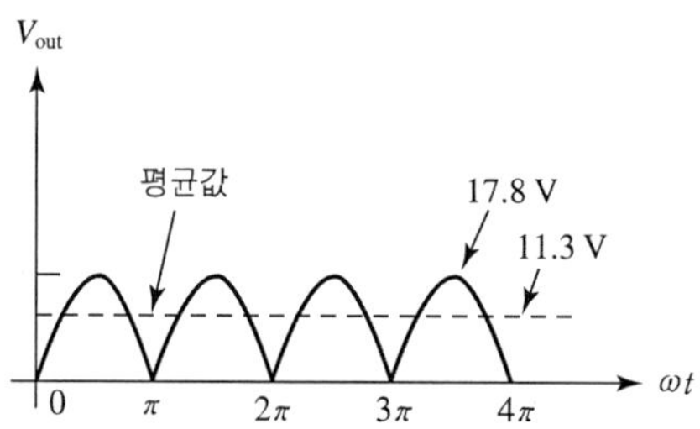

그림 3.41 브리지 정류 회로의 평균값

즉, 2차 전압의 전체 크기가 부하 저항 양단에 나타난다는 것에 유의하여야 한다. 이 점에서 브리지 정류 회로가 2차 전압의 절반만 나타나는[식 (3.10) 참조] 전파 정류 회로보다 좋은 특성을 가지고 있다는 것을 의미한다. 또한 전파 정류 회로에 사용되는 중간탭 변압기는 제작도 어렵고 가격이 비싸므로, 브리지 정류 회로를 주로 사용한다.

브리지 정류 회로의 출력 파형은 전파이기 때문에 평균값이나 직류값은 다음과 같다.

$$V_{av} = V_{dc} = 0.637\,V_{out(peak)} \quad \cdots\cdots (3.12)$$

예를 들어, 2차 전압이 12.6V일 때 2차 전압의 피크값 $V_{out(peak)}$)는

$$V_{out(peak)} = \sqrt{2}\,V = \sqrt{2} \times 12.6 = 17.8\,V$$

가 되므로, 직류 전압 V_{dc}는 식 (3.12)에 의하여 다음과 같이 된다.

$$V_{dc} = 0.637\,V_{out(peak)} = 0.637 \times 17.8 = 11.3\,V$$

그림 3.41은 브리지 정류 회로에서 2차 전압이 12.6V일 때의 피크값과 평균값을 나타낸 것이다.

4.5 정류 회로의 비교

이상에서와 같이 정류 회로에는 반파 정류 회로, 전파 정류 회로, 브리지 정류 회로가 대표적이다. 표 3.3은 세 가지 정류 회로를 비교한 것이다. 이 표에서 보는 바와 같이 브리지 정류기는 2차 전압의 실효값 V_2의 90%만큼의 직류 부하 전압을 얻을 수 있는데 비하여, 반파와 전파 정류기는 45%의 직류 부하 전압만이 나타난다. 그러므로 전자 제품 및 대부분의 산업 분야 등에는 브리지 정류기가 사용되고 있다.

▶ **표 3.3** 반파, 전파, 브리지 정류기의 비교

	반 파	전 파	브리지
다이오드의 수	1	2	4
출력전압의 피크값	$V_{2(peak)}$	$0.5\,V_{2(peak)}$	$V_{2(peak)}$
직류 출력전압	$0.318\,V_{out(peak)}$	$0.636\,V_{out(peak)}$	$0.636\,V_{out(peak)}$
직류 다이오드전류	I_{dc}	$0.5I_{dc}$	$0.5I_{dc}$
피크 역전압(PIV)	$V_{2(peak)}$	$V_{2(peak)}$	$V_{2(peak)}$
맥동 주파수	f_{in}	$2f_{in}$	$2f_{in}$
직류 부하 전압	$0.45\,V_{2(rms)}$	$0.45\,V_{2(rms)}$	$0.9\,V_{2(rms)}$

브리지 정류기(bridge rectifier)는 이처럼 널리 사용되기 때문에 제작자들은 이것을 한 개의 소자(device)로 제작하고 있다. 즉 4개의 다이오드를 서로 연결하고 플라스틱으로 밀봉하여, 정류기 외부에는 변압기에 연결할 입력핀 2개와, 부하 저항에 연결할 출력핀 2개를 가지고 있다.

그림 3.42는 이들 정류 회로의 파형 및 특성 등을 요약하여 나타낸 것이다.

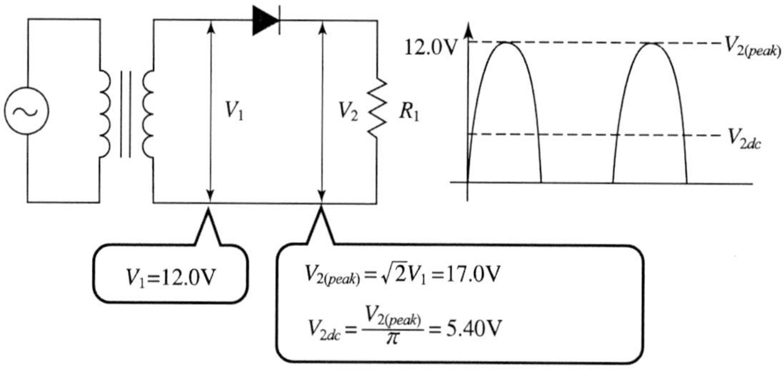

(a) 반파 정류

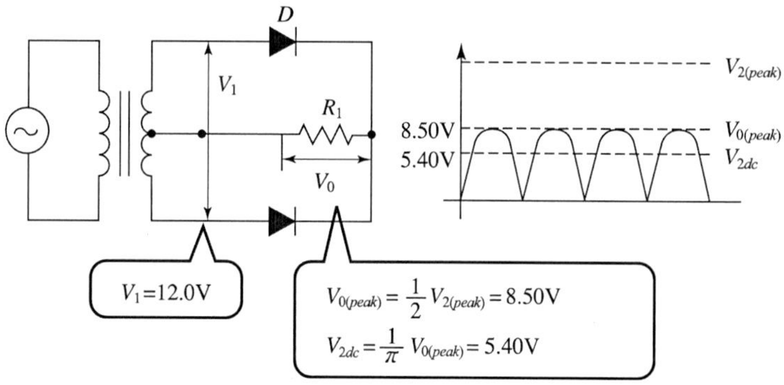

(b) 전파 정류

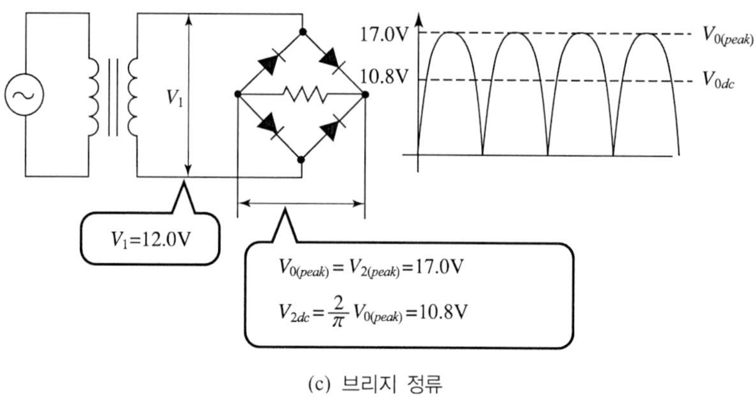

(c) 브리지 정류

그림 3.42 각종 정류 회로의 특성 비교

예제 5

그림 3.43의 브리지 정류 회로에서 V_{dc}와 PIV를 구하시오.

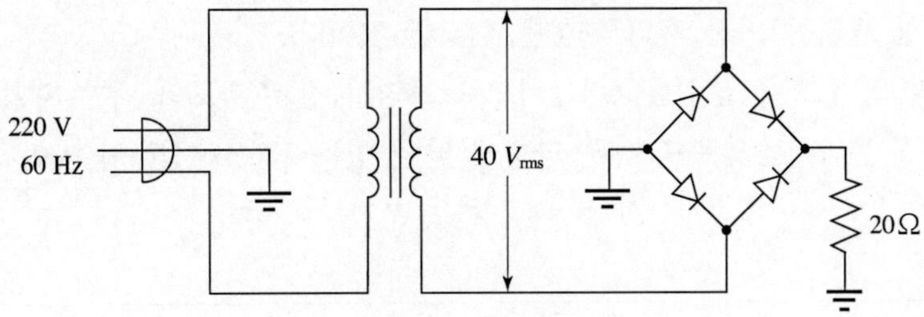

그림 3.43 예제 5

풀이 2차 전압의 실효값 $V_{(rms)}$는 40V이므로, 피크 2차 전압 $V_{2(peak)}$는

$$V_{2(peak)} = \sqrt{2}\,V = 1.414 \times 40 = 56.6\,V$$

이고, 다이오드에 걸리는 전압 강하를 무시하면 다음과 같이 된다.

$$V_{2(peak)} = 56.6 = V_{out(peak)}$$

① dc 부하 전압 V_{dc}는 식 (3.12)에 의하여 다음과 같이 구할 수 있다.

$$V_{dc} = 0.637\,V_{out(peak)} = 0.637 \times 56.6 = 36\,V$$

② 최대 역전압 PIV는 다음과 같다.

$$\text{PIV} = V_{2(peak)} = 56.6\,V$$

5 평활 회로와 정전압 회로

5.1 평활 회로

5.1.1 평활 회로의 개요

평활 회로(smoothly circuit)는 앞에서 배운 그림 3.32에서와 같이 정류 회로를 통과한 맥류 파형을 직류에 가깝도록 평활한 직류로 만드는 회로이다. 평활 회로는 맥류에 남아 있는 교류 성분을 제거하고 저주파의 직류 성분만을 출력하기 위하여 저주파 필터(filter) 회로로 구성된다.

그림 3.44는 주파수 스펙트럼 파형으로서, 브리지 정류 회로를 통과한 맥류 파형의 필터 전 파형과, π형 필터를 거친 후의 파형을 비교한 것이다.

정류 회로의 입력 교류 전압은 60Hz이므로 브리지 정류 회로의 맥류 파형은 120Hz이다. π형 필터를 통과시킴으로써 맥류 파형에 남아 있는 120Hz 성분이 많이 제거됨을 볼 수 있다.

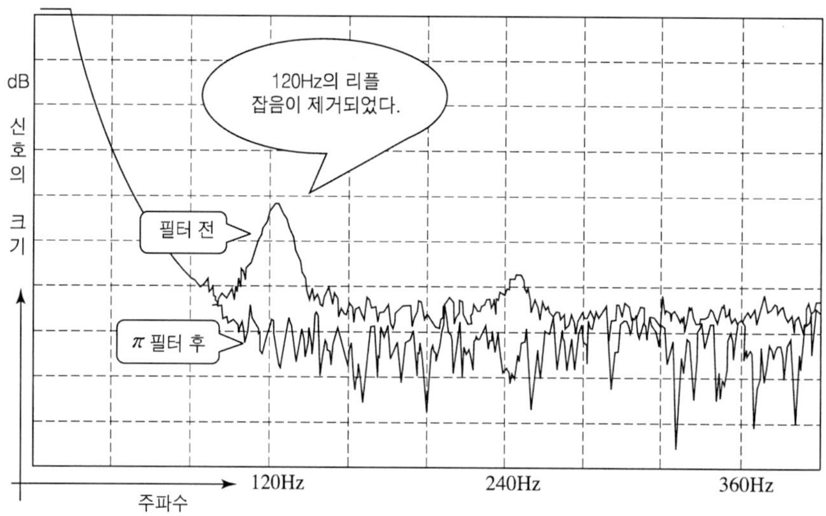

그림 3.44 맥류 파형의 필터 전과 필터 후의 주파수 스펙트럼 비교

5.1.2 리플 잡음

60Hz의 교류 전압을 입력 전원으로 사용할 경우에 평활 회로를 거쳐서 맥류의 교류 성분을 제거한다고 하여도 건전지와 같은 완전한 직류 전압을 얻을 수는 없다. 이와 같이 정류된 파형이 평활 회로를 거친 후 파형에 남아 있는 교류 성분을 리플 잡음(ripple noise)이라고 한다.

그림 3.45의 (a)는 반파 정류의 리플 잡음이고, 그림 (b)는 전파 정류의 리플 잡음이다. 리플 잡음을 완전하게 제거할 수는 없지만, 얼마나 적게 하느냐가 전원 회로 설계의 중요한 점이다. 이 때 리플 잡음은 평활 회로에서 콘덴서의 정전용량 값이 클수록 줄일 수 있다. 그러나 정전용량을 무한정 크게 할 수는 없으므로 시스템 설계 시 잘 고려해야 한다.

일반적인 상용 교류 회로에서의 평활 회로에는 대용량, 고내압의 특성을 가지고 있는 알미늄 전해 콘덴서를 많이 사용한다.

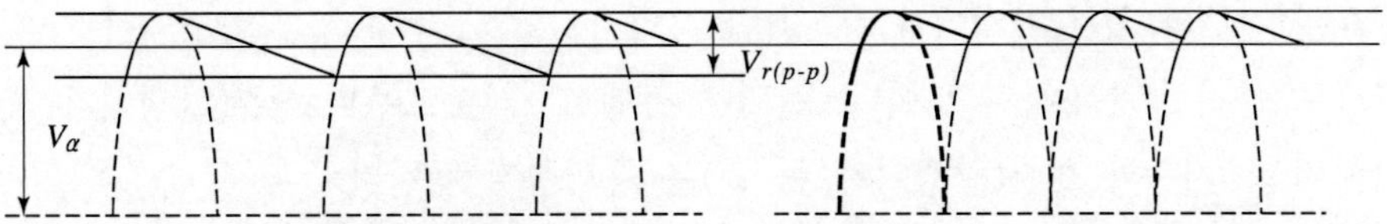

(a) 반파 정류의 리플 잡음 (b) 전파 정류의 리플 잡음

그림 3.45 정류 회로의 리플 잡음

5.1.3 소자 L과 C의 평활 특성

모든 평활 회로에는 L과 C 소자가 사용된다. L과 C는 주파수 크기에 따른 리액턴스 특성이 서로 반대인데, $X_L = 2\pi fL[\Omega]$, $X_c = 1/2\pi fC[\Omega]$이 된다. 이러한 임피던스 특성을 이용하여 원하는 주파수를 차단하거나 통과시키는 필터 기능을 할 수 있는 것이다.

인덕터 L은 코일을 감아놓은 것으로서 전기적으로는 단락된 내부 구성을 갖지만, 콘덴서 C는 유전체를 넣은 것으로서 전기적으로 내부는 개방된 구조를 가지고 있다. 특히 L은 주파수의 변화에 따른 전류의 변화에 대하여 역기전력 발생으로 인하여 교류 전류의 흐름을 차단하고자 하는 반면에, C는 주파수 성분의 전류 변화를 잘 통과시키는 특성을 갖는다. 식으로 나타내면 L의 전류는 $I_L = V/2\pi fL$[A]이고, C의 전류는 $I_c = 2\pi fCV$[A]이다.

그림 3.46은 이 원리를 이해하기 쉽도록 채(screen) 모양으로 나타낸 것이다. 그림 (a)의

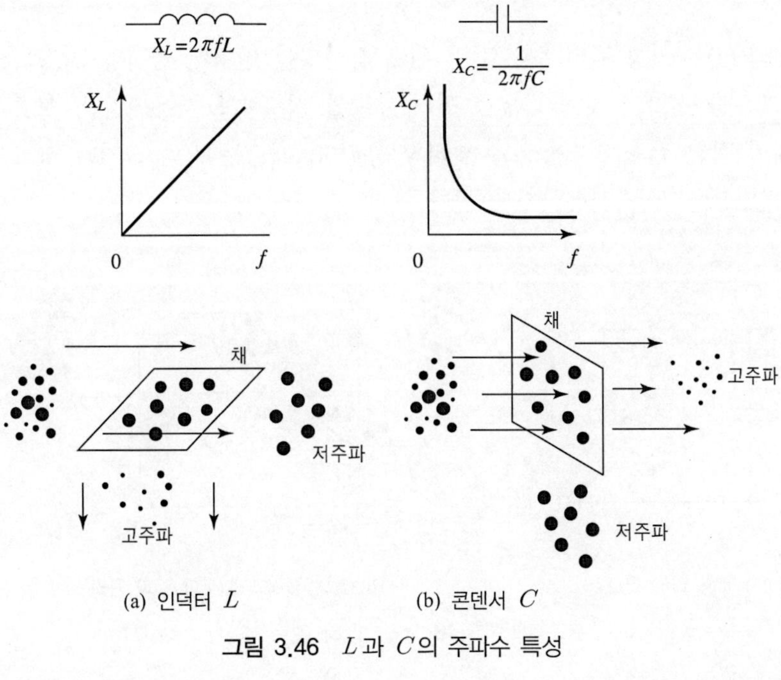

(a) 인덕터 L (b) 콘덴서 C

그림 3.46 L과 C의 주파수 특성

인덕터 L은 저주파 성분(알갱이가 큰 것)만 통과시키고, 고주파 성분(알갱이가 작은 것)은 채의 밑으로 빠져서 통과하지 못한다. 반면에 콘덴서 C는 고주파 성분(알갱이가 작은 것)은 통과시키고, 저주파 성분(알갱이가 큰 것)은 통과하지 못한다.

그림 3.47은 이러한 L과 C의 특성을 필터 회로에 적용한 평활 회로용 저역 통과 필터(low pass filter)이다.

그림 (a)의 인덕터 입력형 LC회로에서는 먼저 L이 고주파 신호를 차단하고 직류 및 저주파 성분만을 통과시킨다. 그리고 C는 고주파 성분을 접지 쪽으로 통과시키고 직류 및 저주파 성분만을 출력으로 보낸다.

그림 (b)의 콘덴서 입력형 LC회로도 마찬가지로 해석을 할 수 있다. 입력단에서 고주파 성분은 C로 통과시키고 L로 차단시켜서, 낮은 주파수를 포함한 직류 성분만을 출력으로 보낸다.

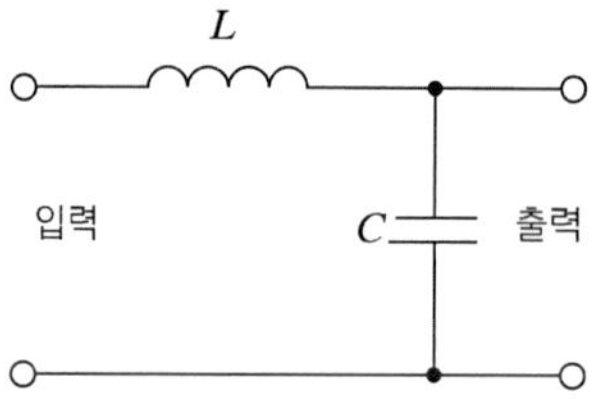

(a) 인덕터 입력형 LC회로

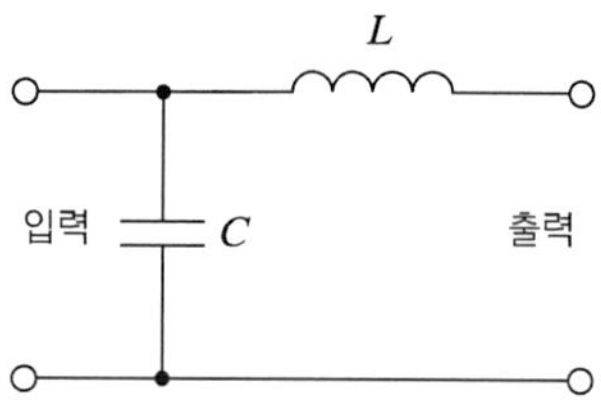

(b) 콘덴서 입력형 LC회로

그림 3.47 평활 회로용의 저역 통과 필터

그림 3.48의 (a)는 π형 필터 회로로서, 위에서 설명한 인덕터 입력형 LC회로와 콘덴서 입력형 LC회로를 결합한 것이다. π형 필터는 평활 회로에도 사용되지만, 보통 회로의 전원 입력단에서 전원 잡음 제거용으로 널리 사용된다. 때로는 L의 크기가 크고 가격이 비싸므로 L대신 저항 R을 사용하기도 한다.

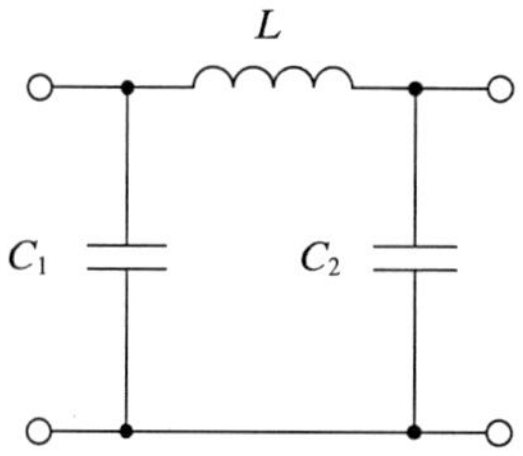

(a) π형 필터 회로

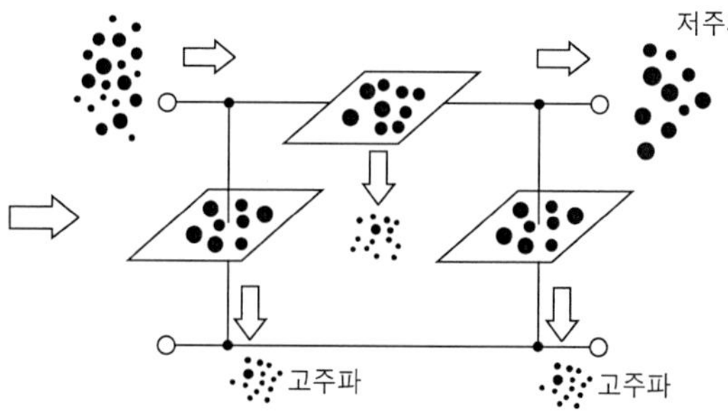

(b) π형 필터의 저주파 통과 원리

그림 3.48 π형 필터 회로

5.2 콘덴서 입력 필터

반파, 전파, 브리지 정류 회로에서 얻는 출력 전압은 맥동하는 직류 전압이다. 이 전압은 전자 기기를 구동시키거나 배터리의 충전 등에 사용할 수 없으므로, 이 맥류 전압을 전지 등의 직류 전압 파형에 가깝도록 필터해야 한다. 이를 위하여 가장 널리 사용되는 방법이 콘덴서 입력 필터(capacitor-input filter)이다.

5.2.1 반파 정류기의 콘덴서 입력 필터

그림 3.49의 (a)는 반파 정류 회로에서의 콘덴서 입력 필터를 나타낸 것이다. 부하 저항 R_L에 용량이 큰 콘덴서 C를 병렬로 접속함으로써 출력 전압의 리플을 줄일 수 있다. 출력 파형을 얻는 과정을 단계별로 알아보기로 한다.

① 그림 (a)와 같이 입력 전압은 피크값이 V_p인 사인파 교류이다.

② 그림 (b)와 같이 양전압의 피크인 1/4주기까지는 다이오드가 순방향 바이어스로 된다. 그러므로 다이오드는 닫힌 스위치로 동작한다. 따라서 콘덴서 C에는 양전압의 피크치 V_p만큼 충전된다.

③ 그림 (c)와 같이 양전압의 피크를 지난 후부터는 다이오드는 열린 상태로 된다. 왜냐하면 콘덴서 C에는 그림 (c)와 같은 극성으로 최대값 V_p만큼 충전되어 있기 때문에, 전원 전압이 C의 충전 전압 V_p보다 작아지므로 다이오드는 역방향 바이어스가 되는 것이다.

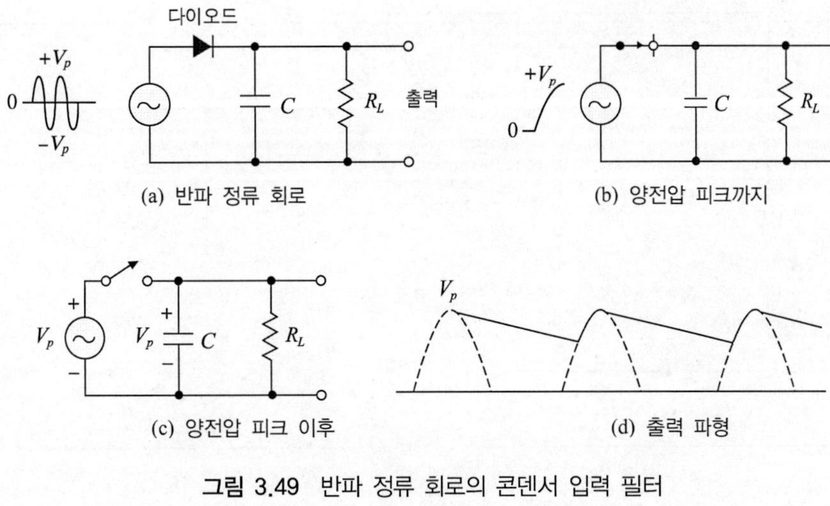

그림 3.49 반파 정류 회로의 콘덴서 입력 필터

④ 그림 (d)와 같이 콘덴서에서 충전된 전하는 부하 저항 R을 통하여 방전된다. 특히 콘덴서 입력 필터에서 설계 시 고려해야 할 사항으로는, 콘덴서의 방전 시상수 $\tau = RC$ 값은 입력 신호의 주기 T보다 훨씬 길어야 한다. 왜냐하면 그림 (d)와 같이 콘덴서가 충전 전하의 일부만을 방전하기 위해서이며, 그래야 리플이 줄어든다.

⑤ 그림 (b)와 같이 전원 전압이 다시 양전압의 1/4주기가 되면 다이오드는 도통이 되어 피크 전압까지 콘덴서를 재충전시킨다.

이상과 같은 방법으로 맥류를 줄이고 완전한 직류 전압에 가깝게 필터를 할 수 있다. 단지 직류 전압과 다른 점은 콘덴서의 충전과 방전에 의하여 생기는 작은 리플(ripple)이 남아 있는 것이다. 이 리플이 작을수록 좋은데, 리플을 줄일 수 있는 한 가지 방법은 방전 시상수 RC를 크게 하는 것이다.

5.2.2 브리지 정류기의 콘덴서 입력 필터

정류기에서 리플을 줄일 수 있는 또 다른 방법은 전파 정류기나 브리지 정류기를 사용하는 것인데, 이는 출력 파형의 리플 주파수가 120Hz이기 때문이다. 이 경우에 콘덴서 C는 2배로 자주 충전되고 방전 시간도 절반으로 줄기 때문이다. 그러므로 리플은 작게 되어 출력 전압은 직류에 더욱 가깝게 된다.

그림 3.50의 (a)는 브리지 정류 회로에서의 콘덴서 입력 필터를 나타낸 것이다. 동작 원리는 반파 정류 회로와 거의 같은데, 콘덴서에 충전되는 전하는 반주기마다 되풀이되므로 2배만큼 자주 충전된다는 것이다.

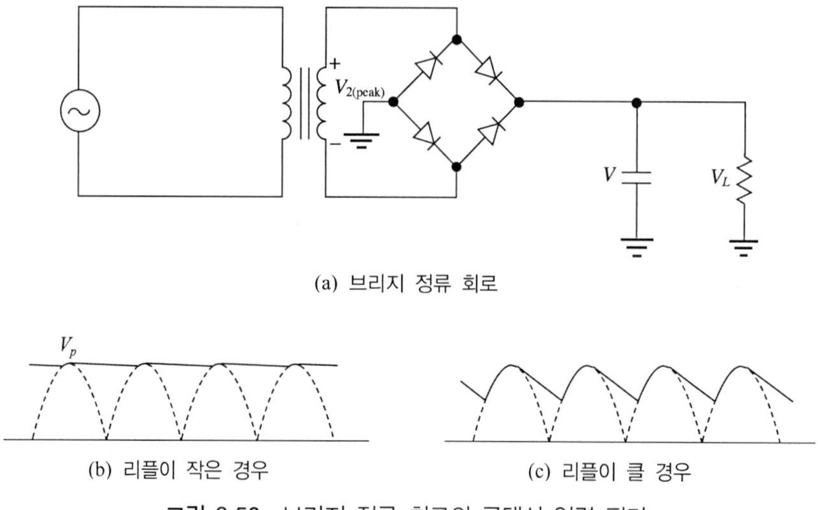

(a) 브리지 정류 회로

(b) 리플이 작은 경우

(c) 리플이 클 경우

그림 3.50 브리지 정류 회로의 콘덴서 입력 필터

그림 (b)는 평활 회로에서 얻은 출력 파형의 리플이 작은 경우이다. 이는 그림 (a)에서 콘덴서 C값이 큰 경우이다. 반면에 그림 (c)는 리플이 큰 경우로서, 콘덴서 C의 값이 작은 경우이다. 그림 (b)와 같이 리플이 작은 이유는 부하저항 R_L과 콘덴서 C의 곱인 시상수 $\tau = RC$값이 입력 전압의 주기 T보다 훨씬 크기 때문이다. 반대로 그림 (c)와 같이 리플이 큰 이유는 부하 저항 R_L이나 콘덴서 C의 값이 너무 작은 경우에 시상수 τ가 짧게 되므로 리플율이 커지게 된다.

그림 3.51은 브리지 정류 회로에서 콘덴서 입력 필터를 사용하였을 때, 오실로스코프로 직접 측정한 출력 파형이다. 그림 (a)는 콘덴서의 용량이 47μF이고, 그림 (b)는 470μF이다. 따라서 C의 값이 클수록 리플이 줄어듬을 확인할 수 있다.

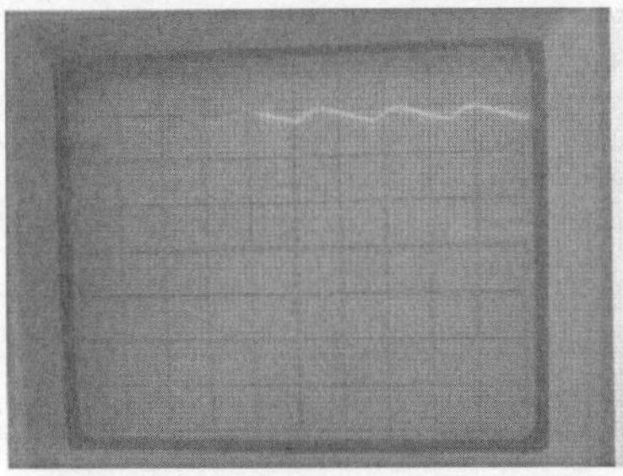
(a) 47μF 사용시

(b) 470μF 사용시

그림 3.51 평활 회로의 콘덴서 C값에 따른 출력 파형

콘덴서 입력 필터를 설계할 때는 리플율이 10% 이하가 되도록 한다. 평활 회로의 시정수가 입력 파형의 주기보다 훨씬 긴 경우의 리플 전압은 다음과 같이 된다.

$$V_{rip} = \frac{I_{dc}}{fC} \quad \cdots\cdots (3.13)$$

여기서 V_{rip}는 피크-피크 리플 전압(peak-to-peak)이고, I_{dc}는 직류 부하 전류이고, f는 리플 주파수이고, C는 콘덴서의 정전용량 값이다. 반파 정류기에서 리플 주파수 f는 60Hz이고, 전파 및 브리지 정류기에서 리플 주파수 f는 120Hz이다. 반파 정류기에서 다이오드의 피크 역전압 PIV는 PIV=2$V_{2(peak)}$이지만, 전파 및 브리지 정류기에서 다이오드의 피크 역전압 PIV는 PIV= $V_{2(peak)}$가 된다.

5.2.3 고장 진단

콘덴서 입력형 필터의 고장 진단(trouble shooting)을 함으로써 문제 해결 방법을 알아보자. 모든 전자 기기에는 전원 장치(power supply)가 있는데, 이 전원 장치는 콘덴서 입력형 필터가 포함된 정류기와 전압 조정기가 연결되어 있는 형태이다. 만약에 기기가 적절히 동작하지 않으면 우선 테스트해야 할 일이 전원 장치의 직류 전압을 측정해 보는 것이다.

우선 정류기와 콘덴서 입력형 필터를 다음과 같이 조사할 수 있다. 회로시험기를 교류 범위에 놓고 2차 전압을 측정하며, 또 직류 범위에 놓고 직류 부하 전압을 측정한다. 오실로스코프로 직류 부하 전압을 보고서 리플을 측정한다. 피크-피크 리플이 이상적인 부하 전압의 약 10% 미만이면 정상이다. 더욱이 리플 주파수가 전파 정류기나 브리지 정류기에 대해서 120Hz가 되어야 한다.

다음은 콘덴서 입력형 필터가 연결된 브리지 정류기에서 일어나는 일반적인 고장과 그 증상을 알아보자. 다이오드가 손상되면 직류 부하 전압은 정상보다 낮아지고 리플 주파수가 120Hz가 아닌 60Hz가 된다. 필터 콘덴서가 개방되면 출력이 전파 신호가 되므로 그 직류 부하 전압은 낮아져 피크값 대신 평균값이 된다. 반면에 필터 콘덴서가 단락되면 한 개 또는 그 이상의 다이오드는 파손되고 변압기도 손상을 입게 된다. 가끔 오래된 필터 콘덴서에서 전해액이 새어나와 직류 부하 전압을 낮아지게 하는 경우와, 변압기에서의 권선 단락이 직류 출력 전압을 낮아지게 하는 경우가 있다.

5.3 정전압 회로

5.3.1 정전압 회로의 필요성

교류 전압을 정류하여 평활 회로를 거친 출력 전압은 직류 전압으로서 안정적이어야 한다. 그런데 입력 측의 교류 전압 변동 및 부하의 변동에 따라 정류기의 출력 전압도 변하게 된다.

이와같이 정류기의 출력 전압이 불안정하게 변하는 가장 큰 원인은 다음의 2가지이다.

① 입력 전압 변동에 따른 출력 전압의 안정성

변압기 1차측 입력 전압의 변동이 변압기를 통해 2차측 출력 전압에 나타나면 정류된 직류 출력에도 그 변화량이 나타난다.

② 부하 전류의 변화에 대한 출력 전압의 안정성

전원 회로의 출력 임피던스의 영향으로 부하 전류가 갑자기 증가하게 되면 그에 따른 출력 전압이 감소한다.

그러므로 이러한 상황에서도 안정된 직류 전압을 유지하는 정류기가 필요하다. 이를 위하여 앞에서 배운 그림 3.32와 같이 정류기의 평활 회로 다음에 정전압 회로를 구성한다. 정전압 회로에 사용되는 소자는 제너 다이오드, 트랜지스터, IC 등이 있다.

5.3.2 정전압 회로의 구성

(1) 제너 다이오드의 정전압 회로

제너 다이오드(Zener diode)는 회로에 흐르는 전류가 바뀌어도 출력 전압은 일정하게 유지해주기 때문에 전압 조정기(voltage regulator)라고 부른다.

그림 3.52의 (a)는 제너 다이오드의 기호이고, 그림 (b)는 제너 다이오드의 등가 회로이며, 그림 (c)는 제너 다이오드의 I-V 특성 곡선이다.

그림 3.52의 (c)에서 보는 바와 같이 제너 전압 V_z에서의 급격한 항복 특성은 정류기의 출력 전압을 V_z 이내로 제한하는데 사용할 수 있다.

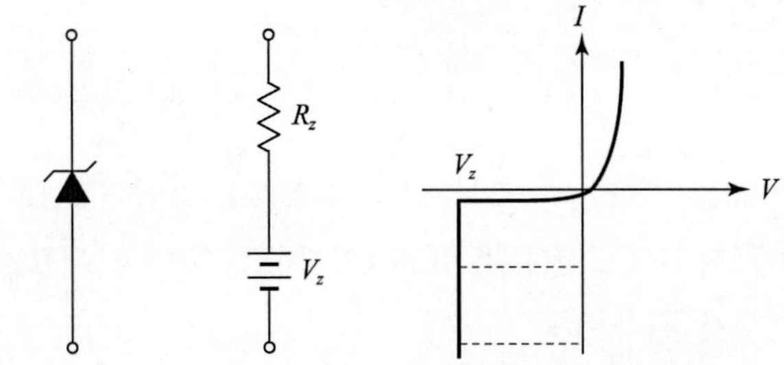

(a) 기호 (b) 등가 회로 (c) I-V 특성 곡선

그림 3.52 제너 다이오드

그림 3.53의 (a)는 제너 다이오드를 동작시키기 위하여 역방향 바이어스를 가한 것이다. 이 때 제너 다이오드의 항복 현상을 발생시키기 위해서 전원 전압 V_s는 제너 항복 전압 V_z보다 커야 한다. 직렬 저항 R_s는 제너 전류를 정격 전류 이하로 제한시키는데 사용되는데, 그렇지 않으면 다른 소자와 마찬가지로 지나친 전력 소비 때문에 다이오드가 파손된다.

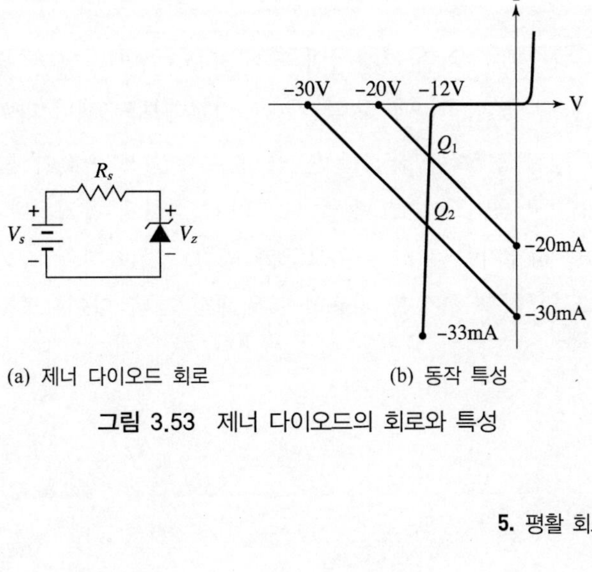

(a) 제너 다이오드 회로 (b) 동작 특성

그림 3.53 제너 다이오드의 회로와 특성

직렬 저항 양단의 전압은 전원 전압 V_s와 제너 전압 V_z의 차인 $V_s - V_z$가 되므로, 저항을 통해서 흐르는 전류 I_s는 다음과 같다.

$$I_s = \frac{V_s - V_z}{R_s} \quad \cdots\cdots (3.14)$$

그리고, 제너 전류 I_z는 I_s와 같다.

예로서, 그림 (b)를 보면서 제너 다이오드의 동작 특성을 알아보자. 만일 V_s가 20V이고, R_s는 1kΩ이라 하자. 그러면 I_z와 I_s는

$$I_z = \frac{20 - V_z}{1000}$$

가 된다. V_z를 영으로 놓았을 때 I_z는 20mA가 된다. 반대로 I_z를 영으로 놓았을 때 V_z는 20V가 된다.

그리고, 부하선(load line)은 다음과 같이 얻을 수 있다. 그림 3.53의 (a)에서 제너 다이오드를 단락시키면 최대 다이오드 전류는 20mA가 되고, 제너 다이오드를 개방시키면 최대 다이오드 전압은 20V가 된다.

만일 제너 다이오드가 12V에서 항복 전압을 갖는다고 가정하면 I-V 곡선은 그림 3.53의 (b)와 같이 된다. $V_s = 20$V, $R_s = 1$kΩ에 대하여 부하선을 그리면 교차점 Q_1을 얻을 수 있다. 제너 다이오드 양단의 전압은 항복에서의 무릎 전압보다 약간 크므로 I-V곡선이 약간 경사진 것이다.

여기서 전압 조정을 어떻게 하는지를 알아보기 위하여 전원 전압 V_s를 30V로 변화시켜 보자. 이 때 제너 전류 I_z는 식 (3.13)에 의하여 다음과 같이 변한다.

$$I_z = \frac{30 - V_z}{1000}$$

이는 그림 (b)에서 나타낸 것처럼 부하선의 끝이 30mA와 30V라는 것을 의미하며, 새로운 교차점 Q_2를 얻을 수 있다. 이 때 Q_1과 Q_2를 비교해보면 제너 다이오드에 흐르는 전류는 차이가 크지만, 제너 전압은 거의 12V임을 알 수 있다. 이것이 전압 조정의 원리며, 결국 입력 전압이 많이 바뀌어도 출력 전압은 거의 일정하게 유지된다.

그림 3.54는 브리지 정류기에 제너 다이오드를 병렬로 접속하여 정전압 회로를 구성한 것이다. 제너 다이오드의 항복 특성을 이용하기 위해서 제너 다이오드는 역방향으로 접속한 것이다.

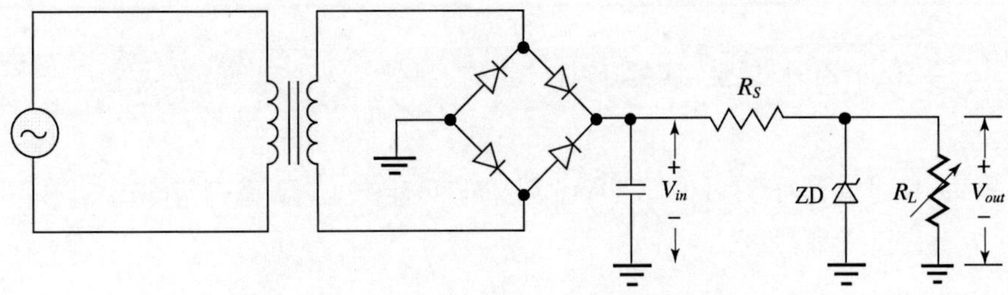

그림 3.54 제너 다이오드를 사용한 정전압 회로

(2) 정전압 IC를 사용한 정전압 회로

정전압 회로에서 가장 많이 사용되는 것이 3단자 레귤레이터 IC이다. 이것은 제너 다이오드 대신에 정전압 IC를 사용한 것이다. 정전압 IC는 일반적으로 78XX 시리즈를 사용한다. 이들 IC를 사용한 정전압 회로에서는 리플을 줄이기 위해서 콘덴서 필터를 주로 사용한다. 입력단의 콘덴서 C_1은 수백μF이고, 출력단의 콘덴서 C_2는 수백pF을 사용한다.

그림 3.55는 78XX 시리즈 IC를 이용한 정전압 회로의 개략도이다. 정류기의 평활 회로에서 나온 전압 V_{in}을 IC의 입력 단자 ①에 접속하고, IC의 ②번 단자를 접지시키면, IC의 ③번 단자는 정전압의 출력 단자가 된다.

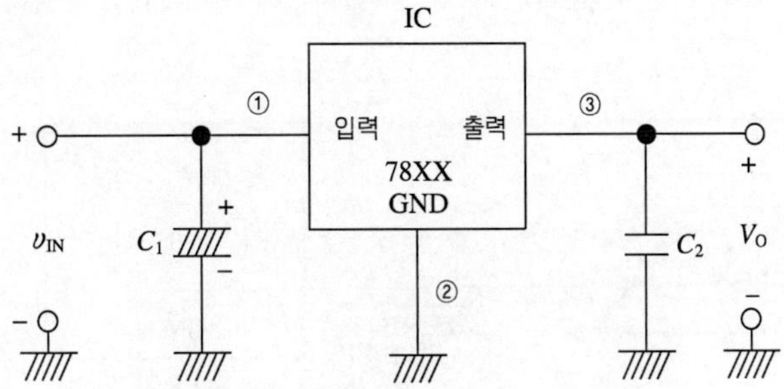

그림 3.55 정전압 IC를 이용한 정전압 회로

[실습 2] 정전압 회로 구성하기

〈학습 목표〉 그림 3.56과 같이 IC 7805를 이용하여 정전압 회로를 구성하고, 파형을 측정하여 리플률을 구해 보자.

〈준비물〉 변압기(220/6[V]), 브리지 다이오드, 콘덴서(250[μF], 470[μF], 100[μF]), IC(7805, 7905), 오실로스코프, 회로 시험기, 브레드 보드

〈실습 방법〉

① 그림 3.56과 같이 브레드 보드 위에 (+) 정전압 전원 장치를 조립한다.

② 입력 신호에 대한 출력 신호를 그림에 표시된 각 위치에서 오실로스코프를 이용하여 측정한다.

③ a 지점과 b 지점에서의 리플률을 비교하여라.

〈심화〉

① 리플률을 줄이기 위하여 콘덴서의 용량을 470[μF] 바꾸어서 측정하여 보자.

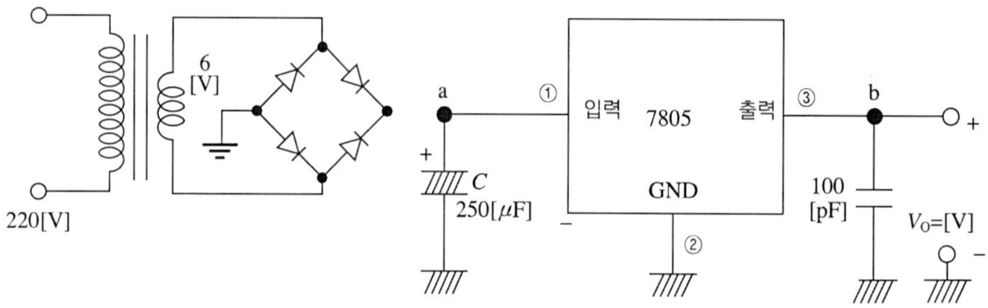

그림 3.56 7805 IC를 이용한 5[V] 정전압 전원 회로

연구문제

1. 다이오드의 종류와 특징을 조사하여 보자.

2. 초등 및 중등학교의 기술 교과서에서 다루고 있는 다이오드의 내용을 조사해 보자.

3. 다이오드 회로에서 바이어스란 무엇인가?

4. 다이오드의 I-V 특성을 요약하여 보자.

5. 생활에서 사용되는 전자기기 중에 정류기를 사용하는 것에는 어떠한 것들이 있는가?

6. 반파 정류, 전파 정류, 브리지 정류 회로의 특징을 비교하여 보자.

7. 정류 회로에서 리플이란 무엇인가?

8. 인버터와 컨버터란 무엇인가?

9. 다이오드의 개발 및 제조 역사를 조사해 보자.

10. PN 접합 다이오드에서 순방향과 역방향 동작을 설명하여라.

11. 다이오드 소자의 정격에는 무엇이 있는지 설명하라.

12. 반파 정류와 전파 정류의 차이점은 무엇인가?

13. PN 접합 다이오드의 공핍층과 전위 장벽은 무엇인가?

14. 브리지 정류 회로의 특성을 설명하시오.

CHAPTER 4

트랜지스터

1 트랜지스터의 구조

1.1 트랜지스터의 역사

과학 기술의 발달에 따라 전기 전자 시대를 거쳐 지금은 정보화 시대를 살고 있다. 전기가 발명되기 전의 중세 시대에는 관련 제품과 기술의 발달도 제한적이었지만, 19세기에 전기가 발명된 이후로 산업도 급속히 발전되기 시작하였다. 우리나라는 1885년에 궁궐에서 처음으로 전기를 사용하였으며 일반인은 1902년부터 사용하기 시작하였다.

특히 진공관의 발명은 전기 전자 시대의 많은 산업 발전을 이루게 하였다. 1907년 미국의 포레스트가 증폭 작용을 할 수 있는 진공관을 발명하였으며, 이어서 진공관을 사용한 진공관 라디오나 진공관 TV 등이 개발되었다. 그런데 진공관은 오래 사용하면 많은 열이 발생하여 수명과 성능에 문제가 발생하였다.

전자 시대의 개막은 트랜지스터가 발명된 이후부터이다. 진공관의 기능을 대신할 수 있는 트랜지스터가 발명됨으로써 전자 산업이 급격히 발달하였다. 트랜지스터는 1948년 미국의 벨연구소에서 쇼클레이, 바딘, 브라텐 세 명의 물리학자가 발명하여 그 후 노벨상을 수상하기도 하였다.

그 당시에는 트랜지스터를 '세 발 달린 마술사'라고 부르기도 하였다. 현재는 실리콘 트랜지스터가 주로 사용되며, 이를 집적시킨 집적 회로(IC)가 컴퓨터 등에 사용되고 있다.

특히 트랜지스터는 크기가 소형이고, 수명이 반영구적이며, 전기에너지 소비가 매우 적으며, 증폭 작용과 스위칭 작용을 할 수 있다는 특징이 있다.

읽을거리

트랜지스터를 발명한 존 바딘(John Bardeen)

20세기 전자 공학의 시초는 반도체부터이다. 존 바딘(1908~1991)은 트랜지스터를 발명한 공로로 브래튼(Brattain) 및 쇼클리(Shockley)와 함께 1956년에 노벨물리학상을 받았다. 또한 초전도체 이론을 정립한 공로로 1972년에는 두 번째 노벨물리학상을 받았다. 아래의 사진은 벨 연구소에서 연구 중인 쇼클리, 바딘, 브래튼(왼쪽부터)의 모습이며, 우측 그림은 이들이 최초로 발명한 점접촉 트랜지스터이다.

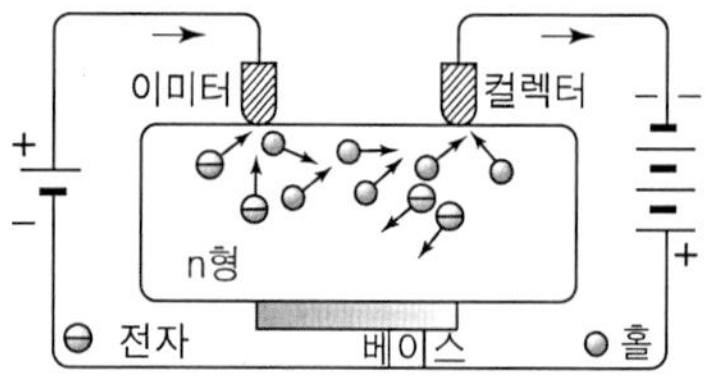

1.2 트랜지스터의 종류

1.2.1 트랜지스터의 종류와 구조

트랜지스터를 분류하는 방법에는 다음과 같이 여러가지가 있다.

첫째, 전압 인가 및 접합에 따라 쌍극성 접합형 트랜지스터(BJT ; Bipolar Junction Transistor)와 전계 효과 트랜지스터(FET ; Field Effect Transistor)로 나눌 수 있다.

둘째, 사용된 반도체 재료의 종류에 따라 실리콘 트랜지스터와 게르마늄 트랜지스터로 나눌 수 있다.

셋째, 트랜지스터의 내부 구조에 따라 npn형 트랜지스터와 pnp형 트랜지스터로 나눌 수 있다.

넷째, 제조 방법에 따라 합금 접합형 트랜지스터, 확산형 트랜지스터 및 성장형 트랜지스터 등으로 나눌 수 있다.

제 4장에서는 BJT에 대하여 주로 배우기로 한다.

그림 4.1은 npn형 및 pnp형 트랜지스터의 구조와 기호를 나타낸 것이다. 트랜지스터 기호에서 이미터 단자의 화살표는 전류 흐름 방향을 나타낸다.

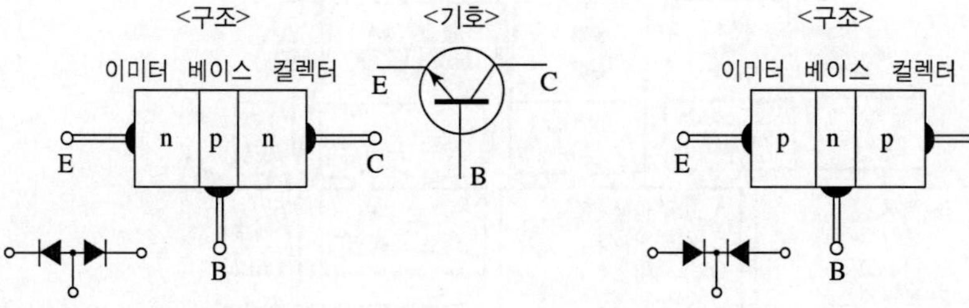

(a) npn형 (b) pnp형

그림 4.1 트랜지스터의 구조와 종류

트랜지스터의 기본적인 구조는 2개의 pn 접합 다이오드가 마주보고 결합된 구조로 생각하면 된다. 그리고 그림 4.2와 같이 트랜지스터에는 세 개의 단자가 있다.

이미터(Emitter) E는 n형 내의 자유전자를 방출하는 역할을 하며, 반대로 컬렉터(Collector) C는 이미터의 n형 영역에서 오는 자유전자를 모으는 역할을 하며, 베이스(Base) B는 이미터와 컬렉터를 분리시키며 트랜지스터의 중심 역할을 한다. J_C는 컬렉터와 베이스의 접합(junction)을 의미하고, J_E는 이미터와 베이스의 접합을 의미한다.

1.2.2 트랜지스터의 명칭

트랜지스터를 사용하려면 규격표를 잘 보고 각 소자의 특성을 파악하여야 한다. 그림 4.3은 트랜지스터 소자의 개별 명칭의 예를 나타낸 것이다. 2는 접합이 두 개인 트랜지스터를 의미하고, S는 반도체의 영문인 Semiconductor의 머리글자를 딴 것이다. C는 고주파용 npn형 트랜지스터를 의미하는데, A와 B는 pnp형이고 C와 D는 npn형 트랜지스터를 의미한다. 466의 숫자는 전자공업협회에 등록된 순서대로 부여하는 번호이다.

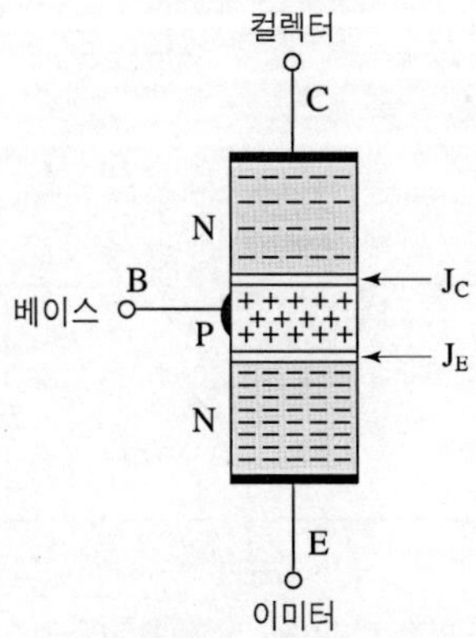

그림 4.2 NPN형 트랜지스터의 E, B, C 단자

그림 4.3 트랜지스터의 명칭 부여 방법

2 트랜지스터의 동작 원리

2.1 트랜지스터의 바이어스

그림 4.5는 npn형 트랜지스터의 바이어스 방법 예를 나타낸 것이다. 이들은 베이스 단자가 공통으로 접지된 회로이므로 공통 베이스(Common Base ; CB) 또는 베이스 접지라고 부른다.

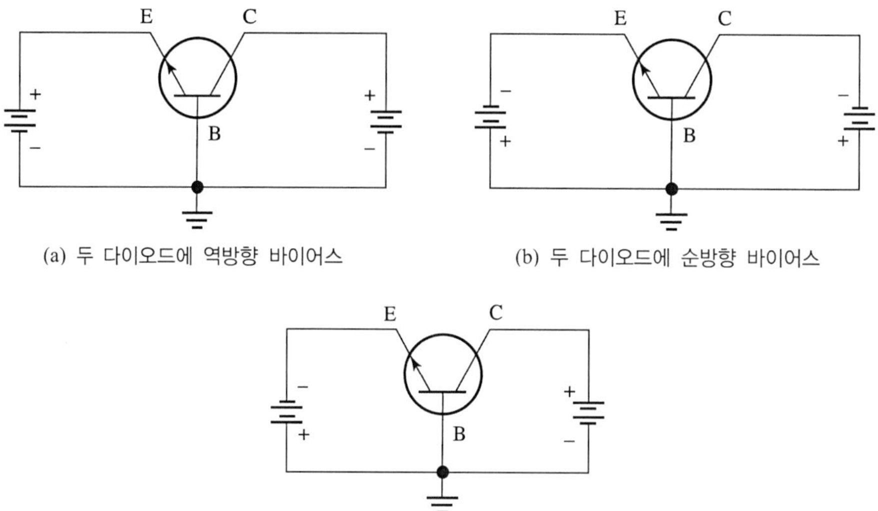

(a) 두 다이오드에 역방향 바이어스

(b) 두 다이오드에 순방향 바이어스

(c) 이미터에 순방향 바이어스 및 컬렉터에 역방향 바이어스

그림 4.5 트랜지스터의 바이어스 예

[실습 3] 회로시험기를 이용한 트랜지스터의 극성 찾기

〈학습 목표〉 회로 시험기를 이용하여 트랜지스터 단자의 극성을 찾을 수 있다.

〈준비물〉 회로시험기, npn형 트랜지스터

〈실습 방법〉

① 회로시험기의 전환 스위치를 저항에 놓는다.

② 회로시험기의 검정색 봉을 트랜지스터의 B단자에 대고, 붉은색 봉을 트랜지스터의 E 및 C단자에 교대로 댄다.

③ 이 때 수~수십[Ω]의 저항값을 나타내면 정상이다.

④ 만일 바늘이 움직이지 않으면 트랜지스터는 불량이다.

⑤ 왜냐하면 회로시험기의 검정색 봉은 (+)전압이 흘러나오므로 npn형 트랜지스터의 베이스(B)가 P형 반도체이기 때문이다.

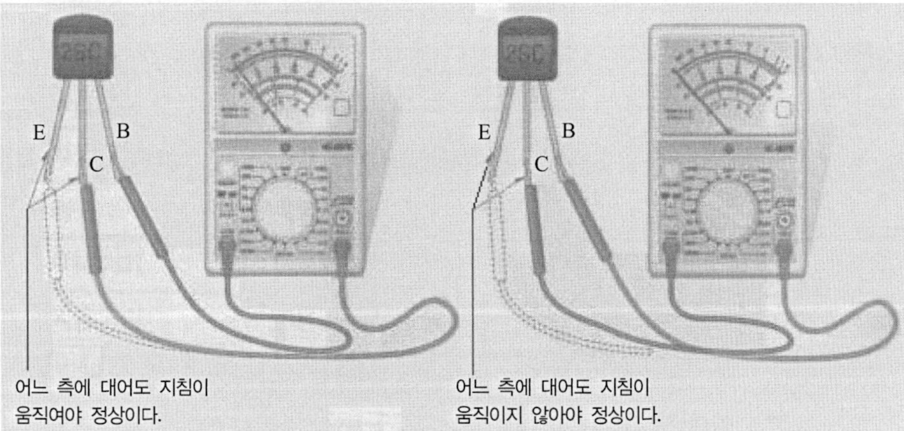

그림 4.4 NPN형 트랜지스터의 단자 찾기

그림 4.5 (a)에서 이미터 단자의 다이오드는 역방향 바이어스(reverse bias)이고, 컬렉터 단자의 다이오드도 역방향 바이어스이다. 두 개의 다이오드가 모두 역방향 바이어스이기 때문에, 전류는 0이다.

그림 (b)에서 이미터 단자의 다이오드는 순방향 바이어스(forward bias)이고, 컬렉터 단자의 다이오드도 순방향 바이어스이다. 따라서, 다이오드에는 과도한 전류가 흐르므로 실용적으로는 사용되지 않는다.

그림 (c)에서 이미터 단자의 다이오드는 순방향 바이어스이고, 컬렉터 단자의 다이오드는 역방향 바이어스이다, 그러므로 이미터 영역에 있는 자유전자는 컬렉터 영역으로 대부분 끌려가기 때문에, 전류는 컬렉터에서 이미터 단자 쪽으로 잘 흐르게 된다.

이와 같이 증폭 회로에서 트랜지스터가 동작하려면 컬렉터 접합에는 역방향 전압이 걸리고, 이미터 접합에는 순방향 전압이 걸려야 한다.

2.2 베이스 접지 회로의 동작 원리

2.2.1 베이스접지 회로의 회로도

그림 4.6은 npn형 트랜지스터의 베이스 접지 회로의 동작 원리를 예로 나타낸 것이다. 그림에서와 같이 이미터 단자에 직렬 접속된 전류계의 눈금이 10mA를 가리킨다고 가정하자. 이것이 이미터 전류 I_E이다. 이미터 전류 I_E는 컬렉터 전류 I_C와 베이스 전류 I_B의 합이다.

$$I_E = I_B + I_C \quad \cdots\cdots (4.1)$$

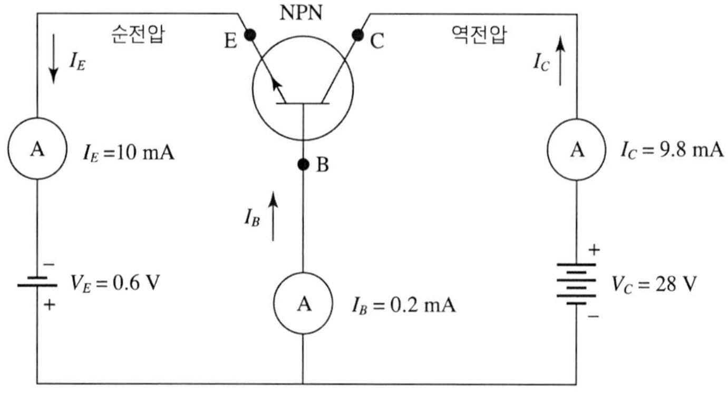

그림 4.6 NPN형 트랜지스터의 베이스 접지 회로

그러므로 트랜지스터의 컬렉터 단자로 흘러 들어오는 전류 I_C는 9.8mA이고, 베이스 단자로 흘러 들어오는 전류 I_B는 0.2mA인 것이다.

만일, 순방향 전압 V_E를 증가시켜 베이스 전류 I_B를 증가시키면, 컬렉터 전류 I_C가 증가한다. 반대로 순방향 전압 V_E를 낮추면, 베이스 전류 I_B가 줄어들고, 컬렉터 전류 I_C도 감소한다. 이것으로부터 트랜지스터는 베이스 전류 I_B에 의하여 컬렉터 전류 I_C를 제어할 수 있다는 원리를 알 수 있다.

표 4.1은 트랜지스터의 베이스 접지(CB), 이미터 접지(CE), 컬렉터 접지(CC) 회로에 대한 각각의 특징을 요약한 것이다.

▶ **표 4.1** 트랜지스터의 공통 접지 방식의 비교

	베이스 접지(CB)	이미터 접지(CE)	컬렉터 접지(CC)
입력 신호	이미터	베이스	베이스
출력 신호	컬렉터	컬렉터	이미터
장점	안정도	높은 이득	높은 r_i
위상 반전	안 일어난다	일어난다	안 일어난다

2.2.2 베이스 접지 회로의 자유전자와 전류

앞에서의 그림 4.6은 npn형 트랜지스터의 베이스 접지 회로에 대한 전류의 흐름을 설명한 것이다. 그러나 트랜지스터의 기본 원리와 동작을 알기 위해서는 트랜지스터 내부에서의 자유전자 이동을 알면 이해가 쉽다.

그림 4.7은 npn형 트랜지스터의 베이스 접지 회로에서 자유전자의 이동을 나타낸 것이다.

① 그림 (a)와 같이 이미터 다이오드에 순방향 바이어스 V_E가 0.7V보다 적게 인가되면 자유전자의 이동은 없고 전류도 안 흐른다.

② 그림 (b)와 같이 이미터 다이오드에 순방향 바이어스 V_E가 0.7V보다 크게 인가되면 n형인 이미터 영역의 자유전자들이 p형인 베이스 영역으로 넘어서 이동한다. 이 때 베이스 영역으로 넘어온 자유전자의 소수는 정공과 결합하기 때문에 이 전류를 재결합(recombination) 전류라고 부른다. 이 때 p형인 베이스는 정공이 적게 도핑되었기 때문에 재결합 전류는 매우 적게 흐르며 이것이 I_B이다.

③ 그림 (c)와 같이 컬렉터 다이오드에 역방향 바이어스 V_C가 V_E보다 매우 큰 전압으로 인가되었을 경우를 생각해 보자. 이미터 영역에서 베이스로 넘어온 자유전자들의 대부분은 컬렉터 단자의 전압 V_C에 이끌려서 컬렉터 영역으로 넘어가게 된다.

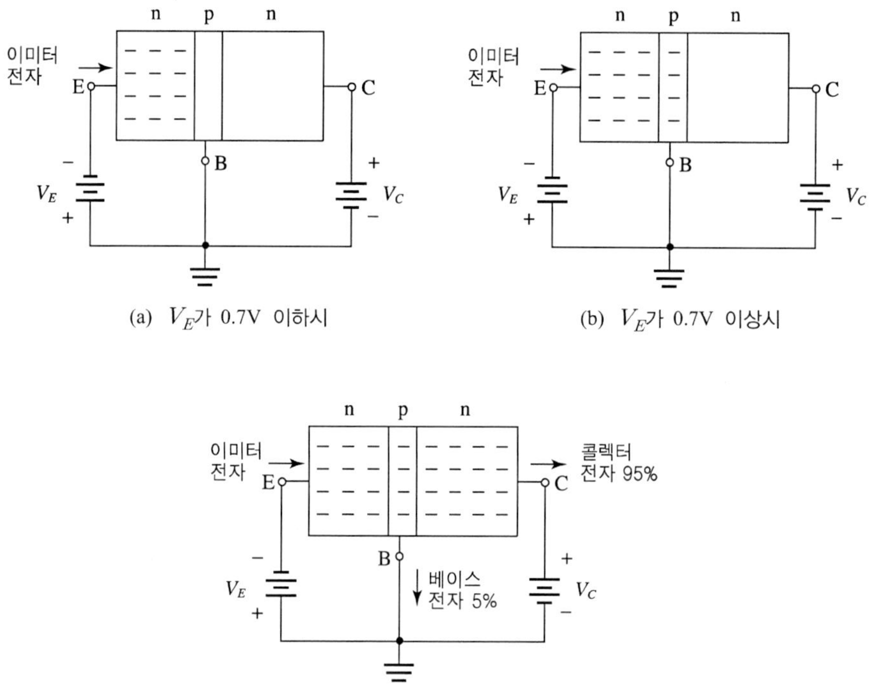

(a) V_E가 0.7V 이하시 (b) V_E가 0.7V 이상시

(c) 매우 높은 V_C 전압 인가시

그림 4.7 NPN형 트랜지스터에서 자유전자의 이동

이와 같이 입력 측의 순방향 바이어스는 이미터 영역의 자유전자를 베이스 영역으로 이동시키며, 얇게 도핑된 베이스는 자유전자가 베이스 영역에서 정공들과 재결합하기 전에 대부분의 자유전자를 컬렉터 영역으로 이동시킨다. 대부분의 트랜지스터에서 이미터에 주입된 자유전자의 95%는 컬렉터로 이동하고, 5%는 베이스의 정공과 재결합한다.

여기서, 베이스 접지 회로에서 이미터 전류 I_B에 대한 컬렉터 전류 I_C의 변화비를 전류 증폭률이라 하고, 기호는 α를 사용한다.

$$\alpha = \frac{I_C}{I_E} \qquad (4.2)$$

전류 증폭률 α는 1보다 항상 작고, 0.95～0.99 정도의 값을 갖는다.

3 이미터 접지 회로

트랜지스터의 공통 접지 방식에는 세 가지가 있음을 표 4.1에서 설명하였다. 일반적으로 npn형 트랜지스터에서는 이미터 접지 방식(또는 공통 이미터 회로라고도 함)을 주로 사용하고 있다.

3.1 이미터 접지 회로에서의 전압과 전류

3.1.1 전압을 가하는 방법

그림 4.8은 npn형 트랜지스터의 이미터 접지 회로에서 전압을 가하는 방법을 나타낸 것이다. 트랜지스터의 사용 목적에 따라 이미터, 베이스, 컬렉터 단자에 전압을 가하는 방법은 여러가지가 있으나, 대부분의 경우에는 그림 4.8과 같이 전압을 가한다.

① 베이스 B와 이미터 E 사이의 전압 V_{BE}는 순방향 전압을 가한다.

② 컬렉터 C와 베이스 B 사이의 전압 V_{CB}는 역방향 전압을 가한다.

여기서 $V_{CB} = V_{CE} - V_{BE}$가 된다.

이러한 두 가지 상태가 되도록 전압을 가하는 것을 능동(active) 상태라고 하며, 트랜지스터의 중요한 기능인 증폭 작용은 이러한 상태의 특성을 이용한 것이다.

B-E 간의 접합면과 C-B간의 접합면 모두에 역방향 전압이 가해진 상태를 차단 상태라고 하고, 두 가지 접합면 모두에 순방향 전압이 가해진 상태를 포화 상태라고 한다. 이 차단 상태와 포화 상태는 트랜지스터가 스위칭 작용을 할 때의 중요한 상태이다.

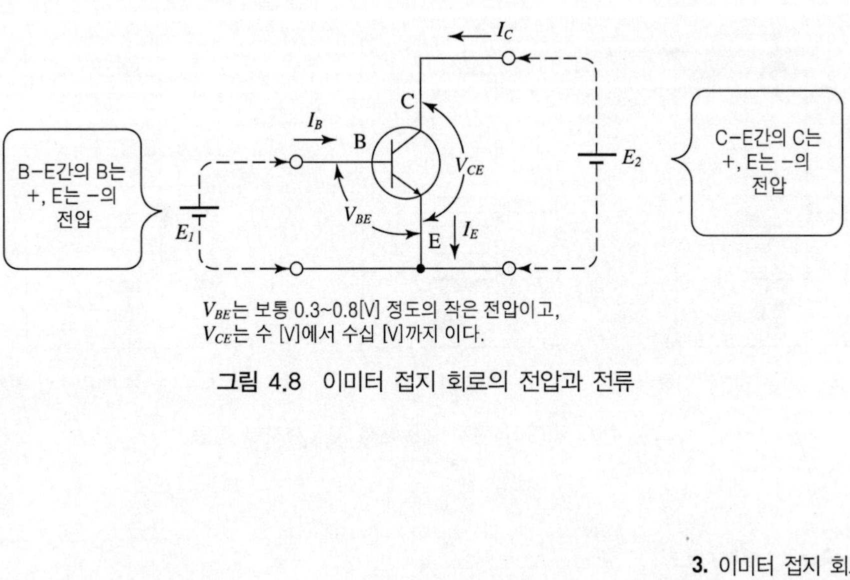

그림 4.8 이미터 접지 회로의 전압과 전류

3.1.2 전류의 흐름

트랜지스터가 능동 상태일 경우에 흐르는 전류의 특징은 다음과 같다.

① I_C는 I_B에 의하여 크게 변화한다.

② I_B는 V_{BE}에 의하여 크게 변화한다.

③ I_C는 V_{CE}에 의하여 크게 변화하지 않는다.

④ 전류 $I_E = I_B + I_C$가 된다.

3.2 이미터 접지 회로의 자유전자 이동

그림 4.9는 npn형 트랜지스터의 이미터 접지 회로에서 전압 인가 시 자유전자의 흐름을 나타낸 것이다.

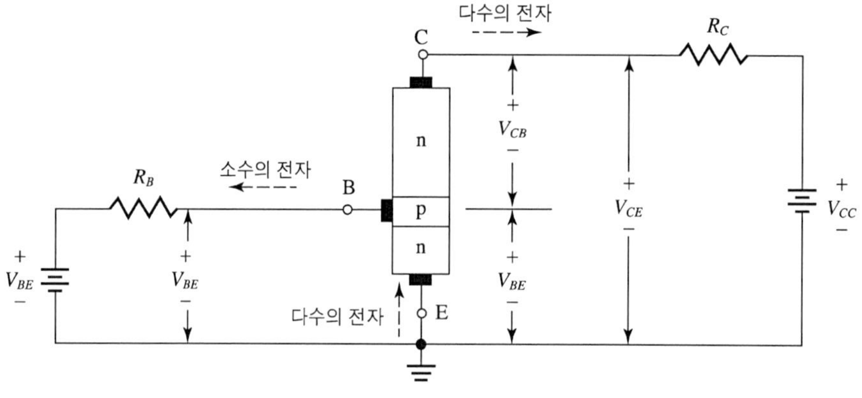

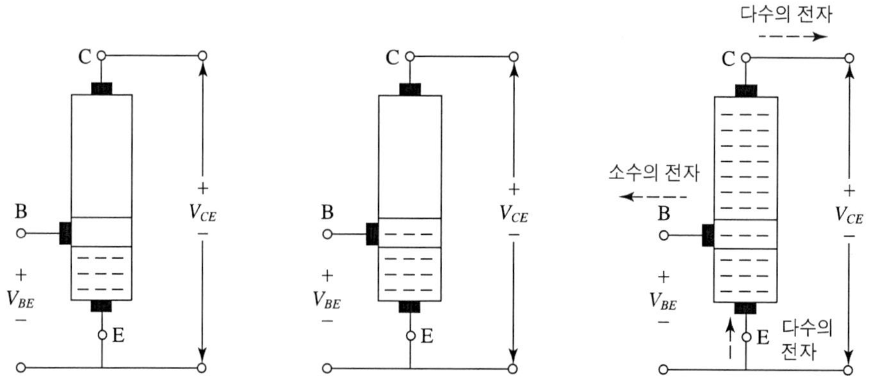

(b) V_{BE}가 0.7V 이하 (c) V_{BE}가 0.7V 이상 (d) 매우 높은 V_{CE} 전압 인가

그림 4.9 이미터 접지 회로에서 자유전자의 이동

① 그림 (a)는 E, B, C 단자에 전압원을 접속한 상태이다.

② 그림 (b)와 같이 B와 E단자 간에 0.7V 이하의 순방향 전압을 가하면 이미터 영역의 자유전자의 이동은 없다.

③ 그림 (c)와 같이 B와 E단자 간에 0.7V 이상의 순방향 전압을 가하면 자유 전자가 베이스 영역으로 넘어간다.

④ 그림 (d)와 같이 C단자에 높은 역전압 V_{CE}를 가하면 베이스로 넘어온 자유 전자가 대부분 컬렉터 영역까지 이동한다. 이 때 $V_{CB}(= V_{CE} - V_{BE})$는 단순히 C와 B 접합면 가까이에 도달한 자유전자들을 컬렉터 쪽으로 끌어들이게 할 뿐이며, 전류 I_C의 크기에는 별로 영향을 주지 않는다.

이와 같이 이미터 접지 회로에서 트랜지스터 내부의 자유전자가 이동하면 트랜지스터 외부에는 전류가 흐르게 된다. 결국 이미터 전류 $I_E = I_B + I_C$가 된다.

그리고 이미터 접지 회로에서는 베이스 전류 I_B가 작게 흘러도 컬렉터 전류 I_C는 크게 되는데, 이를 이미터 접지 회로의 전류 증폭율 β라고 한다.

$$\beta = \frac{I_C}{I_B} \quad \cdots\cdots (4.3)$$

즉, 이미터 접지 회로에서의 전류 증폭률 β는 1보다 훨씬 커서 증폭 작용에 기여한다. 그러나 앞에서 배운 베이스 접지 회로의 전류 증폭율 α는 0.95~0.99이다. 일반적으로 β는 50~300 정도이지만 어떤 것은 1000이 되는 것도 있다.

예제 1

이미터 접지 회로에서 입력 신호가 없을 때 출력 측의 컬렉터 전류가 10mA 흘렀다. 입력 측의 베이스 전류가 0.1mA일 경우, 트랜지스터의 전류 증폭률 β는 얼마인가?

풀이 이미터 접지 회로에서 전류 증폭률 β는 식 (4.3)으로 구할 수 있다.

$$\beta = \frac{I_C}{I_B} = \frac{10\text{mA}}{0.1\text{mA}} = 100$$

4 트랜지스터의 특성

4.1 트랜지스터의 기본 특성

트랜지스터의 특성을 나타낼 때는 전압과 전류의 특성을 고려하여야 한다. 이들 사이의 관계를 그린 것을 특성도라고 하며, 특성도에는 다음의 네 가지가 있다. 그림 4.10은 트랜지스터(2SC458의 경우)의 특성도를 나타낸 것이다.

① I_B를 일정하게 유지했을 때의 V_{CE}와 I_C 관계 (그림 (a))

② V_{CE}를 일정하게 유지했을 때의 I_B와 I_C 관계 (그림 (b))

③ V_{CE}를 일정하게 유지했을 때의 V_{BE}와 I_B 관계 (그림 (c))

④ I_B를 일정하게 유지했을 때의 V_{CE}와 V_{BE} 관계

이 네 가지 그래프 특성 중에서 ④번째의 특성은 거의 이용하지 않으므로 생략한다. 이 밖에도 트랜지스터의 특성을 나타내는 것으로는 최대 정격, h 상수 등이 있다. 최대 정격이란 트랜지스터에 가할 수 있는 전압의 최대값 및 흘릴 수 있는 전류의 최대값을 나타낸 것이다. 그리고 h 상수(hybrid parameter)는 트랜지스터 설계를 할 때 전문가들이 사용하는 것으로 여기서는 생략하기로 한다.

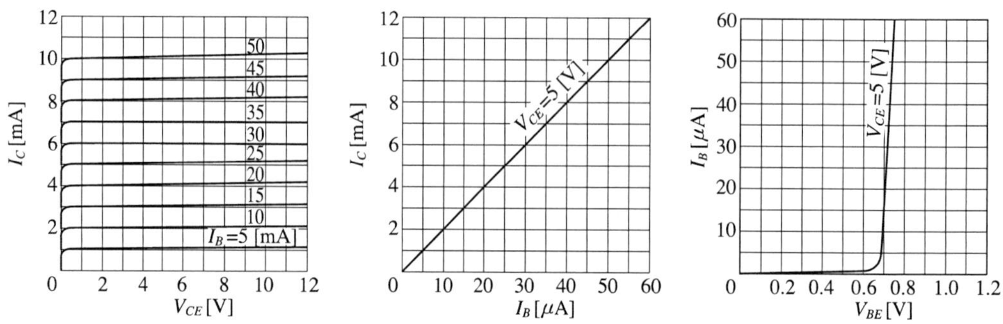

(a) $V_{CE}-I_C$ 특성 (c) I_B-I_C 특성 (b) $V_{BE}-I_B$ 특성

그림 4.10 트랜지스터의 특성도 예

4.2 트랜지스터의 기본 회로

그림 4.11은 간단한 트랜지스터(2SC458의 경우) 회로이며, 이 회로는 트랜지스터의 각종 회로에 사용되는 기본적인 회로이다. 각 단자의 전류 및 전압을 특성 곡선을 이용해서 구해 보기로 하자.

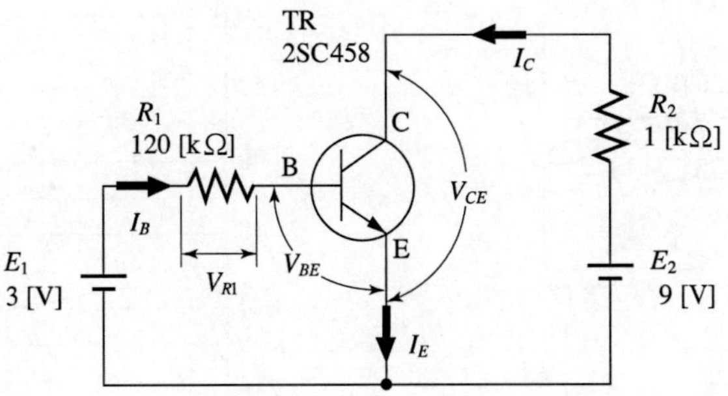

그림 4.11 트랜지스터의 기본 회로

4.2.1 I_B와 V_{BE} 구하기

그림 4.12의 (a)는 트랜지스터의 입력 회로이며, 전류의 경로는 $E_1 \to R_1 \to$ 베이스 $\to$ 이미터 $\to E_1$으로 구성된다. 여기서 E_1, V_{R_1}, V_{BE} 간에는 다음의 관계가 성립된다.

$$E_1 = V_{R_1} + V_{BE} = I_B R_1 + V_{BE} \quad \cdots\cdots (4.4)$$

식 (4.4)에서 I_B를 구하면 다음과 같이 된다.

$$I_B = -\frac{V_{BE}}{R_1} + \frac{E_1}{R_1} \quad \cdots\cdots (4.5)$$

식 (4.5)에 저항 R_1과 전압 E_1의 값을 대입하여 정리하면 다음과 같이 된다.

$$I_B = -\frac{V_{BE}}{0.12} + 25\,[\mu A] \quad \cdots\cdots (4.6)$$

식 (4.6)은 결국 I_B와 V_{BE}의 관계식이며, 여기서 V_{BE}의 단위는 볼트(V)이다.

그림 4.12의 (b)는 이 관계식을 그래프로 나타낸 것이다. 직선 AB를 그릴 때, 식 (4.6)에서 A점은 $V_{BE} = 0$일 때 $I_B = 25\mu A$가 되며, B점은 $V_{BE} = 1$을 대입하면 $17\mu A$를 얻을 수 있다.

그림 4.12의 (c)는 pn 접합의 순방향 다이오드에 대한 $I_B - V_{BE}$ 특성곡선이다.

그림 4.12의 (d)는 그림 (b)와 그림 (c)를 겹쳐서 그린 것으로, 결국 K점에서 I_B 값은 $I_B = 19[\mu A]$, $V_{BE} = 0.7\text{V}$가 된다.

4.2.2 I_C와 V_{CE} 구하기

그림 4.13의 (a)는 트랜지스터의 출력 회로이며, 전류의 경로는 $E_2 \to R_2 \to$ 컬렉터 $\to$ 베이스 $\to$ 이미터 $\to E_2$로 구성된다. 여기서, E_2, V_{R_2}, V_{CE} 간에는 다음의 관계가 성립된다.

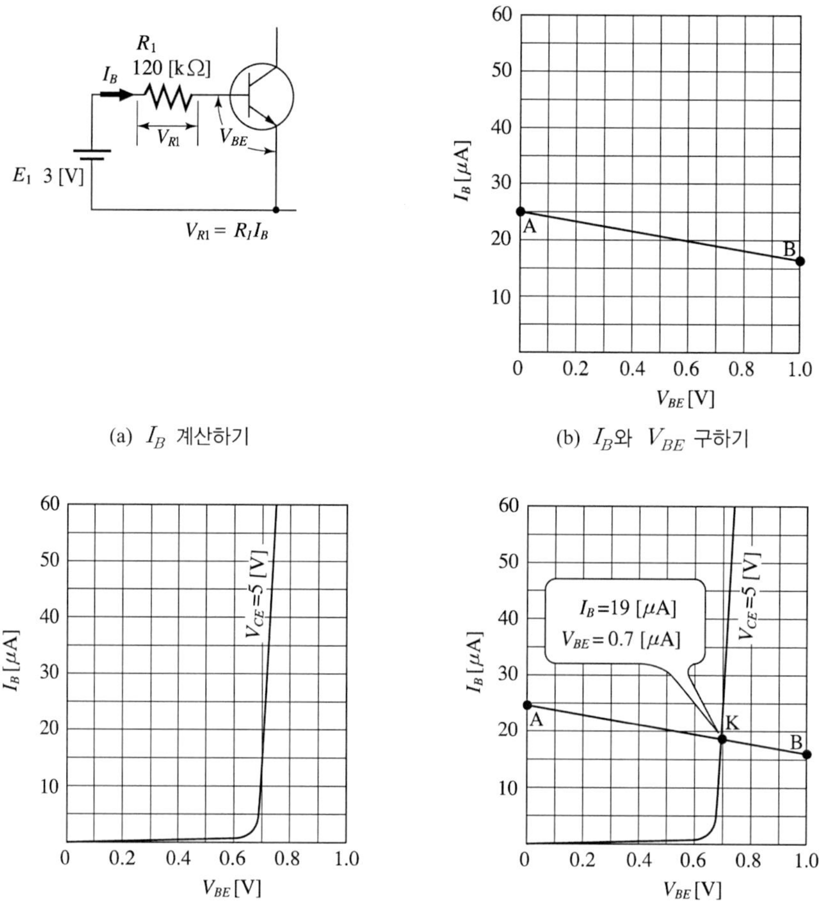

(a) I_B 계산하기 (b) I_B와 V_{BE} 구하기 (c) $I_B - V_{BE}$ 특성 곡선 (d) I_B, V_{BE} 값 구하기

그림 4.12 트랜지스터의 I_B와 V_{BE} 구하는 방법

$$E_2 = V_{R_2} + V_{CE} \quad \cdots\cdots (4.7)$$
$$= I_C R_2 + V_{CE}$$

식 (4.7)에서 I_C를 구하면 다음과 같이 된다.

$$I_C = -\frac{V_{CE}}{R_2} + \frac{E_2}{R_2} \quad \cdots\cdots (4.8)$$

식 (4.8)에 저항 R_2와 전압 E_2의 값을 대입하여 정리하면 다음과 같이 된다.

$$I_C = -V_{CE} + 9[mA] \quad \cdots\cdots (4.9)$$

식 (4.9)는 결국 I_C와 V_{CE}의 관계식이며, 여기서 V_{CE}의 단위는 볼트(V)이다. 그림

4.13의 (b)는 이 관계식을 그래프로 나타낸 것이다. 직선 CD를 그릴 때, 식 (4.9)에서 C점은 $V_{CE}=0$일 때 $I_C=9mA$가 되며, D점은 $I_C=0$일 때 $V_{CE}=9\text{V}$가 된다.

그리고 I_C와 V_{CE}는 그림 4.13의 (c)와 같이 $I_B=19[\mu A]$(일정)일 때의 I_C-V_{CE} 특성곡선 위에 있지 않으면 안된다.

그림 4.13의 (d)는 그림 (b)와 그림 (c)를 겹쳐서 그린 것으로, 결국 P점에서 $I_C=3.8mA$, $V_{CE}=5.3\text{V}$가 된다.

결국, I_C와 V_{CE}는 그림 4.13(b)의 CD 직선상에 있으며, 그림 4.13(c)에서 $I_B=19\mu A$ 곡선상에 있어야만 한다. 이와 같은 과정에 의하여 그림 (b)와 그림 (c)를 겹칠 때 만나는 점 P를 구하면, $I_C=3.8mA$, $V_{CE}=5.3\text{V}$를 구할 수 있는 것이다.

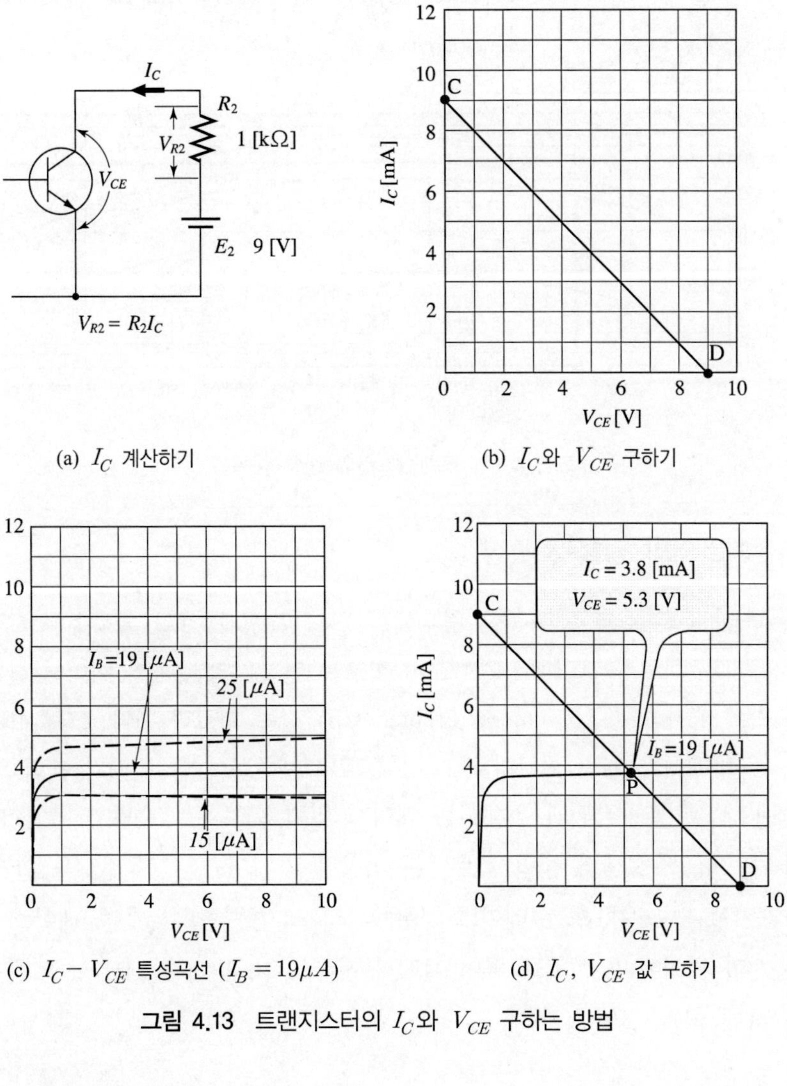

(a) I_C 계산하기

(b) I_C와 V_{CE} 구하기

(c) I_C-V_{CE} 특성곡선 ($I_B=19\mu A$)

(d) I_C, V_{CE} 값 구하기

그림 4.13 트랜지스터의 I_C와 V_{CE} 구하는 방법

4.3 트랜지스터의 특성 곡선

4.3.1 트랜지스터의 온도 특성

트랜지스터는 증폭 회로에 사용되는 핵심 소자이다. 증폭 회로는 트랜지스터가 직류 바이어스로 활성화된 상태에서 미약한 신호를 큰 신호로 증폭시키는 것이다. 이 때 트랜지스터는 전류를 증폭하는 소자인데, 증폭할 수 있는 크기는 트랜지스터의 데이터 표에 나타나 있는 전류 이득이다. 데이터 표의 전류 이득은 h 상수로서 h_{fe}로 많이 표시하지만, 전류 증폭률 β로도 표시한다. 트랜지스터의 전류 증폭률은 컬렉터 전류 및 접합체 온도에 따라 달라지며, 제조상 오차도 많이 발생한다.

그림 4.14는 컬렉터 전류 I_C와 주위 온도 T에 따른 트랜지스터의 전류 증폭률을 나타낸 예이다.

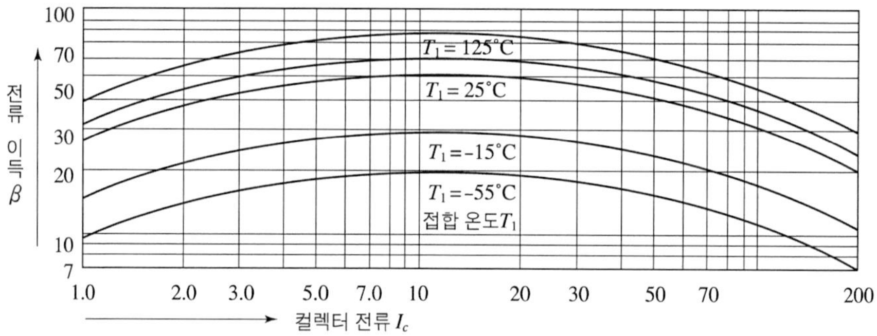

그림 4.14 트랜지스터의 전류 증폭률 β

4.3.2 트랜지스터의 입출력 특성

트랜지스터로 증폭 회로를 구성할 경우에는 입력 특성과 출력 특성을 구해야 한다. 이 때 주로 사용되는 회로가 그림 4.15이다. 이 회로는 전압원의 접지가 이미터 단자와 공통으로 연결되므로, 이미터 공통(Common Emitter, CE) 접속 회로라 한다. 그림 4.15에서 왼쪽의 폐루프 ⓐ를 베이스 입력 회로라 하고, 오른쪽의 폐루프 ⓑ를 컬렉터 출력 회로라 한다.

특히 트랜지스터가 동작되기 위해서는 베이스 입력 회로에는 순방향 바이어스 V_{BB} 전압을 인가해야 하고, 컬렉터 출력 회로에는 역방향 바이어스 V_{CC} 전압을 인가해야 한다. 그리고 전압 V_{BB}의 크기, 또는 베이스 저항 R_B의 크기를 변화시키면, 베이스에 입력되는 직류 전류 I_B가 변화된다. 이로 인하여 컬렉터 전류 I_C가 변하게 되므로, 트랜지스터가 증폭 작용을 하게 되는 것이다.

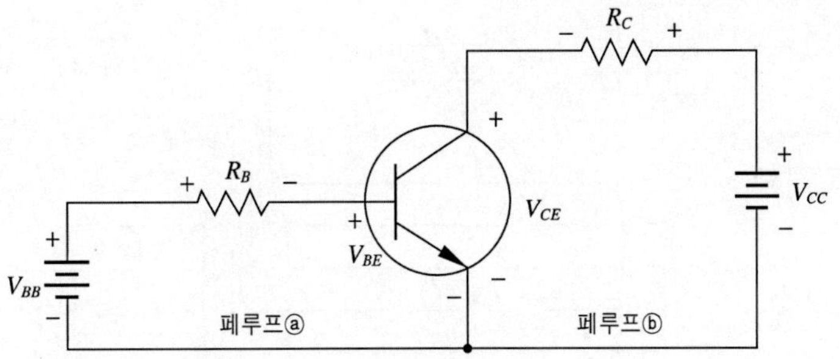

그림 4.15 이미터 공통(CE) 접속 회로

(1) 베이스 입력 특성

그림 4.16은 트랜지스터의 베이스 입력 회로에 대한 $I_B - V_{BE}$ 특성 곡선이다. 이것은 pn 접합 다이오드의 I-V특성 곡선과 같다. 트랜지스터의 베이스와 이미터 사이의 전압 V_{BE}가 0.7V 이상이 되면 베이스 전류 I_B가 급격히 흐르게 된다.

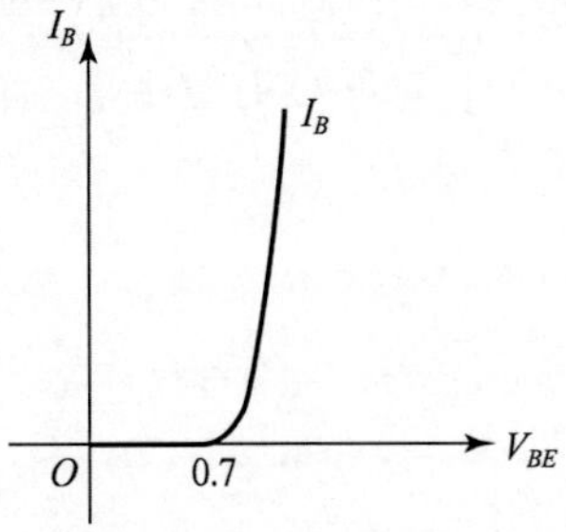

그림 4.16 베이스 입력 특성($V_{BE} - I_B$)

(2) 컬렉터 출력 특성

그림 4.17은 트랜지스터의 컬렉터 출력 회로에 대한 $I_C - V_{CE}$ 특성 곡선이다. 이것은 순방향 바이어스 V_{BB} 전압과 역방향 바이어스 V_{CC} 전압을 변화시킬 때 컬렉터 전류 I_C 및 컬렉터와 이미터 사이의 전압 V_{CE}를 측정한 것이다. 자세한 내용은 앞의 그림 4.13에서 설명하였다.

(3) 트랜지스터의 4가지 동작 영역

그림 4.17에는 트랜지스터의 네 가지 동작 영역을 나타냈으며, 포화 영역, 활성 영역, 항복 영역, 차단 영역으로 나누어 설명하고자 한다.

① 포화 영역

V_{CE}가 0일 경우 컬렉터 다이오드의 전류 I_C는 0이다. 컬렉터 다이오드는 역방향 바이

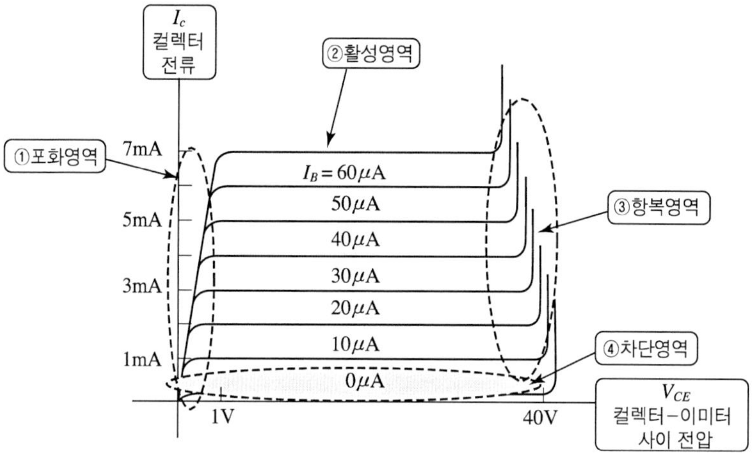

그림 4.17 트랜지스터의 컬렉터 출력 특성 곡선($I_C - V_{CE}$)

어스가 되어 있으므로, 그림 4.17과 같이 V_{CE}를 1V까지 약간 증가시키면 컬렉터 전류 I_C는 급속히 증가하는데, 이 영역을 포화 영역(saturation region)이라고 한다. 이 포화 영역에서 트랜지스터는 스위치 작용 중에서 닫힌(ON) 기능을 하게 된다.

② 활성 영역

V_{CE}가 1~40V 정도 되면 트랜지스터가 정상적으로 증폭 작용을 하여 전류 증폭을 할 수 있다. 그림 4.17과 같이 I_B가 수평 부분인 영역을 트랜지스터의 활성 영역(active region)이라고 한다.

③ 항복 영역

V_{CE}가 40V 이상이 되면 컬렉터 다이오드의 역방향 전압이 너무 커서 다이오드의 항복(breakdown) 현상이 발생한다. 그리하여 그림 4.17에서와 같이 컬렉터 전류 I_C가 급격히 증가하여 과도한 전력 소모가 되므로 트랜지스터가 파괴된다. 이 영역을 항복 영역(breakdown region)이라 한다. 그러므로 증폭 회로 설계 시 트랜지스터가 파괴되지 않도록 컬렉터 전압을 너무 높게 하지 않도록 한다.

④ 차단 영역

그림 4.17에서 입력 전류 I_B가 0 이하인 구간에서는 컬렉터 전류 I_C가 흐르지 않는다. 다만 컬렉터 다이오드의 누설 전류 때문에 I_C 값이 매우 적게 흐를 뿐이며, 이는 무시할 정도이다. 이와 같이 컬렉터 전류 I_C가 0인 구간을 차단 영역(cutoff region)이라 한다. 이 차단 영역에서 트랜지스터는 스위치 작용 중 열린(OFF) 기능을 하게 된다.

4.4 트랜지스터의 증폭 회로와 바이어스

4.4.1 바이어스

트랜지스터가 증폭 작용을 하거나(그림 4.17의 활성 영역), 스위칭 작용(그림 4.17의 포화 영역 및 차단 영역)을 하려면, 트랜지스터가 기본적인 동작을 해야 하는데, 이러한 목적으로 설계된 회로를 바이어스(bias) 회로라고 한다. 바이어스 회로는 입력 측에 교류 신호가 없이 직류 전압과 직류 전류만 있으므로 직류 바이어스 회로라고도 부른다.

4.4.2 부하선과 동작점

그림 4.18은 트랜지스터의 컬렉터 출력 특성 $I_C - V_{CE}$를 나타낸 것이다. 바이어스에 의하여 트랜지스터에 공급되는 베이스 전류 I_B가 정해지면, 트랜지스터 전류 이득 β에 해당하는 만큼 증폭된 컬렉터 전류 I_C와 컬렉터-이미터 사이 전압 V_{CE}가 정해진다.

부하선(load line)이란 베이스 입력 회로와 컬렉터 출력 회로에서 컬렉터 전류 I_C와 전압 V_{CE}를 정할 수 있는데, 이 두 점을 연결한 선을 부하선이라 한다. 부하선은 회로에 흐르는 신호에 따라 직류 부하선과 교류 부하선의 두 종류가 있다. 직류 부하선은 회로에 교류 입력이 없고, 직류 전원만 있어서 트랜지스터 및 회로 소자에 직류 전압과 직류 전류만 흐를 때 I_C와 V_{CE}를 연결한 선이다.

그림 4.18에서 직류 부하선과 컬렉터 출력 특성의 교차점들은 트랜지스터가 직류적으로 동작할 수 있는 점들로 이것이 트랜지스터의 동작점이다.

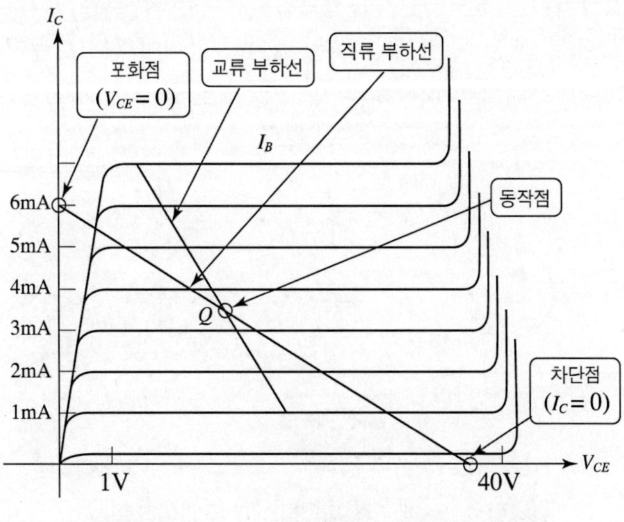

그림 4.18 $I_C - V_{CE}$ 곡선에서 부하선과 동작점

음성 또는 영상 교류 신호가 회로에 입력되면 직류 뿐만 아니라 교류도 같이 흐르게 된다. 증폭 회로에 교류 신호만 있을 때 컬렉터 교류 전류와 컬렉터-이미터 사이의 교류 전압들을 구한 다음 이를 연결하면 교류 부하선이 된다.

4.4.3 바이어스의 종류

트랜지스터를 동작시키기 위해 직류 전압과 직류 전류를 공급하는 바이어스의 종류에는 몇 가지 방식이 있다. 즉, 베이스 바이어스, 이미터 바이어스, 컬렉터 바이어스 및 전압 분배 바이어스 방식이 있다.

(1) 베이스 바이어스

그림 4.19는 트랜지스터의 가장 기본적인 베이스 바이어스(base bias) 회로이다. 베이스 바이어스는 다른 말로 고정 바이어스라고도 한다.

베이스 입력 회로에 있는 순방향 전압 V_{BB} 또는 베이스 입력 저항(또는 바이어스 저항이라고도 함) R_B를 변화시키면, 트랜지스터에 흐르는 베이스 전류 I_B가 변하게 되고, 트랜지스터는 활성 영역에서 동작하게 된다.

일반적으로 베이스 전원은 컬렉터 전원과 같으며, $V_{BB} = V_{CC}$이다. 이 경우에 베이스 저항 R_B와 컬렉터 저항 R_C는 그림 (b)와 같이 컬렉터 전원의 (+)극에 연결된다.

베이스 바이어스는 회로가 간단하고 입력된 신호의 전류 및 전압 성분 모두를 효율적으로 증폭한다. 그러나 베이스 바이어스는 증폭 회로의 주위 온도가 변하면 트랜지스터의 전류 이득이 변화되고 전류와 전압 증폭도도 변화하여 안정적으로 바이어스를 공급할 수가 없다.

따라서 베이스 바이어스는 동작점 Q가 불안정하기 때문에 트랜지스터의 선형동작을 위한 바이어스 방법 중에서 가장 나쁜 방법이다. 베이스 바이어스는 트랜지스터의 포화 영역과 차단 영역을 이용한 스위치로 사용되는 디지털 회로에 주로 사용된다.

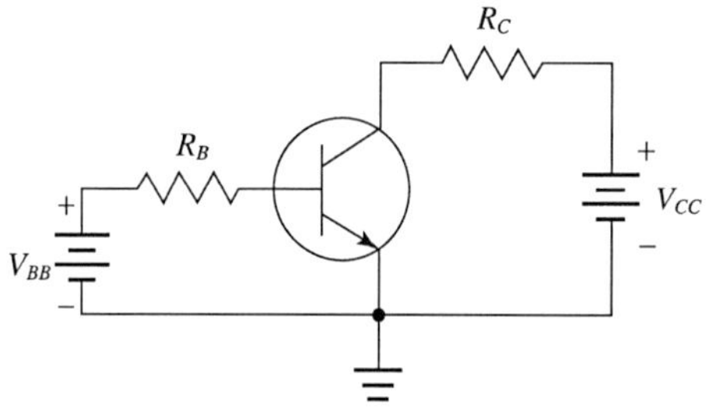

(a) 완전한 회로

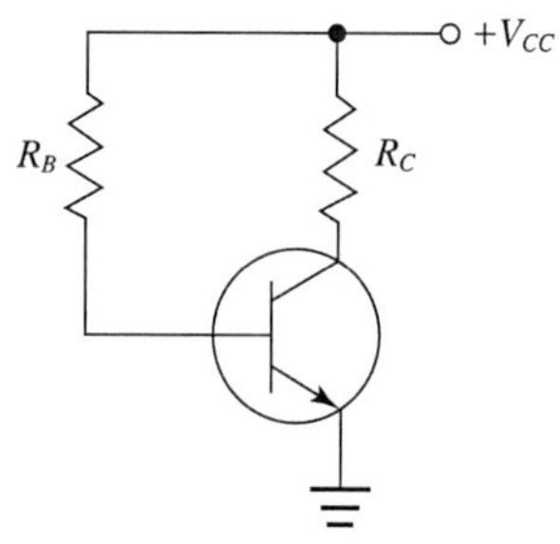

(b) 간략화한 회로

그림 4.19 베이스 바이어스(고정 바이어스)

(2) 이미터 바이어스

그림 4.20과 같이 이미터 바이어스는 베이스 바이어스 방식의 단점을 해결하기 위하여, 이미터에 저항 R_E를 삽입한 바이어스 방식이다.

이미터 바이어스에서는 주위 온도 변화나 트랜지스터 자체 열로 인하여 트랜지스터의 전류 이득이 변하면, 컬렉터 양단에 전압 강하가 생겨 전압 변화가 발생한다. 이 때, 이미터 저항 R_E의 전압 강하를 통해 베이스 입력 회로에 되돌리는 방법으로 바이어스를 안정화시키는데, 이 방식을 음 되먹임 바이어스라고도 한다. 음 되먹임 바이어스 회로는 주위 온도나 트랜지스터 자체 온도가 심하게 변해도 트랜지스터를 안정되게 동작시킨다.

이미터 바이어스 회로에서 중요한 것은 β_{dc}의 변화를 줄이기 위하여 이미터 저항 양단에 걸리는 전압을 이용하는 것이다. 예를 들어, 컬렉터 전류가 증가하면 이미터 저항에 걸리는 전압이 증가된다. 이것은 곧 베이스 저항 양단의 전압을 감소시키며 따라서 베이스 전류도 감소한다. 베이스 전류가 감소하면 컬렉터 전류도 감소하게 되므로, 결국 β_{dc}의 변화량을 줄일 수 있다.

이미터 바이어스는 이미터 귀환 바이어스라고도 한다. 이미터 바이어스는 컬렉터 전류의 증가로 인하여 이미터 저항 양단의 전압이 증가되는 것을 이용한 것이다. 이러한 이미터 저항 양단 전압의 증가는 베이스 전류와 컬렉터 전류의 감소를 동시에 가져온다. 그러나 실제로 회로는 저항값 때문에 그렇게는 잘 동작하지 않고, 또 실제 회로에서는 가능한 한 큰 값의 이미터 저항을 필요로 한다. 그러나 컬렉터의 포화 현상을 방지하기 위해서는 상대적으로 이미터 저항을 작게 하여야 한다.

여기서 입력량(베이스 전류)에 변화를 주는 출력량(컬렉터 전류)을 나타내기 위해서 귀환(feedback, 되먹임)이란 용어가 사용된 것이다. 이미터 저항이 출력회로와 입력 회로에 공통으로 작용하기 때문에 귀환 요소가 된다.

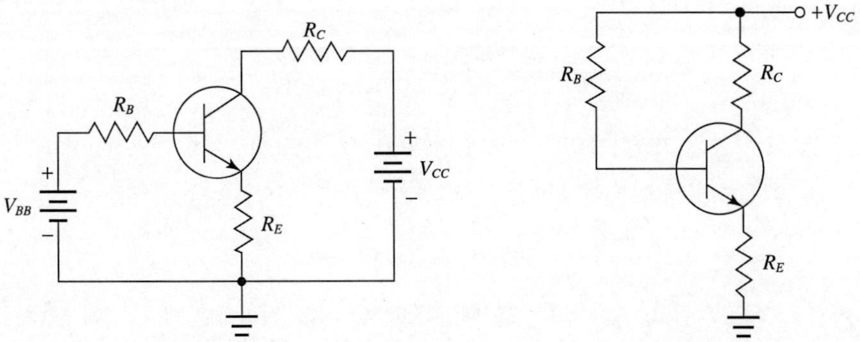

(a) 완전한 회로 (b) 간략화된 회로

그림 4.20 이미터 바이어스(이미터 귀환 바이어스)

예제 2

그림 4.21의 (a)에서 컬렉터의 포화 전류를 계산하자. 그리고 β_{dc}가 100과 300일 경우에 각각 컬렉터 전류를 구하시오.

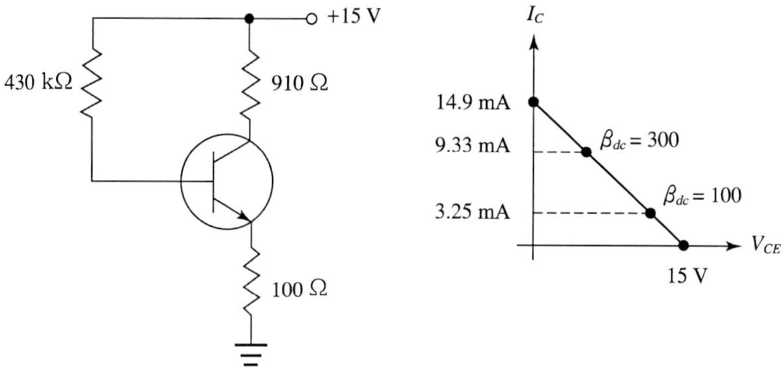

(a) 이미터 바이어스 회로 (b) 직류 부하선

그림 4.21 예제 2

풀이 ① 우선, 그림 4.20(b) 출력 회로에서 키르히호프의 전압 법칙을 적용하면 다음 식이 된다.

$$V_{CC} = I_C R_C + V_{CE} + I_E R_E$$

여기서, I_C와 I_E가 거의 같다고 가정하여, 위 식을 정리하면 다음 식이 된다.

$$I_C \approx \frac{V_{CC} - V_{CE}}{R_C + R_E}$$

따라서, 그림 4.21의 (b)에서 부하선의 세로축과의 교점은 $V_{CE} = 0$인 $V_{CC}/(R_c + R_E)$의 포화 전류를 가지며, 가로축과의 교점은 $I_C = 0$인 V_{CC}의 차단 전압을 갖는다는 것을 알 수 있다.

따라서 컬렉터의 포화 전류 $I_{C(sat)}$는 다음과 같이 구할 수 있다.

$$I_{C(sat)} = \frac{V_{CC}}{R_C + R_E} = \frac{15\,V}{910\Omega + 100\Omega} = 14.9mA$$

② β_{dc}의 영향을 고려하기 위하여 그림 4.20 (b)의 입력 회로에서 키르히호프의 전압 법칙을 적용하면 다음 식이 된다.

$$V_{CC} = I_B R_B + V_{BE} + I_E R_E$$

여기서, $I_E \approx I_C$이고, $I_B = I_C/\beta_{dc}$를 대입하고, 위 식을 정리하면 다음 식이 된다.

$$I_C \approx \frac{V_{CC} - V_{BE}}{R_E + R_B/\beta_{dc}}$$

따라서 $\beta_{dc}=100$일 때, I_C는

$$I_C \approx \frac{15\,V-0.7\,V}{100\Omega+430k\Omega/100}=3.25mA$$

가 되고, $\beta_{dc}=300$일 때, I_C는

$$I_C \approx \frac{15\,V-0.7\,V}{100\Omega+430k\Omega/300}=9.33mA$$

가 된다. 이를 그림 4.21 (b)의 부하선에 나타냈다.

---

(3) 컬렉터 바이어스

그림 4.22는 컬렉터 바이어스 또는 자기 바이어스 회로를 나타낸 것이다.

이 회로에서는 베이스 저항 R_B가 전원 쪽보다는 컬렉터 단자 쪽으로 귀환되고 있는데, 이것이 베이스 바이어스와 다른 점이다.

여기서 귀환 작용(feedback action)에 대하여 알아보기로 하자.

우선, 온도가 증가하게 되면 그림 4.22의 (a)에서 β_{dc}가 증가하게 되고 따라서 컬렉터 전류가 증가할 것이다. 컬렉터 전류가 증가하자마자 컬렉터-이미터간 전압 V_{CE}가 감소하며(R_C 양단에 전압이 더 크게 나타난다), 이러한 현상은 베이스 저항 R_B 양단의 전압이 줄어들고, 베이스 전류 I_B도 감소함을 의미한다. 베이스 전류가 줄어들면 컬렉터 전류의 증가분이 상쇄된다. 이러한 점이 컬렉터 바이어스가 이미터 바이어스보다 좋은 점이다.

다음은 직류 부하선(DC load line)에 대하여 알아보기로 한다.

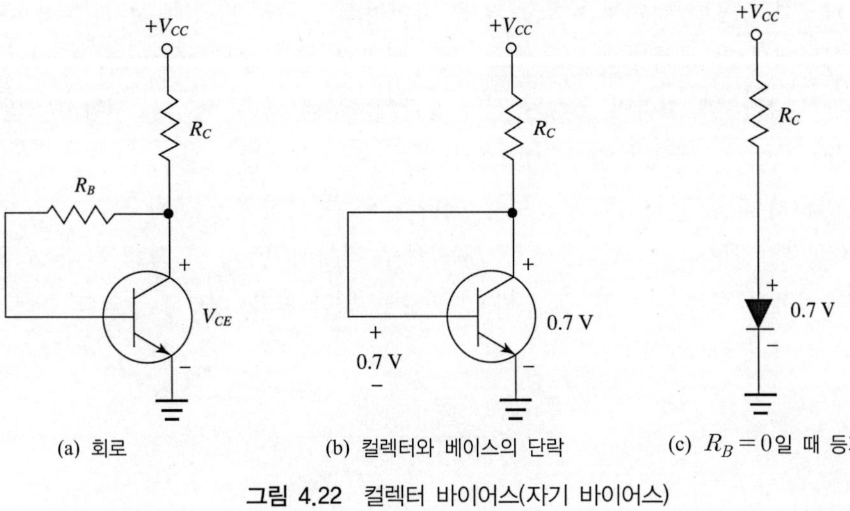

(a) 회로　　(b) 컬렉터와 베이스의 단락　　(c) $R_B=0$일 때 등가회로

그림 4.22 컬렉터 바이어스(자기 바이어스)

그림 4.22 (a)에서 컬렉터 루프에 키르히호프 전압 법칙을 적용하여 보자

$$V_{CC} = (I_C + I_B)R_C + V_{CE}$$

여기서 I_B는 I_C에 비하여 동작 영역 내에서는 매우 작으므로 I_B를 무시할 수 있다. 그러므로 윗 식을 다시 정리하면 다음과 같이 된다.

$$I_C = \frac{V_{CC} - V_{CE}}{R_C}$$

따라서, 부하선의 세로축과의 교점은 V_{CE}가 0일 때도 V_{cc}/R_c의 포화 전류를 가지며, 가로축과의 교점은 I_C가 0일 때도 V_{CC}의 차단 전압을 가지게 된다.

그림 4.22의 (b)는 베이스 저항 R_B가 단락된 컬렉터 바이어스 회로를 나타낸 것으로, V_{CE}는 0.7V보다 크다는 것에 주의하여야 한다. 왜냐하면 0.7V는 베이스-이미터 단자간의 전압 강하이기 때문이다. 이 때의 컬렉터 전류 I_C는 대략 다음과 같이 구할 수 있다.

$$I_C = \frac{V_{CC} - 0.7}{R_C} \qquad \cdots\cdots (4.10)$$

이 식에서 알 수 있듯이 I_C는 직류 부하선의 상단 끝인 V_{cc}/R_c보다 약간 적다.

그림 4.22의 (c)는 베이스 저항 R_B가 단락된 경우의 등가 회로이다. 베이스가 컬렉터와 단락되었기 때문에 트랜지스터는 다이오드처럼 동작한다. 이것은 집적회로(IC)에서는 중요한 개념이다.

(4) 전압 분배 바이어스

그림 4.23은 전압 분배 바이어스 또는 범용 바이어스 회로를 나타낸 것이다. 이 바이어스는 선형 회로에서 가장 폭넓게 사용되고 있다. 여기서 전압 분배기(voltage divider)라는 용어는 저항 R_1과 R_2에 의하여 구성된 전압 분배기로부터 나온 것이다. 저항 R_2 양단의 전압은 이미터 다이오드에 순방향 바이어스를 걸어주는 것이다.

그림 4.23의 (a) 회로에서 전압과 전류를 구하고, 직류 부하선을 구해 보자.

① 트랜지스터의 베이스에 흐르는 전류 I_B는 매우 작아서 V_{CC} 및 저항 R_1과 R_2의 전압 분배기에는 영향을 끼칠 수 없다. 그러므로 전압 분배 회로에 흐르는 전류 I는 다음과 같이 구할 수 있다.

$$I = \frac{V_{CC}}{R_1 + R_2} \qquad \cdots\cdots (4.11)$$

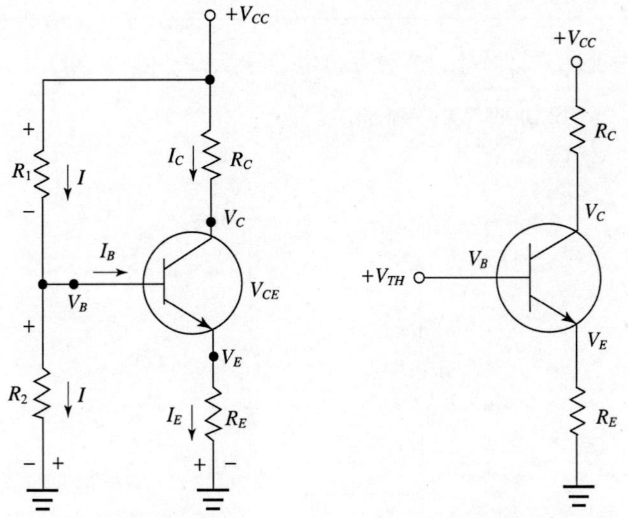

(a) 완전한 회로 (b) 간략화한 회로

그림 4.23 전압 분배 바이어스

② 베이스 전압 V_B는 다음과 같이 구할 수 있다.

$$V_B = IR_2 \quad \cdots\cdots (4.12)$$

③ 이미터 전압 V_E는 베이스 전압 V_B를 사용하여 구할 수 있다. 트랜지스터가 정상적으로 동작을 할 경우에 베이스-이미터 간 전압 V_{BE}는 0.7V이므로 이미터 전압 V_E는 다음과 같이 구할 수 있다.

$$V_E = V_B - V_{BE} \quad \cdots\cdots (4.13)$$

④ 이미터 저항에 흐르는 전류 I_E는 다음과 같이 구할 수 있다.

$$I_E = \frac{V_E}{R_E} \quad \cdots\cdots (4.14)$$

⑤ 컬렉터 저항에 흐르는 전류 I_C는 I_E와 다음의 관계에 있다.

$$I_E = I_B + I_C \approx I_C \quad \cdots\cdots (4.15)$$

⑥ 따라서, 컬렉터 전압 V_C는 다음과 같이 구할 수 있다.

$$V_C = V_{CC} - I_C R_C \quad \cdots\cdots (4.16)$$

⑦ 컬렉터-이미터 간 전압 V_{CE}는 다음과 같이 구할 수 있다.

$$V_{CE} = V_C - V_E = V_{CC} - I_C R_C - V_E \quad \cdots\cdots (4.17)$$

예제 3

그림 4.24의 회로에서 $V_{CC} = 10\,V$, $R_1 = 10k\Omega$, $R_2 = 2.2k\Omega$, $R_E = 10k\Omega$, $R_C = 3.6\,k\Omega$ 일 때, 각 회로의 전압과 전류를 구하시오.

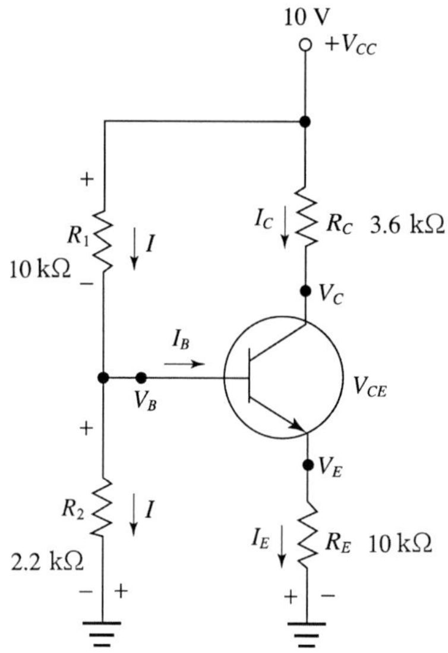

그림 4.24 예제 3

풀이 본문에서 설명한 순서대로 풀면 전압과 전류를 구할 수 있다

① 우선, 전압 분배기에 흐르는 전류 I는 식 (4.11)에 의하여 구할 수 있다.

$$I = \frac{V_{CC}}{R_1 + R_2} = \frac{10\text{V}}{10\text{k}\Omega + 2.2\text{k}\Omega} = 0.82\text{mA}$$

② 베이스 전압 V_B는 식 (4.12)에 의하여 구할 수 있다.

$$V_B = IR_2 = 0.82\text{mA} \times 2.2\text{k}\Omega = 1.804\text{V}$$

③ 이미터 전압 V_E는 식 (4.13)에 의하여 구할 수 있다.

$$V_E = V_B - V_{BE} = 1.804\text{V} - 0.7\text{V} = 1.104\text{V}$$

④ 이미터에 흐르는 전류 I_E는 식 (4.14)에 의하여 구할 수 있다.

$$I_E = \frac{V_E}{R_E} = \frac{1.104\text{V}}{10\text{k}\Omega} = 0.1104\text{mA}$$

⑤ 컬렉터 전류 I_C는 식 (4.15)에 의하여 구할 수 있다.

$$I_C \approx I_E = 0.1104\text{mA}$$

⑥ 컬렉터 전압 V_C는 식 (4.16)에 의하여 구할 수 있다.

$$V_C = V_{CC} - I_C R_C = 10 - (0.1104\text{mA} \times 3.6\text{k}\Omega) = 9.603\text{V}$$

⑦ 컬렉터-이미터간 전압 V_{CE}는 식 (4.17)에 의하여 구할 수 있다.

$$V_{CE} = V_C - V_E = 9.603\text{V} - 1.104\text{V} = 8.499\text{V}$$

한편, 전압 분배 바이어스 회로의 회로 해석과 직류 부하선을 그려서 동작점을 구하는 방법은 다음과 같다.

그림 4.23의 (a)에서 베이스 단자를 개방할 때 전압 분배기의 테브난 전압 V_{TH}는 다음과 같다.

$$V_{TH} = \frac{R_2}{R_1 + R_2} Vcc \qquad (4.18)$$

이제 가상적으로 베이스 단자를 다시 접속한다. 전압분배기가 안정적이라면 테브난 전압의 99% 이상이 베이스를 구동시킨다. 즉 그림 4.23 (a)의 회로는 그림 (b)와 같이 간략화 된다. 이는 가변 전류원처럼 동작되는 것이며, 이미터 전류 I_E는

$$I_E = \frac{V_{TH} - V_{BE}}{R_E} \qquad (4.19)$$

가 되고, 컬렉터 전류 I_C는

$$I_C \approx I_E \qquad (4.20)$$

가 된다.

그림 4.25는 그림 4.23 (a)의 회로에 테브난 정리를 이용하여 나타낸 테브난 등가 회로이다. 이 등가 회로에서 테브난 저항 R_{TH}는

$$R_{TH} = \frac{R_1 R_2}{R_1 + R_2} = R_1 // R_2 \qquad (4.21)$$

이다.

직류 부하선을 그리기 위하여 그림 4.25의 컬렉터 루프에 키르히호프의 전압법칙을 적용하면 I_C는

$$I_C = \frac{V_{CC} - V_{CE}}{R_C + R_E} \qquad (4.22)$$

가 되고, 이 식에서 V_{CE}가 0일 때 I_C는 포화 전류가 되어

$$I_{C(sat)} = \frac{V_{CC}}{R_C + R_E} \qquad (4.23)$$

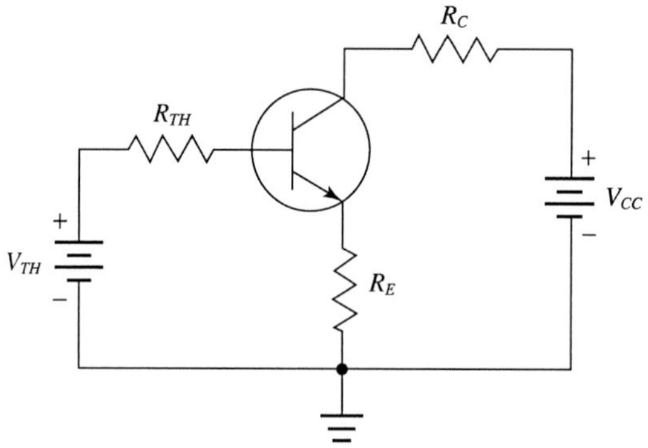

그림 4.25 그림 4.23의 테브난 등가 회로

가 되고, 하단 끝이 V_{CC}로 차단 전압임을 알 수 있다.

끝으로, 트랜지스터 회로의 고장 시 문제 해결(trouble shooting)을 위하여 접지에 대한 트랜지스터의 각 단자 전압들을 측정하면 편리하며, 그 값들은 다음과 같이 구할 수 있다.

컬렉터 전압 V_C는

$$V_C = V_{CC} - I_C R_C \qquad (4.24)$$

이고, 이미터 전압 V_E는

$$V_E = V_{TH} - V_{BE} \qquad (4.25)$$

이고, 컬렉터-이미터 간 전압 V_{CE}는

$$V_{CE} = V_C - V_E \qquad (4.26)$$

이다.

예제 4

그림 4.26 (a)의 회로는 안정된 전압 분배기이다. 직류 부하선과 동작점 Q를 그려 보시오.

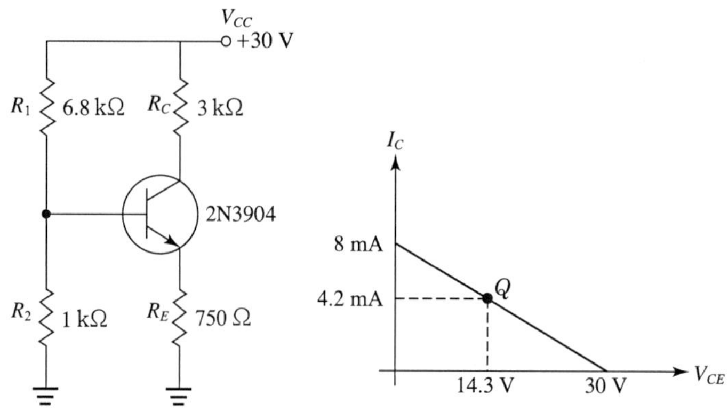

(a) 회로 (b) 직류 부하선과 동작점

그림 4.26 전압 분배 바이어스

풀이 다음의 순서에 의하여 부하선과 동작점을 구할 수 있다.

① 가상적으로 트랜지스터의 컬렉터부터 이미터까지 개방하면, 모든 공급 전압이 컬렉터-이미터 단자 사이에 나타난다. 이것은 직류 부하선의 하단 끝이 차단 전압 30V를 가짐을 의미한다.

② 다음은 컬렉터에서 이미터까지 단락되었다고 가정하면, 저항 R_C는 포화 전류 $I_{C(sat)}$가 흐르는 R_E와 직렬 연결로 볼 수 있다. 그러므로 포화 전류 $I_{C(sat)}$는 식 (4.23)으로부터

$$I_{C(sat)} = \frac{V_{CC}}{R_C + R_E} = \frac{30\text{V}}{3000\Omega + 750\Omega} = 8\text{mA}$$

가 되고, 이것이 직류 부하선의 상한 끝을 나타낸다.

③ 안정된 전압 분배기는 테브난 전압 V_{TH}를 식 (4.18)로부터 계산할 수 있게 한다.

$$V_{TH} = \frac{R_2}{R_1 + R_2} V_{CC} = \frac{1000\Omega}{6800\Omega + 1000\Omega} \times 30\text{V} = 3.85\text{V}$$

이미터 전류 I_E와 컬렉터 전류 I_C는 식 (4.19)로부터 다음과 같이 된다.

$$I_E \approx I_C = \frac{V_{TH} - V_{BE}}{R_E} = \frac{3.85\text{V} - 0.7\text{V}}{750\Omega} = 4.2\text{mA}$$

④ 컬렉터 전압 V_C는 식 (4.16)으로부터

$$V_C = V_{CC} - I_C R_C = 30 - (4.2\text{mA} \times 3\text{k}\Omega) = 17.4\text{V}$$

가 되고, 이미터 전압 V_E는 식 (4.25)로부터

$$V_E = V_{TH} - V_{BE} = 3.85\text{V} - 0.7\text{V} = 3.15\text{V}$$

가 되고, 컬렉터-이미터간 전압 V_{CE}는 식 (4.26)으로부터

$$V_{CE} = V_C - V_E = 17.4\text{V} - 3.15\text{V} = 14.3\text{V}$$

가 된다.

따라서 그림 4.26 (b)와 같이 $I_{C(sat)} = 8\text{mA}$와 차단 전압 $V_{CE} = 30\text{V}$를 직선으로 연결하면 직류 부하선이 된다. 그리고 나서 위의 계산에서 구한 $I_C = 4.2\text{mA}$와 $V_{CE} = 14.3\text{V}$가 만나는 교차점이 트랜지스터의 동작점 Q가 되는 것이다.

4.5 증폭 회로

4.5.1 교류 신호의 증폭

트랜지스터는 직류 신호도 증폭하지만 음성 신호 및 고주파 교류 신호도 증폭한다. 그림 4.27의 (a)는 트랜지스터에 직류 전압만을 가했을 때의 동작이고, 그림 (b)는 교류 신호 전압만을 가했을 때의 동작이다.

결국 트랜지스터를 항상 동작시키기 위해서는 그림 (c)와 같이 교류 입력 신호와 직렬로 일정한 직류 전압을 베이스에 가해 주어야 한다. 이 때 가해주는 일정한 직류 전압 V_{BB}를

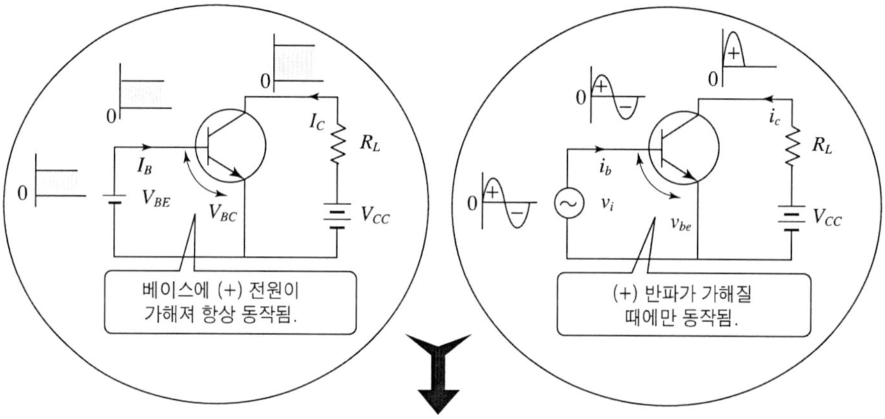

(a) 직류 전압만 가했을 때 (b) 교류 신호 전압만 가했을 때

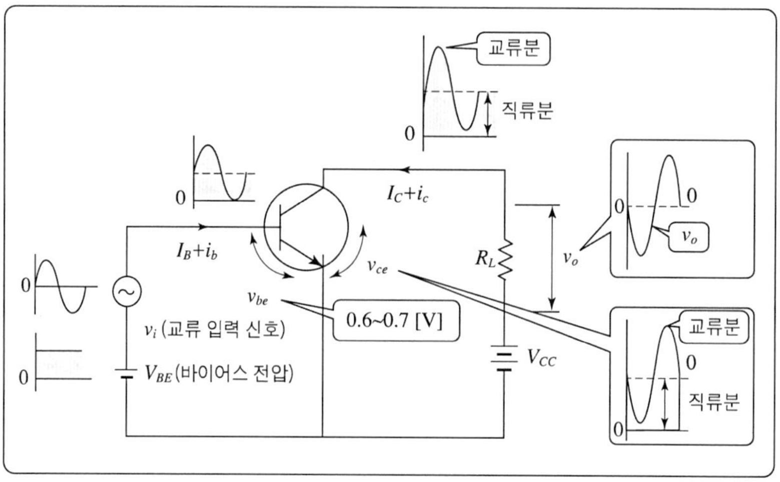

(c) 직류와 교류 신호 전압을 동시에 가했을 때

그림 4.27 트랜지스터의 교류 신호의 기본 증폭 회로

바이어스 전압(bias voltage)이라고 한다.

그림 4.27의 (c)의 증폭 회로에서 컬렉터 전압과 전류와의 관계를 알아보자.

우선 직류 전압만 인가된 경우를 생각해 보면, 컬렉터 출력 전압은 $V_{CC} - I_C R_L$의 값을 유지한다. 여기에 교류 신호 v_i를 가해 주면, 직류 전압과 겹쳐서 증폭된 $I_c + i_c$의 컬렉터 전류가 흐른다.

그러므로 컬렉터 출력 전압(v_{CE})은 $V_{CC} - I_C R_L - i_C R_L$로 나타나는데, 여기서 $V_{CC} - I_C R_L$은 직류분이고, $i_C R_L$은 i_c가 시간에 따라 변화하는 교류분이다.

따라서, i_c가 증가하면 v_{CE}는 감소하고, i_c가 감소하면 v_{CE}는 증가하므로, 출력 전압 및 전류는 입력에 대하여 180°의 위상차가 발생한다.

그림 4.27 (c)의 증폭 회로에서 부하 저항 R_L은 증폭된 출력 전류를 전압으로 얻어내기 위한 것이다. 여기서 교류 출력 전압 v_0만을 생각하면 $-i_C R_L$로 된다. 그러므로 R_L의 값을 크게 하면 베이스 입력 전압보다 더 큰 출력 전압으로 증폭할 수 있다.

그림 4.28은 기본적인 전류 되먹임 증폭 회로를 나타낸 것이며, 일반적으로 음성 신호와 같은 저주파는 이 원리에 의하여 증폭된다. 이 증폭 회로에서 트랜지스터의 베이스에 인가되는 전압은 바이어스 저항을 통하여 일정하게 공급된다. 그리고 콘덴서를 이용하여 직류분을 제거하며, 증폭된 교류 출력 신호를 얻는다.

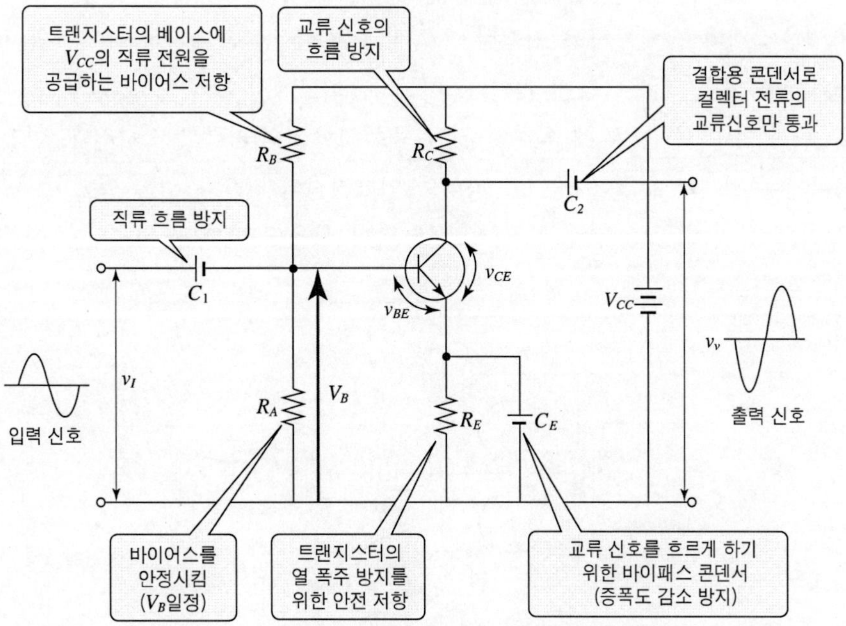

그림 4.28 전류 되먹임 증폭 회로

4.5.2 전력 증폭

마이크로폰 등에서 변환된 미약한 전기 신호는 소신호 증폭 회로에 의하여 어느 정도 증폭할 수 있다. 그러나 스피커 등을 동작시키려면 보다 큰 출력을 낼 수 있는 증폭 회로가 필요하다. 이러한 회로를 전력 증폭 회로 또는 대신호 증폭 회로라고 하며, 트랜지스터의 동작점에 따라 A급, B급, C급, AB급의 전력 증폭으로 나눈다.

전력 증폭 회로에서는 트랜지스터에서 열이 많이 발생하므로 그림 4.29와 같이 전력용 TR과 방열판을 사용하여야 한다.

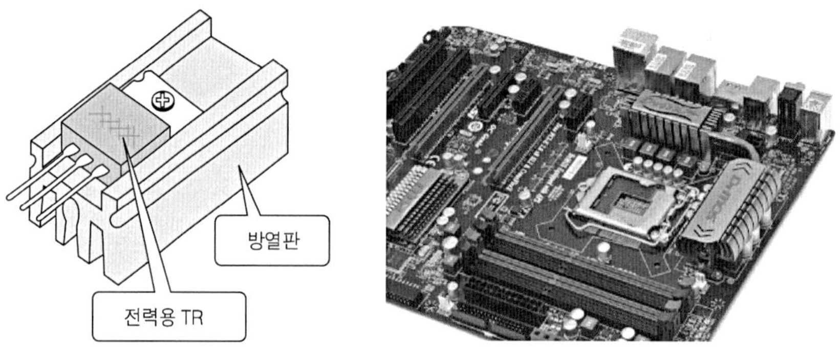

(a) 방열판 (b) 실제 모습

그림 4.29 전력용 트랜지스터와 방열판

그림 4.30은 2개의 전력용 트랜지스터 TR_1과 TR_2를 상하 대칭형으로 조합시킨 B급 푸시풀(push-pull) 증폭기를 나타낸 것이다. 이 증폭 회로에서 교류 입력 신호의 (+) 반주기는 TR_1, (−) 반주기는 TR_2에 의하여 각각 증폭되어 스피커를 동작시킨다. 이러한 B급 푸시풀 증폭기는 컬렉터 손실을 줄이고 파형의 일그러짐이 적은 출력을 얻을 수 있으므로, 라디오, 오디오 등의 최종단 전력 증폭 회로에 많이 사용되고 있다.

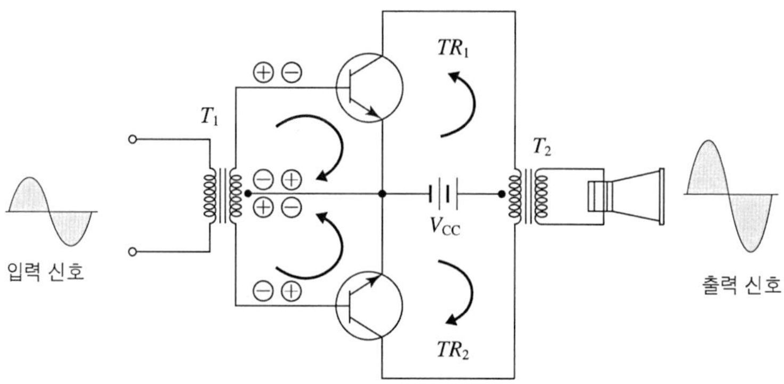

그림 4.30 B급 푸시풀 전력 증폭기

4.6 발진 회로

4.6.1 펄스파의 발생

발진 회로는 디지털 회로의 클록(clock) 발생 회로, 통신 시스템의 반송 신호 발생 회로, 테스터 및 계측기에 필요한 파형 발생기 등 거의 모든 전자 제품에 사용되는 회로이다.

우선, 펄스(pulse)에 대하여 알아보자. 펄스란 간헐적인 전류나 전압의 발생을 의미하며 충격파라고도 한다. 펄스파는 비사인파의 형태로 주기적으로 반복되는 파형과, 1회에 한해서 발생되는 파형이 있다.

그림 4.31은 몇 가지 펄스파를 나타낸 것이다.

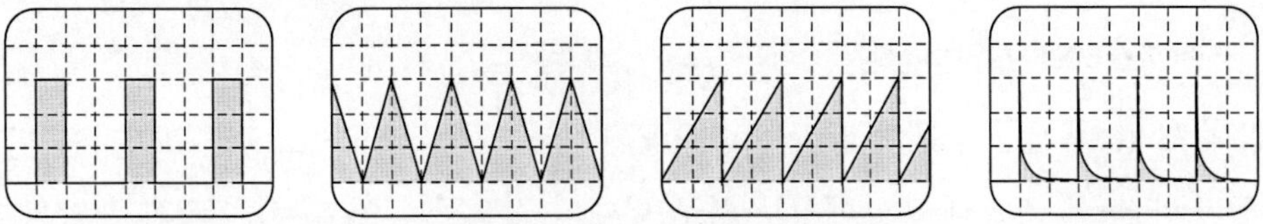

(a) 구형파 (b) 삼각파 (c) 톱니파 (d) 지수함수파

그림 4.31 각종 펄스파

그림 4.32의 (a)는 수동으로 램프를 점멸할 수 있는 회로이다. 스위치 SW_1과 SW_2를 수동으로 전환함에 따라 램프 L_1과 L_2를 교대로 점멸할 수 있다. 회로도에서 SW_1을 닫고 SW_2를 열면, 전원 전압 V가 램프 L_1의 양단에 가해져서 L_1은 점등되는데, 램프 L_1은 2개의 스위치를 현 상태로 유지하고 있을 때까지 점등된다. 그리고 전압 파형은 그림 (b)의 타임 차트와 같이 닫고 있는 동안 L_1에도 가해짐을 알 수 있다.

반대로, SW_1을 열고 SW_2를 닫으면 L_2가 점등된다. 이와 같이 SW_1과 SW_2를 교대로

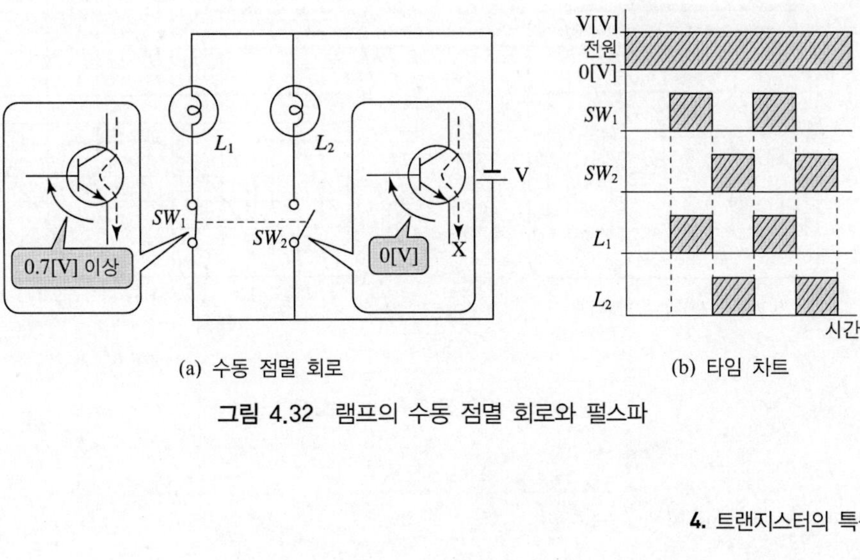

(a) 수동 점멸 회로 (b) 타임 차트

그림 4.32 램프의 수동 점멸 회로와 펄스파

ON-OFF시키면, 전체 파형은 그림 (b)와 같이 간헐적인 구형파 형태의 출력 파형이 된다.

만약, 스위치 대신에 트랜지스터를 사용하면 빠른 시간에 자동으로 램프를 점멸시킬 수가 있다. 이것은 트랜지스터의 스위칭 작용을 이용한 것으로, 결국 트랜지스터가 동작하고 있는 동안 원하는 펄스파를 얻을 수 있다.

4.6.2 트랜지스터의 스위칭 작용

그림 4.33의 (a)는 트랜지스터를 사용한 비안정 멀티바이브레이터(astable multivibrator) 회로이다. 이는 컬렉터-이미터간의 전압 v_{CE}가 그림 (b)와 같이 직사각형이 되므로, 직사각형의 펄스 발생에 많이 이용된다.

아래에서는 이 원리에 의한 트랜지스터의 스위칭 작용을 알아보자.

(1) 트랜지스터의 스위칭 작용

그림 4.33 (b)에서 v_{CE}의 파형을 보면, 0V와 전원 전압 9V가 교대로 규칙적인 반복을 하고 있다. 더욱이 TR_1과 TR_2에서는 서로 반대의 값으로 되어 있다. 이러한 모양의 파형

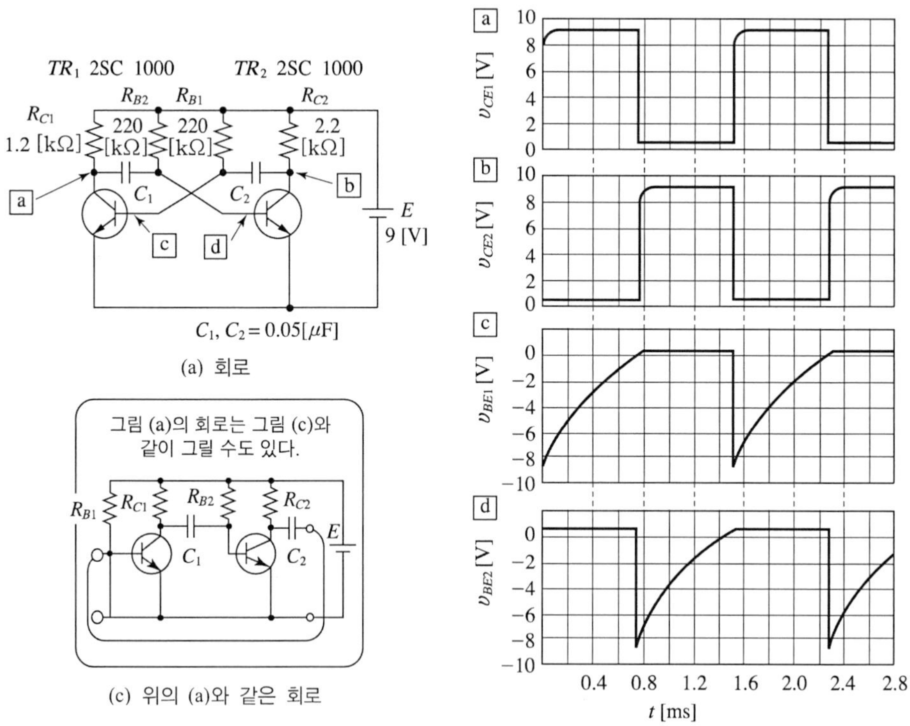

그림 4.33 비안정 멀티바이브레이터

은 스위치 역할을 하는 TR_1과 TR_2의 ON, OFF 동작을 서로 반대로 시킬 때 TR_1과 TR_2의 출력에서 얻어진다.

이와 같은 동작은 트랜지스터의 스위칭 작용에 따른 것이며, 이 때의 ON, OFF 상태의 동작은 그림 4.34에 나타낸 것과 같이, 베이스-이미터 간 전압 v_{BE}에 의해 결정된다.

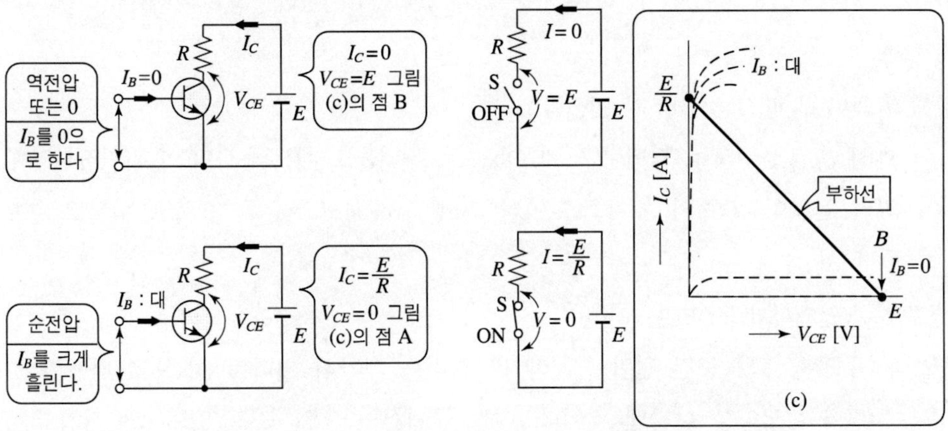

그림 4.34 트랜지스터의 스위칭 작용 원리

(2) 트랜지스터가 자동으로 ON, OFF 반복되는 원리

그림 4.33 (a)의 비안정 멀티바이브레이터 회로에서 트랜지스터 TR_1과 TR_2가 자동으로 ON, OFF를 반복하는 원리를 알아보자.

① 처음에는 TR_1은 ON, TR_2는 OFF라고 가정

TR_1이 ON인 것은 그림 4.35 (a)에서 알 수 있듯이, E, R_{B1}을 통해서 v_{BE1}에 순방향 전압이 가해지기 때문이다. 이 때, C_2는 그림의 방향으로 E[V]만큼의 전압이 충전된다.

TR_2가 OFF인 것은 베이스-이미터 간의 회로가 그림 (b)와 같이 되었을 때, C_1의 충전

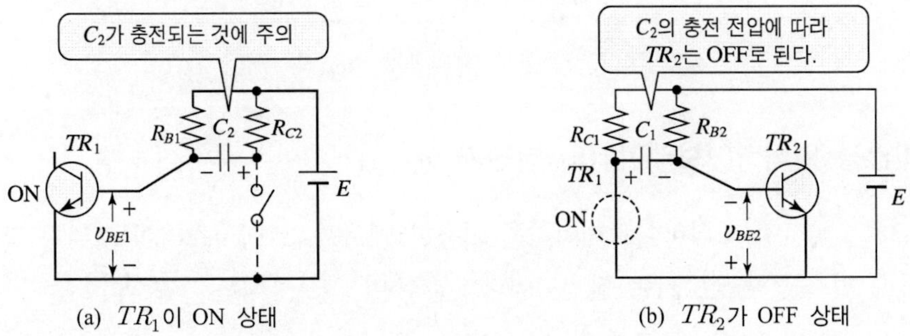

(a) TR_1이 ON 상태 (b) TR_2가 OFF 상태

그림 4.35 TR_1이 ON, TR_2는 OFF 상태

전압에 의해 v_{BE2}가 역방향 전압으로 되고 있기 때문이다.

② TR_2가 언제까지나 OFF는 아님

TR_2의 OFF는 C_1의 충전 전압 때문으로 생각했으나, 이 전압은 정상 상태에서는 그림 4.36과 같이 v_{BE2}를 순방향 전압으로 되도록 해야 한다. 그러므로 언제까지나 $v_{BE2} < 0$, 즉 TR_2가 OFF의 상태로 되어 있지는 않으며, 언젠가는 $v_{BE2} > 0$으로 된다. 지금 $t = t_1$에서 $v_{BE2} > 0$으로 되었다고 하자.

③ TR_1과 TR_2의 ON, OFF가 반전됨

$t = t_1$에서 $v_{BE2} > 0$으로 되면 TR_2가 ON으로 된다. 그 때문에 OFF의 기간에 C_2에 충전되어 있던 전압이 TR_1의 베이스-이미터 간에 가해져서 $v_{BE1} < 0$으로 되므로 TR_1은 OFF로 된다.

④ TR_1이 언제까지나 OFF는 아님

TR_1의 OFF는 C_2의 충전 전압 때문에 다시 어느 시간이 지나면 ON으로 바뀐다. 그림 4.37은 이 변화의 모양을 나타낸 것이다. 이는 앞에서의 그림 4.33 (b)의 c점, d점 파형의 실제 모양을 상세히 나타낸 것이다.

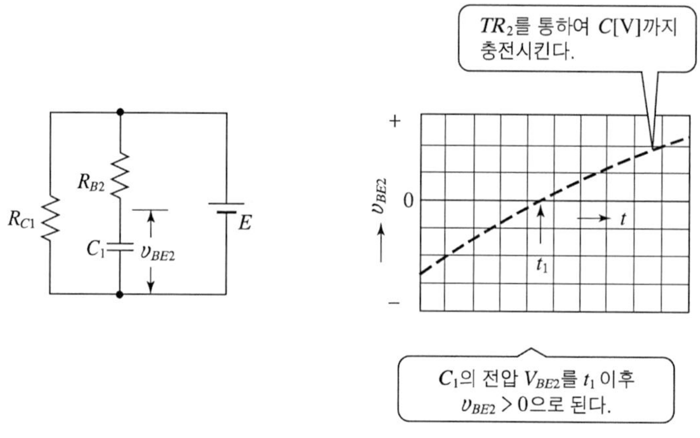

그림 4.36 콘덴서 C_1의 전압 v_{BE2}의 극성

4.6.3 비안정 멀티바이브레이터의 발진기 예

그림 4.38은 비안정 멀티바이브레이터를 이용한 예로서, 트랜지스터의 스위칭 작용에 의하여 구형파 펄스를 발생시키는 발진기이다. 결국 이 회로에서는 TR_1과 TR_2가 반복 동작함으로써 LED_1과 LED_2가 교대로 깜박거리게 된다.

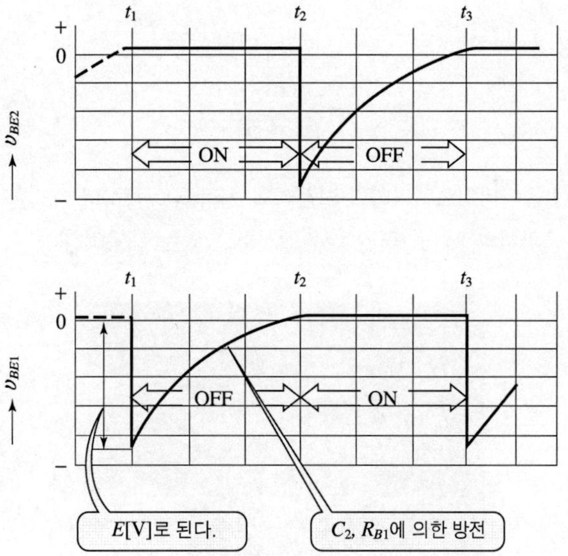

그림 4.37 베이스–이미터 간의 전압 v_{BE} 변화

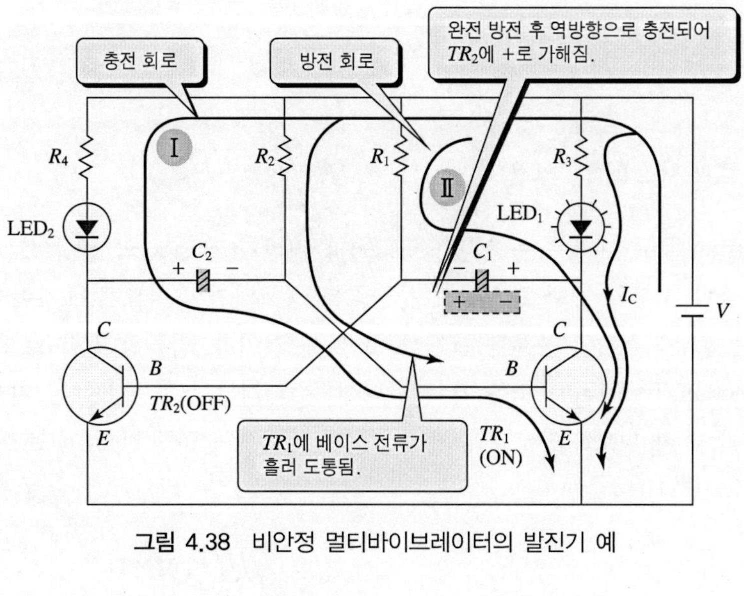

그림 4.38 비안정 멀티바이브레이터의 발진기 예

읽을거리

전자 깜박이

아래 그림은 비안정 멀티바이브레이터의 발진기의 원리를 이용하여 제작한 전자 키트의 예이다. 이는 초등학교 실과 교과서의 5학년 단원에서 소개하고 있는 내용이다.

5 전기장 효과 트랜지스터와 IC

5.1 트랜지스터의 분류

트랜지스터(transistor)의 용어는 전달(transfer)과 저항기(resistor)의 합성어로서, 입력 신호의 변화를 출력 저항의 변화로 전달하여 신호를 증폭시키는 반도체 소자이다.

그림 4.39는 트랜지스터의 종류를 크게 둘로 나눈 것이다. 양극성 접합 트랜지스터(BJT : Bipolar Junction Transistor) 또는 간단히 트랜지스터라고 부르는 BJT는 자유전자와 정공이 다수 및 소수 캐리어로 전류를 함께 형성하기 때문에 양극성(bipolar) 트랜지스터라고 부르는 것이다.

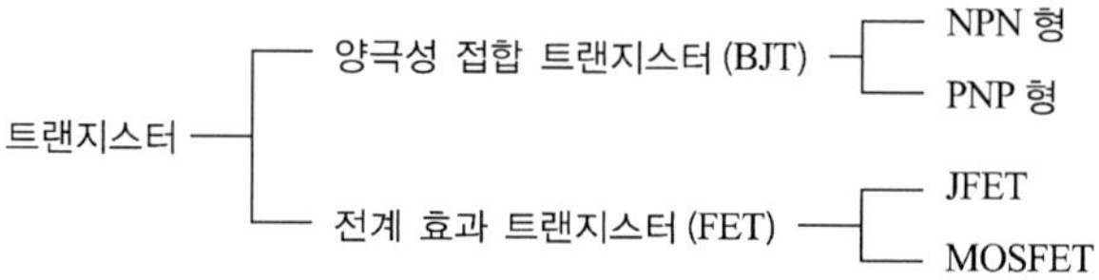

그림 4.39 트랜지스터의 분류

전계 효과 트랜지스터(FET: Field Effect Transistor)는 전계에 의하여 한가지의 다수 캐리어만으로 전류를 형성하기 때문에 단극성(unipolar) 트랜지스터라고 부른다.

BJT는 대표적으로 npn형과 pnp형으로 나눌 수 있고, FET는 JFET와 MOSFET로 나눌 수 있다.

5.2 양극성 트랜지스터

5.2.1 트랜지스터의 외형과 구조

그림 4.40은 각종 양극성 트랜지스터의 외관을 나타낸 것이다.

BJT는 그 기능에 따라 이미터(E), 베이스(B), 컬렉터(C)로 부르는 3개의 단자를 가지고 있음을 앞에서 설명하였다. 그림 4.41은 npn형과 pnp형 트랜지스터의 접합 구조와 기호를 나타낸 것이다.

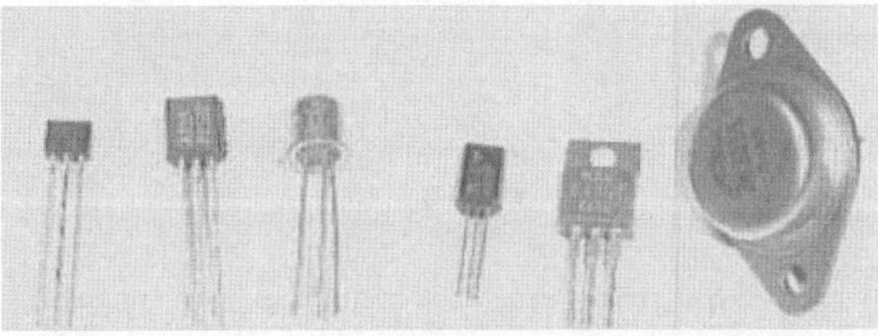

그림 4.40 양극성 트랜지스터의 외관

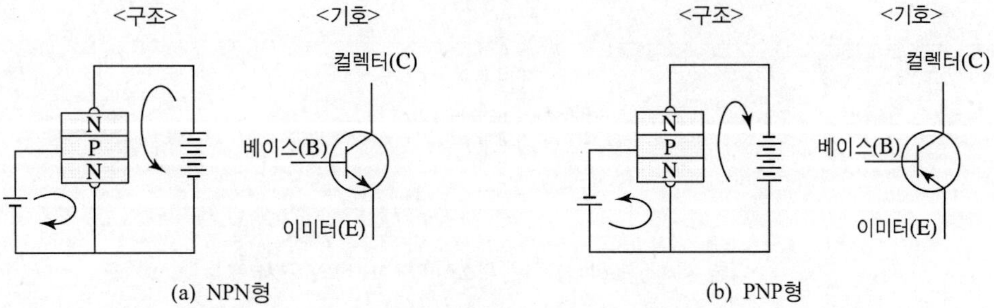

그림 4.41 양극성 트랜지스터의 구조와 기호

5.2.2 트랜지스터의 규격

트랜지스터의 규격은 각 나라마다 다르다. 미국은 JEDEC(Joint Electronic Device Engineering Council)에서 정한 규격(specification)에 따라 BJT를 일반용(소신호용), 전력용, 고주파용으로 구분한다. 예를 들면 2N3904, 2N3906은 소비전력이 0.5W 이하인 소신호용 트랜지스터이다.

표 4.5는 실리콘으로 만든 트랜지스터 중에서 BJT와 FET의 대표적인 소자를 예로 든 것이다.

▶ **표 4.5** BJT와 FET의 종류 및 소자

분류	종류	형	대표 소자
BJT	-	npn	소신호용 – 2N3904, 2N2222 전력용 – MJE3055, 2N3055
		pnp	소신호용 – 2N3906, 2N2907 전력용 – MJE2955, MJ2955
FET	J FET	n채널	2N5457, 2N5458, 2N5459
		p채널	2N5460, 2N5461, 2N5462
	MOS FET	n채널	2N4351
		p채널	2N4352

5.2.3 트랜지스터의 단자

그림 4.42는 npn형 트랜지스터(2SC1815)의 세 단자이다. 이 트랜지스터는 왼쪽부터 이미터(E), 컬렉터(C), 베이스(E) 단자로 되어 있으므로 사용 시 주의해야 한다.

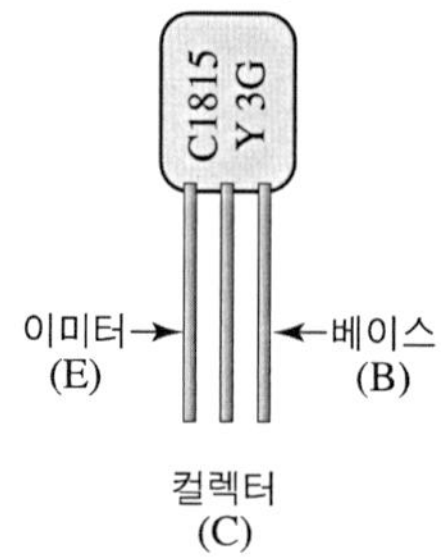

그림 4.42 NPN형 트랜지스터(2SC1815)의 단자

5.3 전계 효과 트랜지스터

양극성 트랜지스터인 npn형과 pnp형 트랜지스터에서는 자유전자와 정공의 2가지 전하에 의하여 동작하므로 양극성(또는 쌍극성)이란 단어를 사용하였다.

그러나, 전계 효과 트랜지스터(FET)는 자유전자(n채널) 또는 정공(p채널)의 어느 한 가지 전하에 의하여 전류의 이동이 생기므로 단극성(unipolar) 트랜지스터 또는 전기장 효과 트랜지스터라고 부른다.

또한 BJT는 입력 회로의 베이스 전류를 제어하여 출력 회로의 컬렉터 전류를 변화시킬 수 있다. 그러나 FET는 입력 전압을 제어하여 출력 전류를 변화시키는 소자이다.

5.3.1 FET의 분류

그림 4.43과 같이 FET는 내부 구조에 따라 접합형 FET(JFET)와 MOS형 FET(MOSFET)로 크게 분류할 수 있다. 접합형 FET는 n채널과 p채널로 나누며, MOS형 FET는 증가형과 공핍형으로 나눈다.

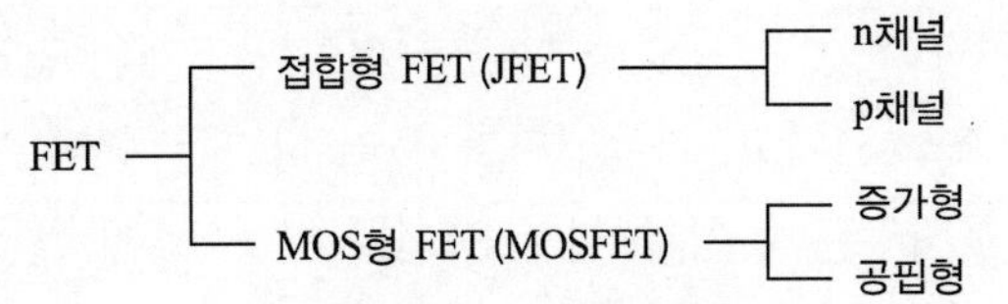

그림 4.43 FET의 분류

5.3.2 FET의 원리

FET의 단자는 소스(S, Source), 게이트(G, Gate), 드레인(D, Drain)의 셋이다. FET는 소스(S)에서 드레인(D)까지 채널(Channel)이라 부르는 한 개의 전류 통로 구조를 가지고 있다.

FET는 채널의 전류가 전자나 정공 중 어느 한 쪽의 다수 캐리어에 의하여 구성되므로, 단극성 트랜지스터라고 부르는 것이다.

(1) JFET

그림 4.44의 (a)는 n채널 JFET의 구조를 나타낸 것이다. 그림 (b)는 n채널 FET의 기호를 나타낸 것이며, 그림 (c)는 p채널 FET의 기호이다.

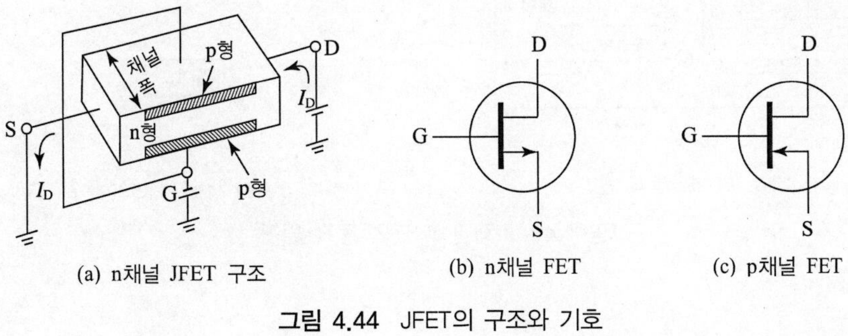

(a) n채널 JFET 구조 (b) n채널 FET (c) p채널 FET

그림 4.44 JFET의 구조와 기호

이는 n형 실리콘 반도체 막대의 상하 양쪽에서 p형 반도체를 침투시킨 구조이므로 n채널 FET라고 부른다. 소스(S) 단자는 자유전자를 소자 내부로 공급하는 단자이며, 드레인(D) 단자는 자유전자가 소자 내부에서 빠져나오는 단자이며, 게이트(G) 단자는 상하 두 개의 P형 반도체가 내부적으로 연결되어 있다.

결국 D-S간의 전류 통로가 n형 반도체이면 n채널 FET이고, p형 반도체이면 p채널 FET이다.

특히 FET는 게이트(G) 단자에 적당한 크기의 전압을 걸고, 이 게이트 전압에 의하여 형성된 전기장(전계)에 의하여 채널을 통하는 드레인 전류의 크기를 제어한다. 따라서 FET의 게이트 단자는 채널에 전기장을 형성하기 위하여 채널과의 전류 도통을 막고 절연성을 유지해야 한다. 그러므로 BJT와는 달리 FET는 게이트(G)에 의한 입력 저항이 매우 높다.

그림 4.45는 n채널 JFET의 동작 원리를 나타낸 것이다. 3개의 단자 가운데 캐리어(전자)가 흘러 들어가는 쪽이 소스(S)이고, 자유전자가 흘러 나가는 쪽이 드레인(D), 반송자가 이동하는 채널의 폭을 결정해주는 것이 게이트(G)이다.

지금, 그림 4.45 (a)와 같이 드레인-소스간에 직류 전압 V_{DS}를 가하면, 소스에서 드레인 쪽으로 자유전자가 흘러간다. 이 때 p형의 게이트에는 (−)전압이 걸려있으므로 p형 내의 정공은 게이트 단자 쪽으로 이끌리고, n채널의 전자는 게이트의 (−)전압에 반발되어 공핍층이 넓어진다. 공핍층이 넓어지면 n채널이 좁아져서 전류의 통로가 좁아지므로 드레인의 전류가 제한된다. 이 때 게이트의 역방향 전압 V_{GS}가 커질수록 공핍층은 넓어지게 되어 채널의 전류 흐름이 제한된다.

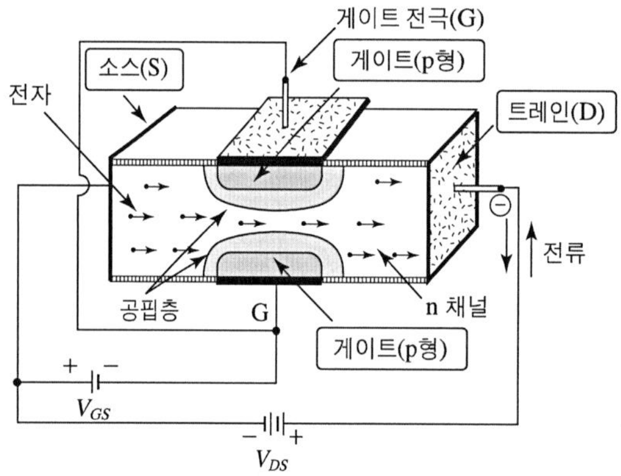

(a) n채널 JFET의 동작 원리도

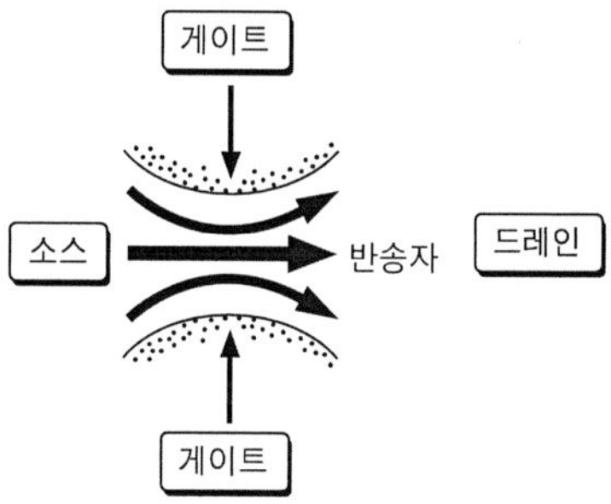

(b) JFET의 동작 모형

그림 4.45 n채널 JFET의 동작 원리

(2) MOSFET

그림 4.46과 같이 게이트(G) 단자를 p채널로부터 산화규소(SiO_2) 층으로 절연시킨 다음에 금속을 증착하여 게이트를 형성한 것을 MOSFET라고 한다. MOSFET는 Metal Oxide Semiconductor FET의 머리글자를 딴 것으로, 용어에서 보다시피 금속산화물 반도체임을 의미한다.

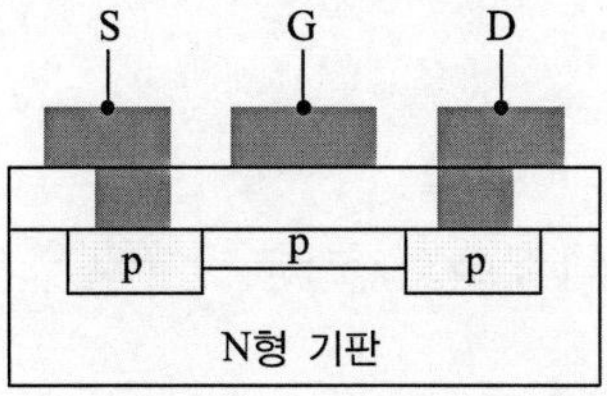

그림 4.46 MOSFET의 구조(p채널의 경우)

JFET는 게이트와 채널 사이가 pn 접합이지만, MOSFET는 pn 접합 대신에 산화규소(SiO_2)층으로 절연되어 있다는 것이다. 따라서, 순방향 바이어스를 가해도 게이트로는 전류가 흐르지 않는다는 것이다.

그리고 JFET는 게이트의 전압이 0일 때 드레인 전류가 흐르는 채널의 폭이 최대이기 때문에 "상시 개통(normally ON)" 소자라고 한다. 게이트와 소스간의 pn 접합에 가한 역바이어스의 크기가 클수록 채널의 유효폭이 줄어든다.

이와같이 JFET는 게이트 단자로 제어를 하여 드레인 전류를 감소시키는 방식으로 동작하므로 공핍형(D형, Depletion mode) 소자라고 한다.

MOSFET의 종류는 그림 4.47과 같이 4가지가 있다.

MOSFET는 구조적으로 공핍형 MOSFET 외에 증가형 MOSFET도 가능하다. 증가형(E형, Enhancement mode) MOSFET는 게이트의 전압이 0V일 때 채널이 형성되지 않기 때문에 "상시 불통(normally OFF)" 소자라고 한다. 증가형 MOSFET는 게이트의 전압이 문턱 전압 V_{TH} 이상으로 넘어서면서 닫혀 있던 채널의 폭이 점점 열리는 것이다.

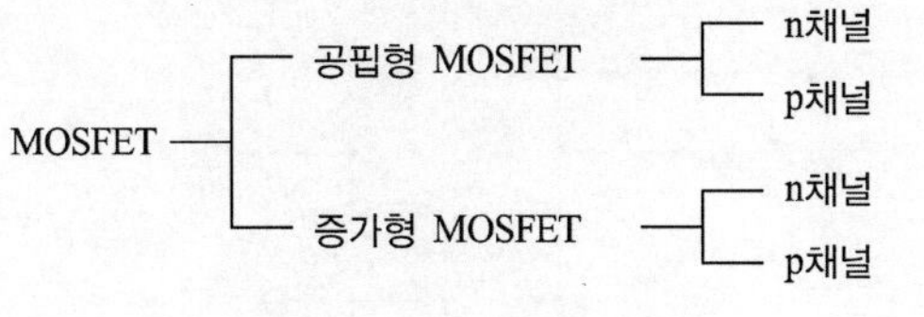

그림 4.47 MOSFET의 종류

그림 4.48은 MOSFET의 구조를 나타낸 것이고, 그림 4.49는 MOSFET의 기호를 나타낸 것이다.

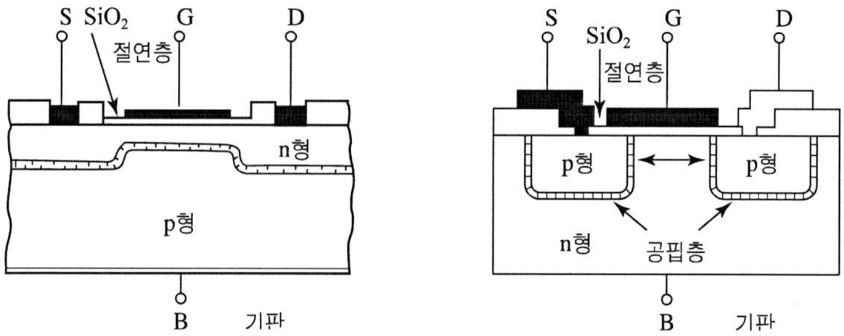

(a) 공핍형 MOSFET (n채널의 경우)

(b) 증가형 MOSFET (p채널의 경우)

그림 4.48 MOSFET의 기본 구조

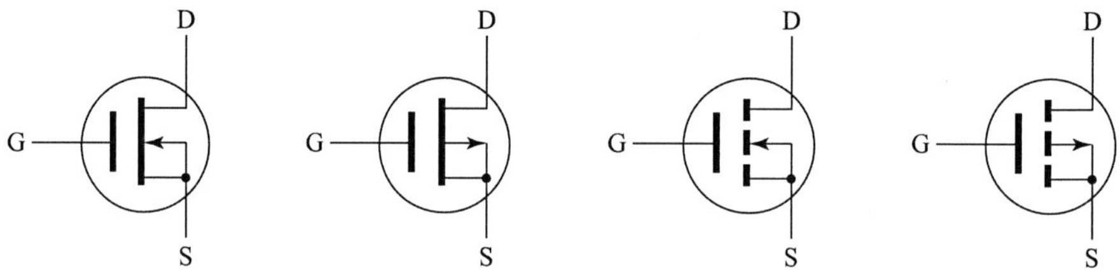

(a) D형 n채널 (b) D형 p채널 (c) E형 n채널 (d) E형 p채널

그림 4.49 MOSFET의 기호

JFET는 신호의 잡음이 더 작고, MOSFET는 산화규소(SiO_2) 층으로 절연되어 입력 저항이 더 크므로 고밀도 집적회로(LSI : Large Scale Integration)에 사용된다.

MOSFET는 여러 방면으로 개발되고 있으며, 그 중에는 CMOS는 n채널 증가형 FET와 p채널 증가형 FET를 상보 대칭(Complementary)으로 회로를 구성할 수 있다. 그림 4.50은 CMOS 회로의 예이다.

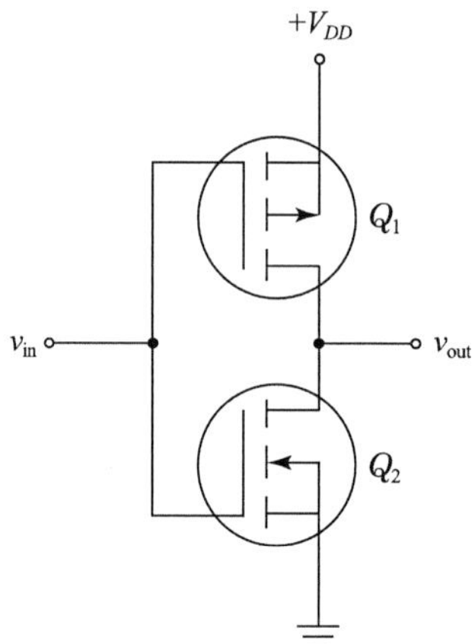

그림 4.50 CMOS(상보 대칭 MOS)

CMOS의 중요한 이점은 소비 전력이 매우 적다는 것이다. 두 소자가 직렬로 접속되었기 때문에 이 때 흐르는 전류는 나노암페어(nA)정도이다. 이는 곧 회로의 전체 소비 전력이 나노와트(nW)임을 의미한다. CMOS는 이와같이 소비 전력이 적기 때문에 계산기, 디지털 손목 시계, 인공 위성 등에 널리 이용된다.

5.4 MOSFET와 IC

그림 4.51의(a)는 집적 회로(IC)에 사용하는 MOSFET의 구조인데, 소스는 왼쪽에, 게이트는 중앙에, 드레인은 오른쪽에 위치한다. 전압 V_{GS}가 임계 전압보다 큰 경우에 자유전자는 소스에서 드레인으로 수평 이동한다. 이 때 자유전자는 점선으로 표시된 좁은 반전층을 따라 이동해야 하기 때문에, 이러한 구조로는 흐를 수 있는 최대 전류에 한계가 있다. 이와 같은 구조에서 MOSFET의 채널 폭은 매우 좁기 때문에 드레인 전류도 적어서 정격 전력이 낮아진다(약 1W 미만임).

그림 4.51의 (b)는 VMOS로서 수직 MOS (Vertical MOS)인데, 위쪽의 소스 두 단자는 연결되어 있으며, 기판은 드레인처럼 동작한다. 전압 V_{GS}가 임계 전압보다 큰 경우에 자유전자는 두 개의 소스로부터 드레인으로 수직 이동한다. 이 때 도전성 통로인 채널은 V자 모양의 홈이 파진 양쪽을 따라서 훨씬 커지기 때문에 전체적인 효과는 종래의 MOSFET보다 훨씬 큰 전류와 전압을 취급할 수 있는 증가형 MOSFET가 된다.

VMOS가 도통 시 양극성 트랜지스터에 비하여 과잉 전자의 축적이 없으므로 VMOS는 거의 순간적으로 포화 상태를 벗어날 수 있다. 대략 VMOS는 수암페어의 전류를 수십ns 동안에 차단시킬 수 있다. 이것은 양극성 트랜지스터보다 10~100배 빠른 시간이다. 그러므로 VMOS 트랜지스터는 고속 스위칭 회로에 많이 이용한다.

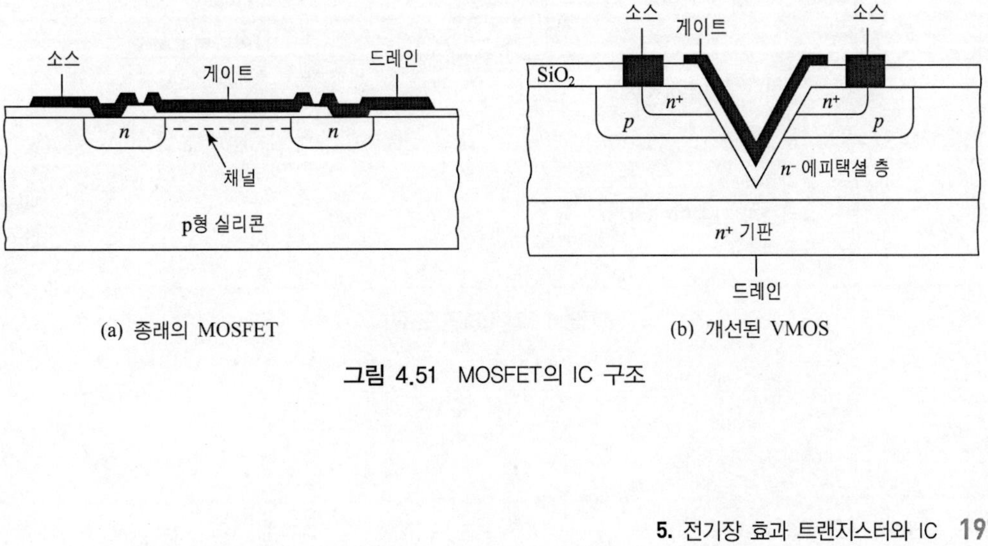

(a) 종래의 MOSFET (b) 개선된 VMOS

그림 4.51 MOSFET의 IC 구조

오늘날 IC에서 LSI의 대부분은 MOS형 FET의 조합으로 되어 있다. 그 이유는 제조가 훨씬 용이하기 때문이다. BJT가 LSI에 사용되는 빈도는 적으나 그만한 이점도 없다. 바이폴러 LSI 속의 트랜지스터는 TTL 조합으로 논리 회로를 만든다. TTL이란 트랜지스터들을 조합해서 만든 디지털의 논리 회로이며, Transistor Transistor Logic의 약자이다.

CMOS는 MOSFET 중에서도 특히 에너지 절약형의 대표로서 메모리 소자의 IC에 널리 사용되고 있다.

IC 중에서 대규모 집적 회로인 LSI의 종류에는 여러가지가 있으며, 그림 4.52와 같이 분류할 수 있다.

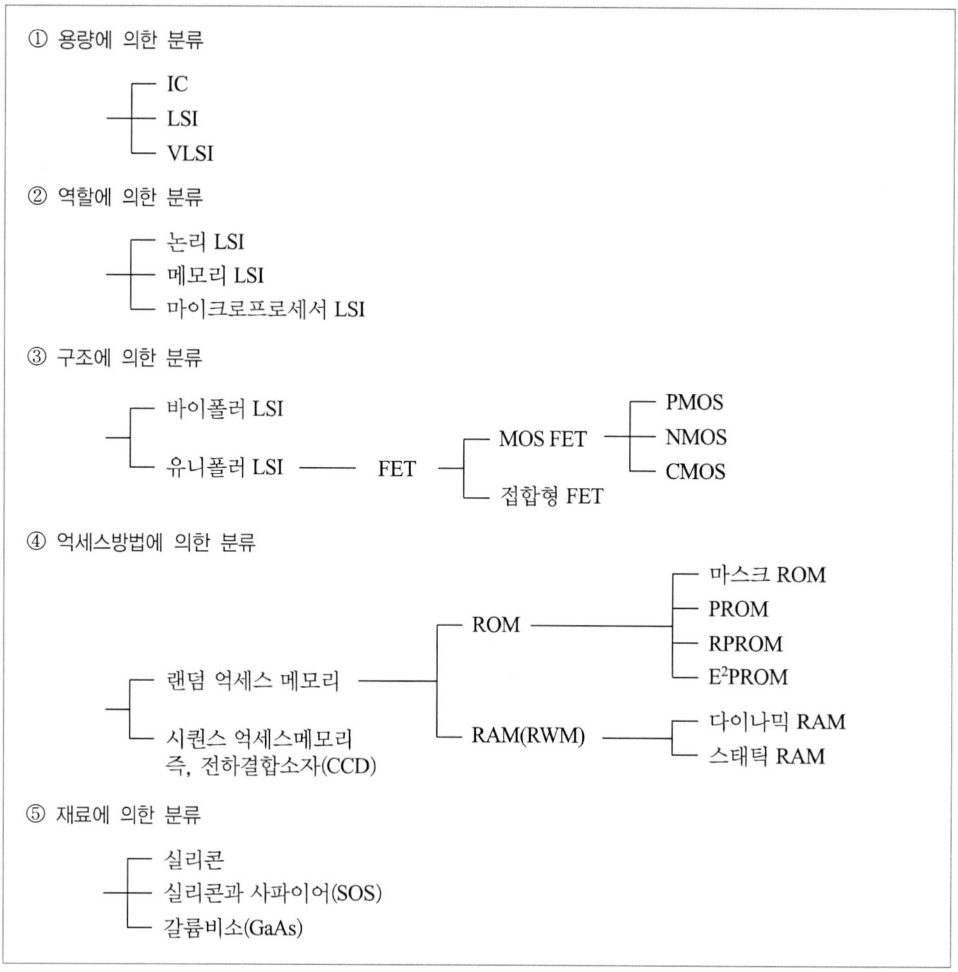

그림 4.52 LSI의 분류

연구문제

1. 트랜지스터 발명에 관한 VTR을 시청 후, 내용을 요약하여 보자.

2. 트랜지스터의 제조 방법과 실제 예를 조사해 보자.

3. 트랜지스터의 바이어스 방법 3가지를 설명하라.

4. 이미터 접지 회로의 특징을 요약하여 보자.

5. 트랜지스터의 정격 중 최대 컬렉터 전압과 최대 컬렉터 전류를 정해야 되는 이유를 설명하시오.

6. 2SB250은 어떠한 반도체 소자인가?

7. 트랜지스터를 제조 방법에 따라 분류하고, 각각의 특성을 비교하시오.

8. 트랜지스터의 α값이 0.95일 때, β는 얼마가 되는가?

9. 트랜지스터의 정격에는 어떠한 종류들이 있는지를 설명하자.

10. 트랜지스터의 고정 바이어스 회로란 무엇인가?

11. 양극성 트랜지스터에서 전압 분배 바이어스 회로를 설명하시오

12. 트랜지스터의 $I_C - V_{CE}$ 출력 특성 곡선을 그린 후, 특징을 설명하시오.

13. JFET와 MOSFET란 무엇인가?

14. n채널 JFET의 원리와 특징을 설명하시오.

CHAPTER 5

전자 응용

이 장에서는 전자 기기, 통신 기술 교육, 로봇 기술의 동향, 그리고 첨단 전자 기술 등에 대해서 배우기로 한다.

1 전자 기기

전자 기기는 매우 광범위하고 종류도 다양할 뿐만 아니라, 전자 공업 기술의 발달에 따라 전자 기기와 통신 기기 등이 매우 빠른 속도로 발전하고 있다. 그러므로 본문에서는 전자 기기에 대한 이해를 위하여 그림 5.1과 같이 네 영역으로 분류하고자 한다.

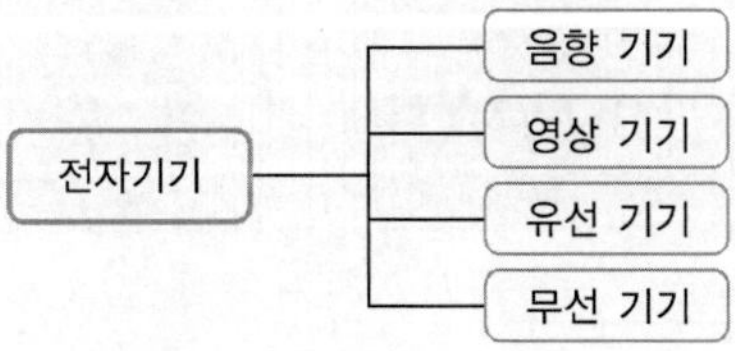

그림 5.1 전자 기기의 분류

1.1 음향 기기

에디슨이 1876년에 최초로 전기 기기를 사용하여 음향을 녹음한 이후로, 오늘날까지 음향 기기는 많은 발전을 해 오고 있다. 음향 기기는 단순히 소리만을 녹음·재생하는 것은 물론이고 영화관, 공연장, 오디오 시스템, TV, 라디오 등 매스미디어에 이르기까지 폭이 넓다.

1.1.1 마이크로폰과 스피커

(1) 음파와 소리

그림 5.2는 음파를 나타낸 것이다. 소리란 공기의 밀도 또는 압력의 변화, 즉 공기 입자의 소밀(성김과 빽빽함)한 파를 말한다. 공기의 입자가 모여 밀도가 큰 곳에서는 압력도 대기압보다 크게 되고, 공기 밀도가 작은 곳에서는 압력도 대기압보다 작게 된다.

이러한 공기의 소밀은 그림 5.2에서와 같이 인접한 곳에 영향을 미치고 공기 중에서 차례로 소밀한 부분을 만들면서 공기 속을 전파해 가므로 이를 음파(sound wave)라고 한다. 이러한 음파는 대기압 속에서 미세한 압력 변화만 생겨도 사람의 청각을 자극하게 되어 소리를 들을 수 있다.

소리의 원천을 음원이라고 하며, 음원에서 발생한 소리는 거리가 멀어질수록 거리에 반비례하며 작게 들리게 된다. 이 때 작은 소리의 압력 변화를 음압(sound pressure)이라고 한다. 음압의 단위는 기압의 단위와 같은 바(bar)를 사용하는데, 실제로는 음압이 매우 작으므로 마이크로바(μbar)를 단위로 사용한다.

사람이 들을 수 있는 최소한의 음압은 0.0002μbar이다. 소리의 세기란 이 값을 기준 음압으로 하여 몇 배인가를 상대값으로 나타내며, 단위는 데시벨로 [dB]를 사용한다.

사람이 들을 수 있는 청각 주파수는 20～20,000Hz 정도인데, 이를 가청주파수(audio frequency)라고 한다.

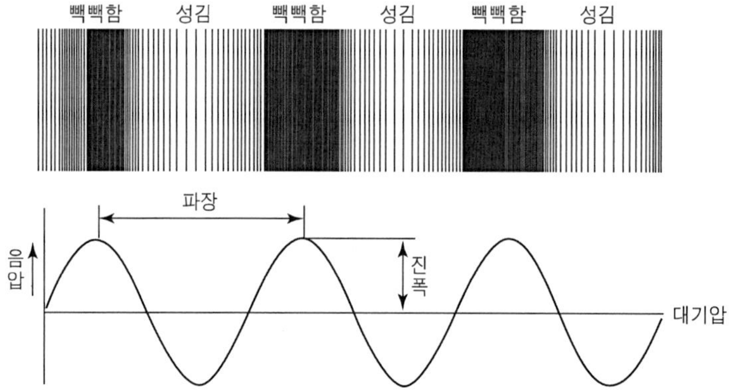

그림 5.2 음파와 음압

(2) 마이크로폰

마이크로폰(microphone)은 물리적인 소리(sound)를 공기 압력의 변화에 의하여 전기적인 신호로 변환하는 전자 기기로서 간단히 마이크(MIC)라고도 한다. 마이크로폰은 강연, 녹음, 음악 콘서트 등 많은 곳에서 사용하는 음향 기기이다.

마이크로폰은 그 종류와 동작 원리도 여러가지가 있다. 마이크로폰은 다이내믹 마이크로폰(dynamic microphone)과 콘덴서 마이크로폰(condenser microphone) 등이 있다.

그림 5.3은 다이내믹 마이크로폰의 내부 구조를 나타낸 것이다.

마이크로폰은 3부분으로 구성되는데, 음압에 의해 생긴 진동을 받는 진동판, 진동을 전기 신호로 바꾸어 주는 변환부, 그리고 출력부가 있다.

사용 재료와 동작 원리에 따라 카본 마이크로폰, 크리스털 마이크로폰, 다이내믹 마이크로폰, 콘덴서 마이크로폰으로 나눌 수 있다. 일반적으로 카본 마이크로폰은 낮은 수준의 음질과 좁은 다이내믹 레인지 때문에 전화기에 쓰이고, 크리스털 마이크로폰은 무전기에 쓰이며, 콘덴서 마이크로폰은 무선 마이크에 쓰인다.

마이크로폰의 전기적 특성을 말할 때 임피던스(impedance)를 사용한다. 마이크로폰의 임피던스란 1000Hz에서 마이크로폰의 출력 단자에서 본 내부 임피던스 값을 출력 임피던스라고 한다. 마이크로폰은 전자 기기의 증폭기 단자의 잭에 선으로 접속을 하는데, 이 증폭기와 임피던스가 일치하지 않으면 음질이 나빠진다. 즉 마이크로폰의 임피던스와 증폭기 등과의 임피던스가 일치되도록 정합(matching)을 시켜야 음질이 좋아지게 된다.

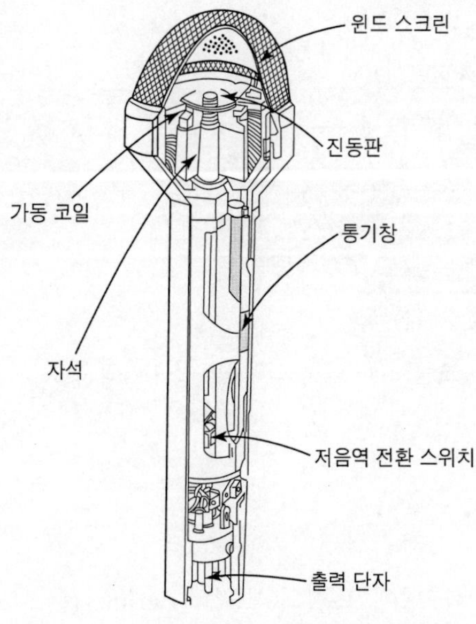

그림 5.3 다이내믹 마이크로폰의 내부 구조

(3) 스피커

스피커는 마이크로폰과 반대로 동작을 하는 원리이다. 스피커(speaker)는 전기 에너지를 소리 에너지로 변환하여 출력시키는 음향 기기이다. 마이크로폰이 음향 시스템의 입력 장치인데 비하여, 스피커는 출력 장치이다. 일반적으로 스피커라고 하면 라우드 스피커(loud speaker) 또는 확성기를 말한다.

스피커는 동작 원리에 따라 다이내믹 스피커, 크리스털 스피커, 콘덴서 스피커로 분류할 수 있다. 또한 스피커는 사용 목적에 따라 라디오용 스피커, Hi-Fi용(고충실도) 스피커, 공연용 스피커(PA, Public address)로 분류할 수도 있다.

그림 5.4는 돔형 다이내믹 스피커의 구조와 모양을 나타낸 것이다. 이 스피커는 중음과 고음용으로 많이 사용된다.

스피커의 효율은 전기 에너지가 음향 에너지로 변환되는 정도를 말한다. 스피커의 감도는 스피커에 단일 입력인 1W를 가할 때, 스피커의 정면 축 상에 있는 특정한 거리점(1m)에 스피커에 생기는 음압이나 출력 음압 레벨(output sound pressure level)로 나타낸다. 이때 스피커의 감도는 0.0002μbar를 0dB 기준으로 한다.

스피커는 주파수에 따라 성능이 달라지며, 임피던스가 최소로 되는 값을 공칭임피던스(nominal impedance)라고 한다. 실제로 스피커의 임피던스 값은 음성 코일의 직류 저항값과 거의 같으며, 대부분은 8Ω이다. 마이크로폰과 마찬가지로 스피커의 공칭 임피던스와 증폭기의 출력 임피던스가 같은 값으로 매칭될 때 스피커에 최대 전력이 전송된다.

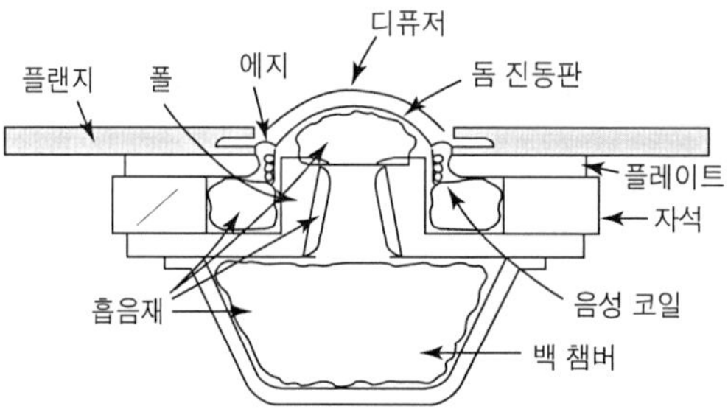

(a) 구조

(b) 모양

그림 5.4 돔형 다이내믹 스피커의 구조

1.1.2 음향 재생 기기

(1) 축음기의 발명

1876년 에디슨에 이어 1877년에 독일의 벌리너(Berliner)는 축음기를 발명하였다. 이것은 평평한 원반을 사용한 그래머폰(gramophone)이라는 것이며, 이것이 최초의 음향 재생

기기라고 할 수 있다. 음향 재생 기기에는 레코드 플레이어, 믹싱 콘솔, 오디오 이펙터, 앰프 등이 있다.

그림 5.5는 벌리너가 발명한 축음기이다.

그림 5.5 벌리너가 발명한(1877년) 축음기

(2) 레코드 플레이어

오디오 시스템(audio system)은 일반적으로 레코드 플레이어, 앰프, 스피커로 구성되어 있다. 그런데 레코드 플레이어는 최근에는 CD나 DVD 때문에 사용이 급격히 줄어들고 있다. 그러나 음악 애호가들은 LP(long play) 레코드판의 음질이 좋고 값이 싸기 때문에 아직도 많이 사용하고 있다.

그림 5.6은 레코드 플레이어의 구조를 나타낸 것이다.

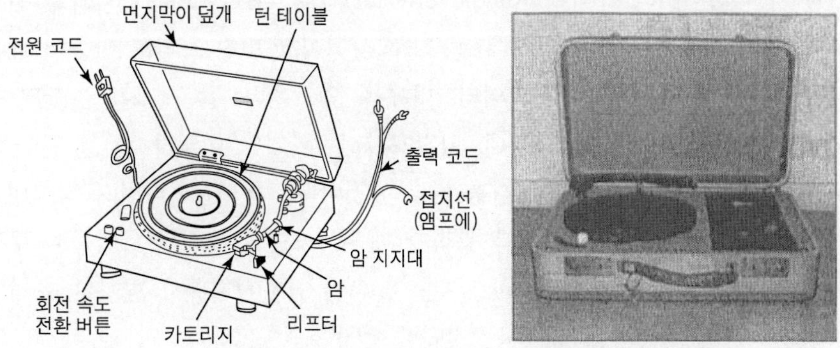

(a) 구조　　(b) 외관

그림 5.6 레코드 플레이어

레코드 플레이어는 LP 레코드의 소리를 재생하는 기기이다. 레코드의 표준인 LP 레코드는 약 0.05mm 폭의 양면에서 45°로 홈을 파고, 홈의 좌우 채널에 소리를 기록한 것이다. 홈의 단면은 울퉁불퉁하게 만들어 녹음되는데, 그 홈을 따라 카트리지의 바늘이 이동하면서 진동할 때 기계적인 진동을 전기 신호로 변환시킨다. 즉 카트리지(catridge)는 기계적 진동을 전압으로 변환시켜주는 것으로 압전 재료 등이 사용된다.

(3) 믹싱 콘솔

그림 5.7은 음향 재생 기기인 믹싱 콘솔(mixing console) 또는 믹서(mixer)를 나타낸 것으로, 이는 프리앰프(pre-AMP)의 한 종류이다.

믹싱 콘솔은 앰프(증폭기)에서 소리를 증폭할 수 있도록 여러가지 다른 입력들의 레벨을 조정하고 음색을 조정하며 다양한 효과를 더한 다음 출력하는 기기이다. 이는 스튜디오나 음악회 등에서 녹음하는 경우, 마이크로폰으로 입력되는 음성과 라인으로 입력되는 음악의 소리를 앰프로 보내기 전에 미리 좋은 소리로 들리도록 합치는 기기이다.

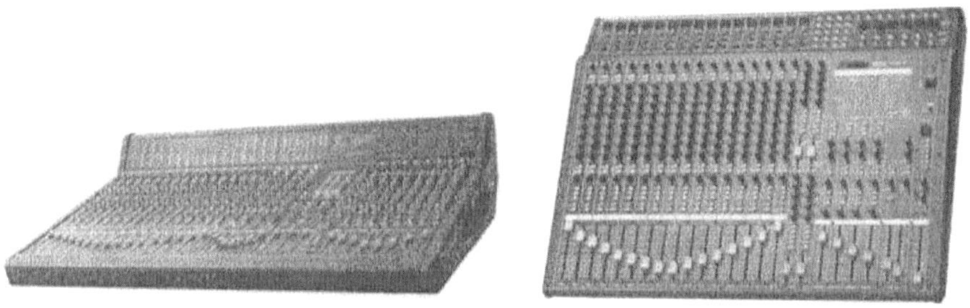

(a) 스튜디오용 (b) 4 버스형

그림 5.7 각종 믹싱 콘솔

(4) 이퀄라이저

음향 재생 기기에는 오디오 이펙터(audio effector)라고 부르는 여러가지의 주변 기기가 있다. 이 주변 기기들은 소리를 가공하여 좀 더 환상적이고 멋진 소리로 만들어 내는 기기이다. 오디오 이펙터에는 컴프레서, 리미터, 디에서, 익스펜더, 잡음 게이트, 딜레이, 리버브, 하모나이저, 이퀄라이저 등이 있는데, 가장 중요한 기기인 이퀄라이저를 알아보자.

그림 5.8은 이퀄라이저의 모양과 원리를 나타낸 것이다. 즉, A_1 형태인 육각형의 신호가 B를 통과하면서 A_2 형태로 바뀌고, C를 통과할 때 A_3 모양의 원래대로 만들어 주는 것이 이퀄라이저이다. 결국 이퀄라이저(equalizer)는 여러 기기를 거치면서 변형된 음의 형태를 원음에 가깝게 만들어 주는 기능을 하는 것이다.

(a) 모양

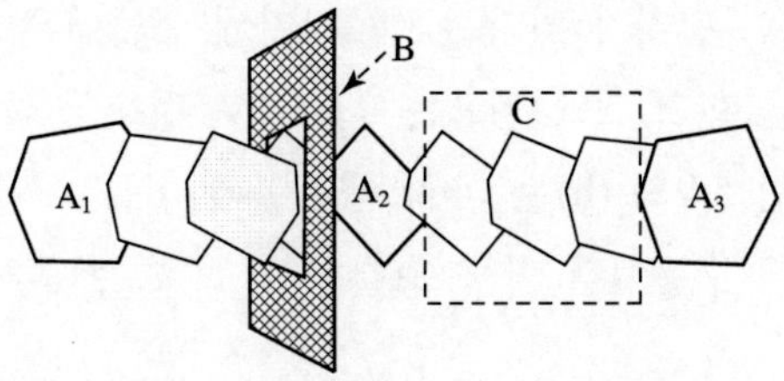

(b) 원리

그림 5.8 이퀄라이저

(5) 앰프

앰프(AMP)란 증폭기인 앰플리파이어(amplifier)의 줄임말로서, 앰프에는 프리앰프와 파워앰프가 있다. 프리앰프(pre-AMP)는 카트리지나 마이크로폰의 출력과 같이 미소한 전압을 증폭하는 것이며, 파워앰프(power AMP)는 스피커를 구동시키는 데 필요한 전력을 공급하는 것이다.

그림 5.9의 (a)는 프리앰프인데, 각종 기기를 프리앰프의 뒷면에 접속할 수 있고, 앞면에

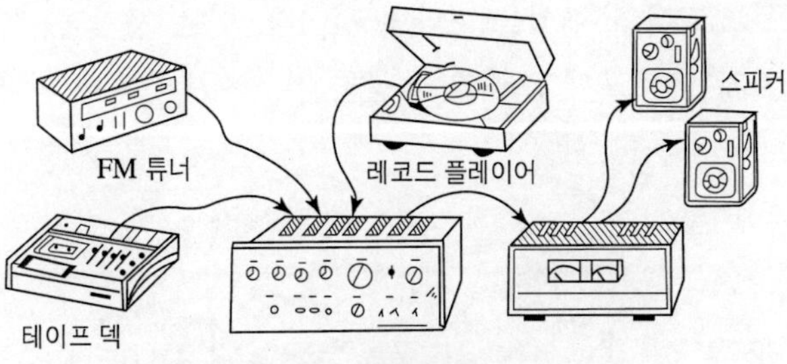

(a) 프리앰프

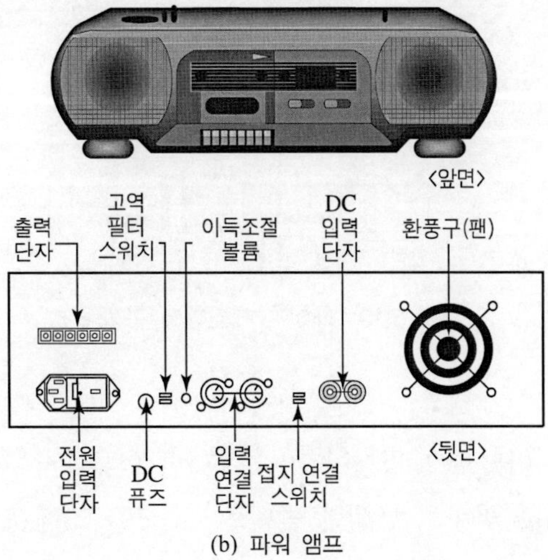

(b) 파워 앰프

그림 5.9 앰프

는 제어 단자가 있다. 각종 기기에서 들어온 신호를 전환 및 보정하여 파워 앰프로 보내는 기능을 한다. 프리앰프는 0.5~1V 정도의 출력을 낸다.

그림 5.9의 (b)는 파워 앰프인데 이를 메인 앰프(main AMP)라고도 한다. 이 기기는 스피커를 구동시킬 만큼 충분한 전력을 보내주는 중요한 역할을 한다.

1.1.3 녹음기

녹음기(recorder)에는 아날로그와 디지털형이 있다. 종전에 주로 사용해오던 테이프 레코더는 자기 테이프(magnetic tape)에 소리를 녹음했다가 재생시키는 음향기기로서, 간단히 녹음기라고도 한다.

(1) 아날로그 자기 테이프 레코더

테이프 레코더는 1898년 덴마크의 파울센(Paulsen)이 발명하였다. 이것은 자기 테이프 위에 음을 기록하고 재생하는 것으로, 음악용, 대형 컴퓨터의 기억 장치, 녹화기(VTR) 등에 널리 사용되고 있다.

그림 5.10은 테이프 레코더의 구성을 나타낸 것이다. 이는 자기 헤드, 테이프 전송 기구, 증폭기로 구성되며, 자기 테이프에 소리를 녹음하거나 재생하는 것이다.

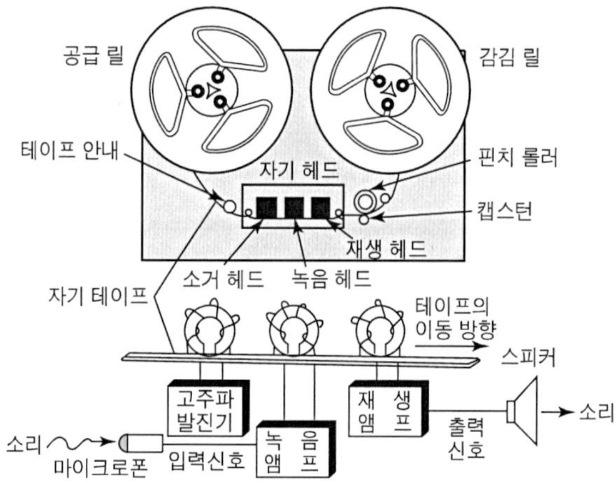

그림 5.10 테이프 레코더의 구성

(2) 디지털 레코더

자기 테이프 레코더는 아날로그 방식이지만, 1972년 일본에서 처음으로 디지털 방식의 녹음을 시도하였다. 그러나 곧바로 탄생한 콤팩트 디스크(CD)에 밀려서 크게 보급되지는 못하였다.

그림 5.11은 디지털 레코더를 나타낸 것이다. 디지털 레코더는 장시간 녹음을 할 수 있는 것이 장점이며, 가볍고 여러가지 장점이 있어서 앞으로 그 사용이 확대될 것이나, 가격이 비싸다.

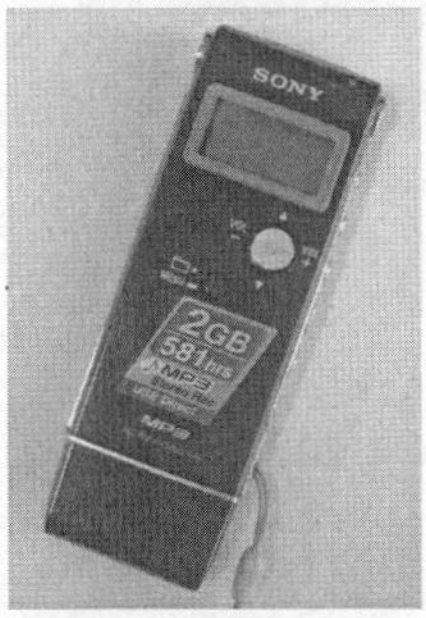

그림 5.11 디지털 레코더

1.1.4 CD와 DVD

(1) CD의 원리

오디오 시스템에서 스테레오(stereo) 기술은 1958년에 등장하였다. 그 후로 아날로그 기술은 계속 발전하였지만 한계를 뛰어 넘을 수 있는 기술이 1982년에 개발된 디지털 오디오 기술이다. 디지털 오디오 기술은 반도체 소자와 IC 및 광전자 공학(optoelectronics)의 기술 덕분이다.

현재의 콤팩트 디스크(CD, Compact Disk)의 원조는 1979년에 필립스(Philips)사에서 개발하였으며, 1980년에 필립스사와 소니(SONY)사가 규격을 12cm로 통일하여 오늘에 이르고 있다.

기존의 아날로그식 LP레코드는 PVC 원판 위에 홈이 있으며, 그 홈에 음성 신호를 기록하는 것이다. 반면에 CD는 0과 1의 디지털 신호를 폴리카보네이트 원판에 기록하여 레이저 광으로 데이터 신호를 읽어 내는 것이다. 다만, LP 레코드는 음성 신호를 원판의 양면에 녹음하지만, CD는 원판의 한 면에만 녹음할 수 있다.

그림 5.12는 CD의 구조를 나타낸 것이다. CD는 LP 레코드와는 반대로 원판의 안쪽부터 음성 데이터를 기록하기 시작하며, 시작 부분에 리드 인(lead-in)이 있어서 내용과 목차, 연주 시간 등이 기록되어 있다. 그리고 신호를 재생하는 레이저광은 CD의 아래쪽에서 비춘다.

그림 5.13은 CD의 트랙(track)과 비트(bit)를 나타낸 것이다. 트랙의 간격은 1.6μm이며, 비트의 길이는 0.1μm이고, 비트의 폭은 0.5μm이다. 비트쪽에는 알미늄이 증착된 반사면

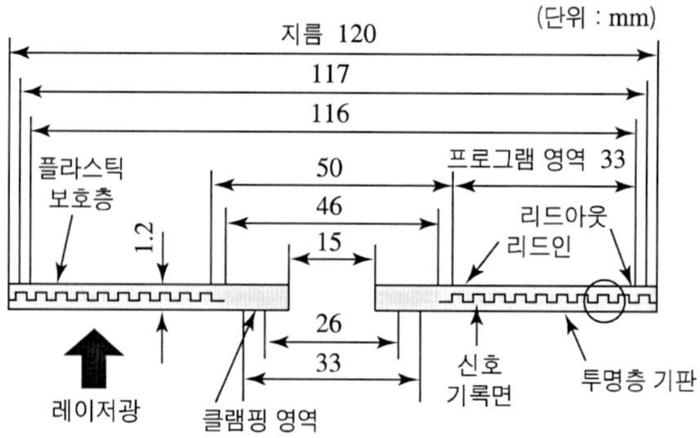

그림 5.12 CD의 구조

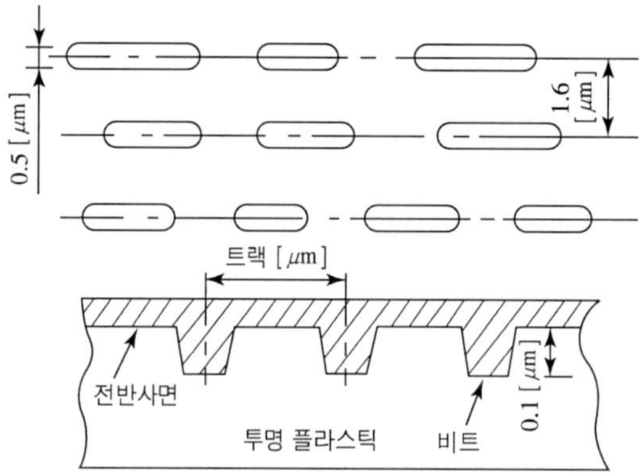

그림 5.13 CD의 트랙과 비트

이 있어, 이곳에 레이저광이 비춰지게 된다. 이 때 반사되는 빛의 세기는 비트가 없는 곳에서는 강하고(신호 1), 비트가 있는 곳에서는 약하다(신호 0).

(2) DVD의 원리

DVD는 디지털 비디오 디스크(Digital Versatile Disk)를 의미하며, CD의 용량과 성능을 대폭 개선한 것이다. DVD는 약 2시간 정도의 영상과 음성을 저장하는 지름 12cm 크기의 광디스크이다. DVD 1장의 기록 용량은 CD의 6~8배 정도이다. 레이저 광원으로는 CD용의 적외선 반도체 레이저(파장 780mm 정도)보다 파장이 짧은 적색 반도체 레이저(파장 635~650mm)를 사용한다. 이 때 영상 데이터는 국제 표준 방식인 MPEG 2로 압축한다.

또한 DVD는 고화질의 영화를 담을 수 있는 영상 매체로서 뿐만 아니라, 컴퓨터 기억장치인 CD-ROM 대신에 DVD-ROM으로서 앞으로 널리 사용될 것이다.

1.1.5 PA 음향 시스템

PA(Public Address) 음향 시스템이란 제한된 범위의 공간과 사람을 대상으로 음향을 들을 수 있도록 하는 시스템이다. 가정, 학교 방송실의 방송 시스템, 유선방송, 극장, 공연장 등이 해당된다.

그림 5.14는 학교 방송 시스템의 구성도를 나타낸 것이다. 방송실의 A/V 조정탁자에 있는 앰프 등이 핵심 기기이다.

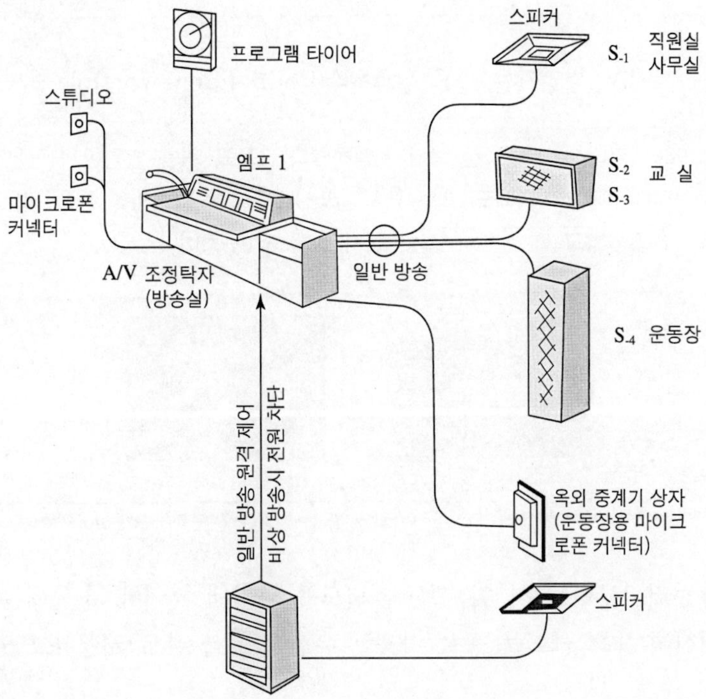

그림 5.14 학교 방송 시스템의 구성도

1.2 영상 기기

영상 기기로는 TV 및 VTR 등이 있다. TV는 최근에 HDTV와 IPTV 기술이 개발되었다.

1.2.1 컬러 텔레비전

(1) CRT TV

우리나라에서 컬러 텔레비전 방송은 1980년부터 시작되었다. 오늘날 컬러 TV는 방송국에서 송신된 영상 신호와 음성 신호를 수신하여 재생하는 대표적인 영상 기기이다. 컬러 TV 방식으로는 NTSC 방식과 PAL 방식이 대표적이다.

NTSC 방식(National Television System Committee)은 한국, 미국 등에 사용하며, PAL 방식(Phase Alternation by Line)은 영국, 독일, 스위스 등에서 사용하고 있다. 두 방식의 기본 원리는 같으나, 색신호의 전송과 재생 방법에 차이가 있고, 초당 전송되는 화면 수에도 약간의 차이가 있다.

읽을거리

TV 발명가는 필로 판즈워스(Philo Farnsworth)

우리나라는 1980년부터 칼라 TV를 보기 시작하였다. TV를 처음 발명한 사람은 미국의 필로 판즈워스(1906~1971)이다. 그 외에도 그는 팩시밀리, 내시경, 전자현미경 등을 발명하였다. 아래 그림은 판즈워스가 고등학교 때 칠판에 그린 전자식 TV의 구조이다.

그림 5.15는 컬러 TV의 송신 및 수신 개념도를 나타낸 것이다. 최근에는 가정 등에서 수신 안테나 대신에 동축 케이블 등을 사용한 유선 방송을 주로 시청하고 있다. 컬러 TV

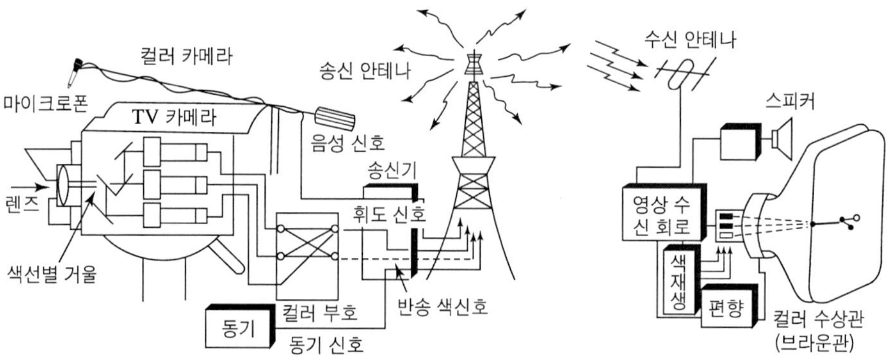

(a) 송신측 (b) 수신측

그림 5.15 컬러 TV의 송신 및 수신 개념도

의 수상관은 브라운관(Braun tube)이라고 부르는데, 이는 색채 신호에 의하여 제어되는 전자 빔을 빨강, 녹색, 파랑의 형광체에 정확하게 집점시켜서 발광하도록 하여 컬러 화상을 재현하는 것이다. 이는 열전자 방출 현상을 이용하므로 음극선관(CRT : Cathode Ray Tube)이라고도 한다.

(2) HDTV

HDTV는 고화질 텔레비전(High Definition Television)의 약자이다. HDTV는 기존의 컬러 TV가 가지고 있는 단점을 보완하고, 가로와 세로의 해상도를 약 2배 정도 높이며, 특히 가로와 세로의 화면 크기 비율을 16 : 9로 개선한 것이다. 그림 5.16은 HDTV를 나타낸 것이다.

그림 5.16 HDTV

그림 5.17은 HDTV와 기존 TV를 비교한 것이다. HDTV와 기존 텔레비전의 최대 차이점은 화면의 선명도를 나타내주는 주사선(scanning line)의 차이이다. 기존 텔레비전의 주사선 수가 525~625선이고, HDTV는 2배 이상 많은 1,050~1,250선으로 마치 현장에 있는 것 같은 사실감을 느낄 수 있다.

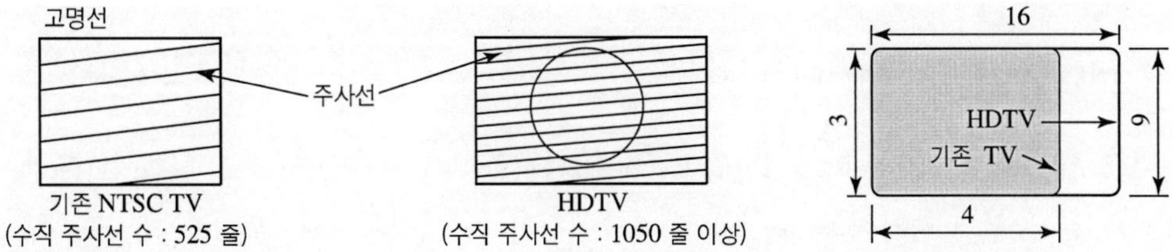

(a) 기존 TV 주사선 (b) HDTV 주사선 (c) 화면 크기 비교

그림 5.17 기존 TV와 HDTV의 비교

(3) IPTV

IPTV는 인터넷 프로토콜 텔레비전(Internet Protocol Television)의 약자이다. 이는 초고속 인터넷을 이용하여 방송 등을 텔레비전으로 제공하는 서비스이다. 결국 인터넷과 TV의

융합이라는 점에서 디지털 컨버전스의 한 유형이다. 특히 기존의 인터넷 TV와 다른 점은 컴퓨터 모니터 대신에 TV 수상기를 이용하고, 마우스 대신에 리모콘을 사용한다는 점이다.

IPTV를 이용하기 위해서는 TV, 셋톱 박스(set top box), 인터넷 회선만 연결되어 있으면 된다. 그러므로 컴퓨터에 익숙하지 않은 사람도 TV 리모콘을 이용하여 간단하게 인터넷 검색, 영화 감상, 홈쇼핑, 온라인 게임 등 인터넷이 제공하는 다양한 콘텐츠 및 부가 서비스를 제공받을 수 있는 것이 장점이다. 특히 IPTV는 비디오를 비롯한 방송 콘텐츠를 제공한다는 점에서는 일반 케이블 방송 및 위성 방송과 비슷하지만, 양방향성이 추가된다는 점이 특징이다. 한 방향의 공중파 방송이나 케이블 방송 등과는 달리 시청자가 편리한 시간에 보고 싶은 프로그램만 볼 수 있다. 따라서 TV 방송의 주도권이 방송사나 중계업자로부터 시청자에게 넘어가는 셈이다. 현재 홍콩, 이탈리아, 일본 등 일부 국가에서 IPTV 서비스를 하고 있으며, 우리나라는 2008년부터 IPTV를 시범 방송하고 있다.

그림 5.18은 시범 방송 중인 IPTV의 모니터에 나타난 메뉴를 시청자가 TV 리모콘으로 선택하는 장면이다.

그림 5.18 IPTV의 화면 메뉴 예

1.2.2 비디오 테이프 레코더

비디오 테이프 레코더(Video Tape Recorder)는 줄여서 VTR이라고도 한다. VTR은 화상과 음향을 동시에 녹음하고 재생할 수 있는 자기 기록 장치이다. 오디오 테이프 레코더(ATR, Audio Tape Recorder)가 음향만을 녹음하고 재생할 수 있는 것에 비하여 VTR이 더 우수한 기기이다. VTR은 TV와 연계되는 중요한 영상 기기이다. VTR의 방식에는 VHS(Video Home System)와 베타 맥스(beta max)의 두 가지가 있다. 두 방식 모두 0.5인치 자기 테이프를 사용하며, 원리는 비슷하지만 서로 호환성이 없다. 각 국가별로 서로 다른 방식을 사용하지만, VHS 방식이 주류를 이룬다.

1.2.3 LCD

LCD는 액정 디스플레이(Liquid Crystal Display)의 약자이다. 액정은 액체와 고체의 결정성이 가지는 일부 성질들을 가지고 있다. 액정의 분자 배열 구조는 고체의 결정 구조와 같이 단단하게 결합되어 있지 않기 때문에, 전기장, 자기장, 온도, 응력 등의 외부 영향에 의하여 분자 구조가 쉽게 재배열되는 것이다. 이와 같이 액정의 유연한 분자 배열이 디스플레이 소자, 광전자 소자, 센서 등에 응용이 되는 것이다.

LCD의 특징은 얇고, 가벼우며, 낮은 소비 전력과 낮은 동작 전압을 가지고 있다는 점이다. 그러므로 최근에는 컴퓨터 모니터, 휴대폰, TV, 군사 장비 등에 매우 널리 사용되고 있다.

그림 5.19의 (a)는 컬러 LCD의 단면 구조를 나타낸 것이고, 그림 (b)는 능동 매트릭스 구동(active matrix driving) LCD의 구조를 나타낸 것이다. LCD는 TFT-LCD가 많이 사용되며, 여기서 TFT란 박막형 트랜지스터(Thin Film Transistor)라는 의미이다.

그리고 그림 5.19의 (a)에서와 같이 LCD의 맨 뒤쪽에는 특수한 형광등인 냉음극 형광등(CCFL : Cold Cathode Fluorescent Lamp)이 후광(back light) 광원으로서 매우 중요한 역할을 하고 있다. 최근에는 CCFL 대신에 LED를 광원으로 사용한 LED TV가 판매되고 있다.

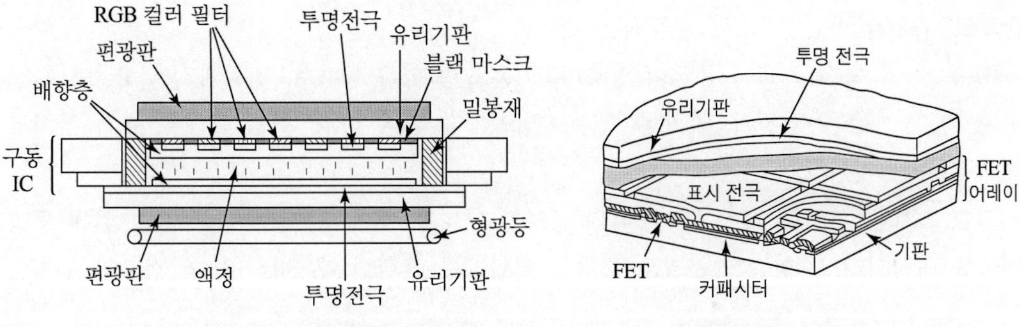

(a) 컬러 LCD의 단면 구조 (b) 능동 매트릭스 구동 LCD의 구조

그림 5.19 LCD의 단면과 TFT-LCD의 구조

1.2.4 PDP

PDP는 플라즈마 디스플레이 패널(Plasma Display Panel)의 약자이다. 기존에 PC 모니터와 TV로 사용되어 오던 CRT를 최근에는 LCD와 PDP가 대체하고 있다. LCD와 PDP는 CRT에 비하여 패널의 두께가 얇고 면적을 넓게 할 수 있는 것이 최대의 장점이다. 플라즈마란 '양과 음의 하전 입자가 공존하여 전기적으로 중성인 상태'를 말한다. PDP는 1966년 미국 일리노이 대학에서 처음 연구 발견되었다.

그림 5.20은 PDP 구조의 예를 나타낸 것이다. 내부에서 플라즈마 방전이 생기고 있는 것으로, 최근 국내 가전 회사에서는 PDP를 이용한 TV를 판매하고 있다.

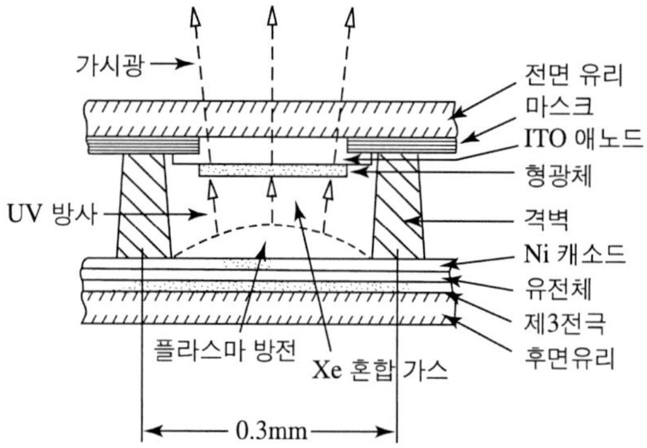

그림 5.20 PDP의 구조 예

1.2.5 EL 소자

EL은 일렉트로 루미네슨스(Electro Luminescence)의 약자로서, 형광체나 반도체에 전계를 인가할 때 발광하는 현상을 말한다. EL 소자의 종류는 분산형 EL과 박막형 EL로 분류한다. 즉 EL 소자는 구조적으로 발광층이 형광체 분말로 구성된 분산형 EL과, 치밀한 박막으로 구성된 박막형 EL로 구분하는 것이다.

EL 소자의 특징은 표시 품질이 양호하고, 온도 변화에 강하며, 진동에 강하고, 소비 전력이 작고, 매우 가벼우며, 박막형이므로, 앞으로 휴대폰, PMP 등의 휴대용 표시 장치로 널리 사용될 것이다.

그림 5.21은 분산형 직류 EL 소자의 구조를 나타낸 것이다. 이는 유리 기판 위에 투명 전극을 형성시키고, 형광체 분말과 소량의 결합제를 혼합한 후 30~50μm 정도의 두께로

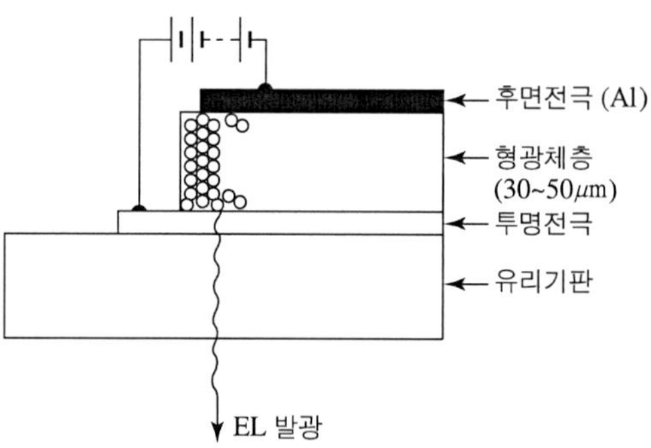

그림 5.21 분산형 직류 EL 소자의 구조

전극 위에 도포한다. 직류 구동이므로 형광체 층에 전기 전도성을 갖도록 하기 위하여 0.5~1μm의 아주 미세한 형광체 분말을 사용한다. 끝으로 후면에 전극을 알미늄으로 증착함으로써 EL 소자가 완성된다.

1.2.6 CATV

CATV는 공동 수신 안테나 텔레비전(Community Antenna Television)의 약자로서, 종합 유선 방송을 말한다. CATV는 원래 산간 벽지의 난시청 지역을 해소하기 위하여 산꼭대기에 공동 수신 안테나를 설치하여 TV 방송을 수신했던 시스템이다.

오늘날 CATV는 넓은 주파수 대역의 전송 매체인 광케이블과 동축 케이블 등이 등장함으로써 다양한 서비스를 제공할 수 있게 되었다. 또한 CATV는 기존의 TV에 비하여 매우 많은 채널을 가질 수 있으며, 다양한 프로그램을 제공하므로 APT 등의 도시민들에게 널리 보급되었다.

그림 5.22는 CATV 시스템의 기본 구성을 나타낸 것으로서, 중계 설비, 송출 설비, 전송 설비, 단말 설비로 구분한다.

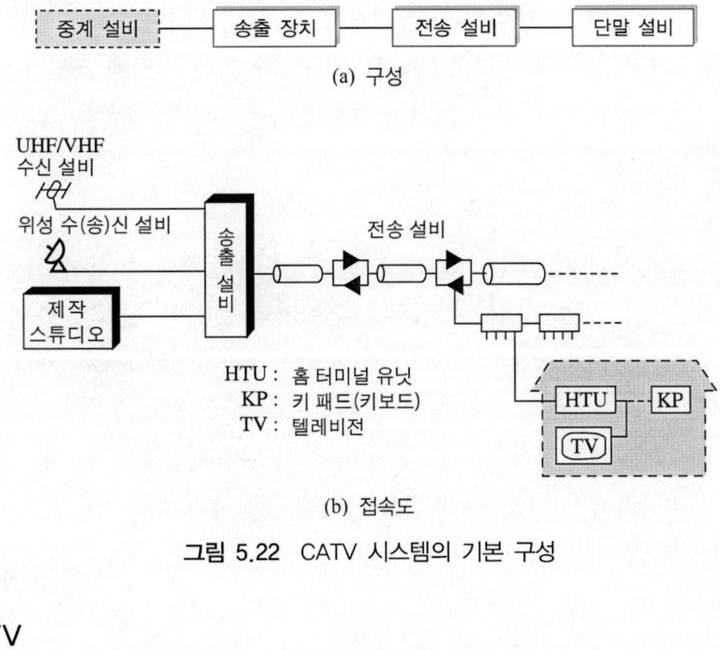

그림 5.22 CATV 시스템의 기본 구성

1.2.7 CCTV

CCTV는 폐쇄 회로 텔레비전(Closed Circuit Television)의 약자로서, 특정한 장소와 목적으로 특정한 사람에게 전달하는 시스템이다. CCTV는 먼거리의 관찰, 안보이는 지역의 관찰, 영상 신호의 기록 및 재생 등의 목적으로 사용되며, 방범용, 산업용, 교육용, 의료용 등으로 널리 사용된다.

그림 5.23은 APT 등의 방문객을 CCTV로 영상을 기록하는 감시 시스템의 사용 예이다.

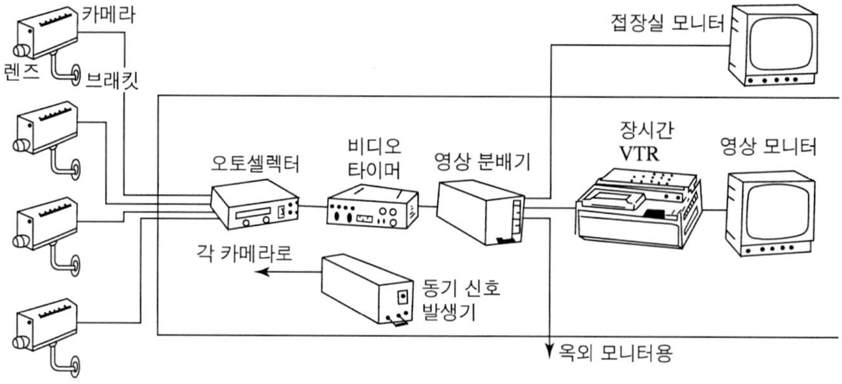

그림 5.23 방문객 기록 감시용 CCTV 시스템

1.3 유선 통신 기기

유선 통신 기기는 전선이나 광섬유 등을 이용하여 음성, 데이터, 문자, 영상 등의 신호를 전달하는 통신 수단이다. 이 때 정보의 전달은 제공자와 이용자 간에 교환국에서 스위치로 자동 접속하여 이루어진다. 유선 통신 기기의 종류에는 전화기, 팩시밀리, 교환기 등이 있다.

1.3.1 전화기

전화기는 멀리 떨어진 곳에 있는 상대방과 통신망을 이용하여 음성 통신을 할 수 있도록 하는 통신 기기이다. 전화기에는 아날로그 전화기와 디지털 전화기가 있다. 아날로그 전화기에는 다이얼식과 푸시 버튼식이 있으며, 디지털 전화기에는 ISDN 전화기나 화상 전화기가 있다.

그리고 사용 장소에 따라 전화기는 공중 전화와 가입자 전화로 나눌 수 있다.

그림 5.24는 우리나라에서 사용해 온 전화기의 발달을 순서대로 나타낸 것이다. 최근에는 무선 전화기도 많이 사용하므로 편리해졌다.

1.3.2 교환기

전화기는 유선 전화기든 무선 전화기든 간에 교환국이 필요하다. 1876년에 미국의 벨(Bell)이 전화기를 발명한 후에, 1878년에 세계 최초의 교환기가 미국에서 설치되었다. 교

그림 5.24 전화기의 발달 역사

환기는 통화를 원하는 가입자를 서로 연결시켜 주는 것인데, 연결 방식에 따라 수동식과 자동식으로 나눌 수 있다. 과거에는 교환 작업을 교환원의 손에 의하여 처리하는 수동식 교환기(manual switching system)가 사용되었다.

자동식 교환기는 기계식과 전자식이 있다. 기계식에는 스트로저형, EMD형, 크로스바형 등이 있었으나 지금은 거의 사용되지 않고 있다. 전자식 교환기에는 AXE-10 교환기, S-1240 교환기, TDX-1 계열 교환기, TDX-10 교환기, ATM 교환기 등이 있다.

1.3.3 전송 매체

유선 통신을 하기 위하여 계속 증가하는 정보량을 효율적으로 전송시키기 위하여 개발된 방식이 반송 통신 방식(carrier communication system)이다. 반송 통신을 위한 전송 매체는 동축 케이블과 광섬유가 대표적이다.

(1) 동축 케이블

그림 5.25는 동축 케이블(coaxial cable)의 구조이다. 내부 도체와 외부 도체가 중심축을 공유하는 구조이며, 그 사이에 전기적 현상을 차단하는 폴리에틸렌 등의 재료를 넣은 것이다. 동축 케이블은 통신 선로 외에도 컴퓨터 통신 선로로 많이 사용된다.

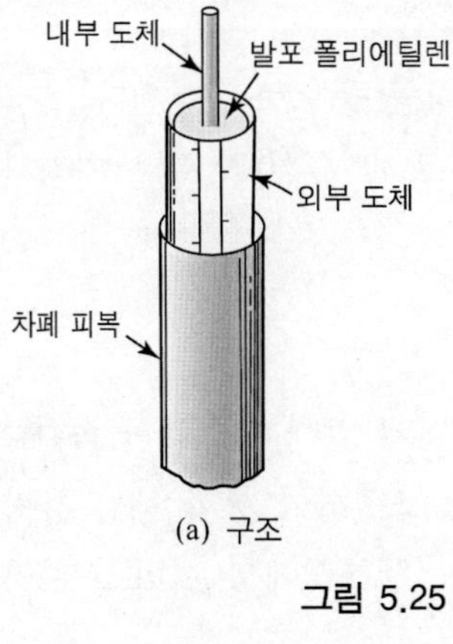

(a) 구조

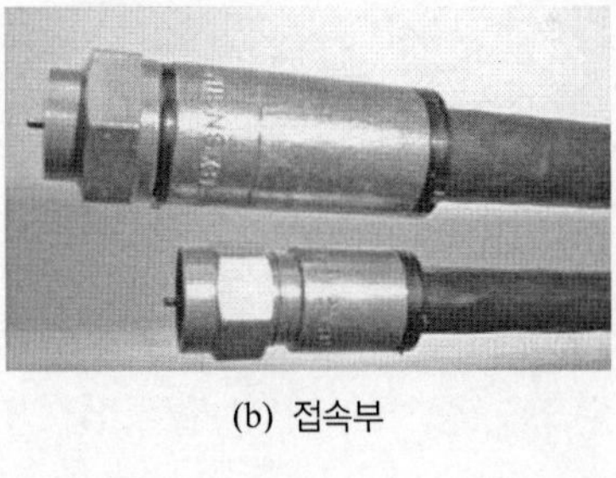

(b) 접속부

그림 5.25 동축 케이블의 구조

(2) 광섬유

광섬유(optical fiber)는 매우 가는 유리 섬유로 만들어졌으며, 유리 섬유 내부의 광굴절율을 이용하여 통신 신호를 선로 외부로 누출없이 전송할 수 있는 전송 매체이다.

그림 5.26은 광섬유의 구조를 나타낸 것이다. 그림과 같이 내부의 중심에는 코어(core)가 있고, 코어 주위를 이보다 굴절율이 작은 클래딩(cladding)으로 감싼 것이다.

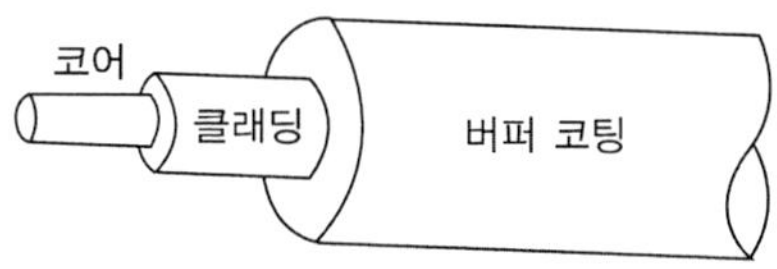

(a) 광섬유 구조

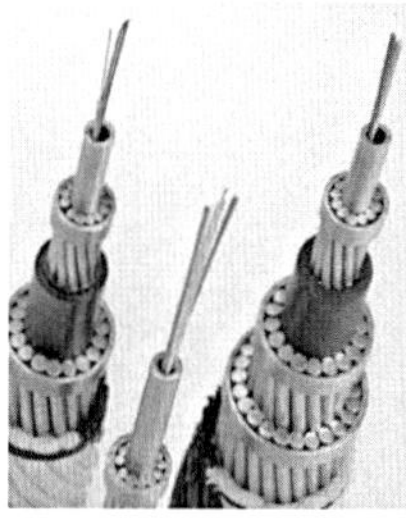

(b) 광케이블

그림 5.26 광섬유 케이블의 구조

1.4 무선 통신 기기

무선 통신은 유선 통신과는 달리 통신 선로가 없이 전파가 공기 중을 전파하여 통신이 가능한 방식이다. 여기서는 이동 통신과 위성 통신에 대하여 알아보자.

1.4.1 이동 통신

이동 통신은 19세기 말에 벨(Bell)과 마르코니(Marconi)가 전기 장치를 이용한 유・무선 통신을 시도한 이후로 비약적인 발전을 하고 있다. 무선 통신은 1970년대 말에 셀룰러(cellular)의 도입으로 급속한 발전을 하였고, 21세기에는 시간과 공간을 뛰어넘는 통신 형태인 개인 통신망이 상용화되고 있다.

이동 통신의 서비스는 지역에 따라 육상, 해상, 항공 등으로 구분된다. 그리고 통화 형태에 따라 휴대용 전화, 무선 호출기, 햄(HAM) 등으로 분류된다. 현재 가장 많은 사용자를 확보하고 있는 것이 휴대용 이동 전화이다.

(1) 셀룰러

무선 통신 분야는 셀룰러의 개념이 도입된 1970년대 말에 이르러 급속한 발전을 시작했다. 이 방법은 수요의 증가에 따라 셀(cell) 반경을 조절하여 통화 채널 용량을 조절할 수 있으므로, 가입자가 많아져도 수용이 가능하다. 즉, 셀룰러에서 서비스 지역을 작은 셀로 나누고, 셀 경계를 정하기 위해서 셀 모양을 정의해야 한다. 그러나 쉽게 생각할 수 있는 원형의 셀은 평면적으로 배치할 수 없어 사용하기가 곤란하여 다각형 형태를 사용하며, 주파수는 800[MHz]가 이용된다.

(2) 무선 호출기

무선 호출기는 일명 '삐삐'라고도 부르며, 실제 이름은 페이저(Pager)이다. 개인용 이동 전화기가 보급되기 전 현대인은 한 번쯤 서비스를 제공받았을 것이다. 무선 호출기는 이동 단말기 중의 하나로, 일반 가입자 전화에서 호출하고자 하는 호출 번호를 다이얼링하면, 무선 호출 번호는 교환기를 통하여 무선 호출 기지국에 전송되고 레지스터에 저장되었다가 무선 호출 기지국에서 수신한 호출 번호의 가입자 유무를 점검하고, 해당 가입자가 있으면 부호화 장치를 가동하고 선택 호출 번호를 각 기지국에 송출하는 동시에 발호자에게 호출 중임을 알리게 된다.

그림 5.27 최근까지 사용되었던 무선 호출기이다.

그림 5.27 무선 호출기

(3) 휴대 전화

정보화 사회는 우리들이 생각하는 것보다 더욱 빠른 속도로 진행되고 있음을 느낄 수 있다. 기존의 전화기에 이동성을 부여한 이동 전화(mobile phone)는 그 장비의 가격이나 유지 비용이 비싸다는 단점에도 불구하고, 재료의 개발과 시스템의 보완 등에 따라 사용 범위가 기하급수적으로 확대되고 있다.

이동 전화를 대표할 수 있는 것 중의 하나가 PCS(Personal Communication Service)이다. 이것의 주파수는 1.7[GHz]로 전파의 투과성이 셀룰러에 비해 떨어지므로, 장애물이 많은 빌딩 숲이나 산악 지역에서는 통화가 단절되는 경우가 있다.

그림 5.28은 각종 휴대 전화를 나타낸 것이며, 미국에서의 영어 명칭은 셀 폰(cell phone)이다.

그림 5.28 휴대 전화

(4) 아마추어 무선(HAM)

아마추어 무선 즉 햄(Hyman Almay Murry: HAM)은 1908년에 미국 하버드 대학 무선 클럽의 멤버 3명이 자신들을 서로 호출하기 위해서 처음 사용하였다. 근대에 접어들어 HAM은 교육, 기술, 경제 및 사회 각 분야에서 중요한 역할을 하고 있다.

HAM의 교육 및 기술적 측면을 보면, 어학 교육 실습장, 세계 역사 및 지리에 대한 견문의 넓힘, 전자 통신 공학의 생활화, 새로운 과학 기술의 개발, 유능한 무선 기술 인력의 양성 등이 있다. 그리고 경제적, 사회적인 측면을 보면 전자 산업에 기여, 노동 인력 확보의 용이성, 전쟁시에 통신병으로서의 투입 및 개인 장비의 활용, 정보의 상호 교류 및 홍보 등이 가능하다.

1.4.2 위성 통신

(1) 개요

1957년 인류 최초의 인공위성인 스푸트니크 1호(Sputnik 1호, 현재의 러시아) 발사에 성공함으로써, 인공 위성을 이용한 통신망 구축이 현실로 되었다. 위성 통신은 지상에서 전파를 수신하고 증폭해서 주파수를 변환시킨 후 다시 지구로 재전송하기 위한 통신 위성과, 지구에서 전파를 송·수신하는 지구국(branch office), 전파가 전달되는 채널(channel)로 구성된다.

그림 5.29는 위성 통신의 개념도를 나타낸 것이다.

(2) 한국의 위성 통신

우리나라의 위성 통신은 지난 1990년대부터 한국 통신(KT)에서 미래 정보 사회를 주도하기 위한 목적으로 무궁화 위성 사업을 추진하고 있다. 무궁화 위성은 한국 최초의 통신 및 방송 복합 위성으로, 기술적인 문제를 극복하고 1995년 8월 5일, 미국 플로리다주 케이프 커내버럴 공군 기지에서 발사되었다. 이로써 한국은 세계에서 22번째로 상업용 위성을 확보한 국가가 되었다.

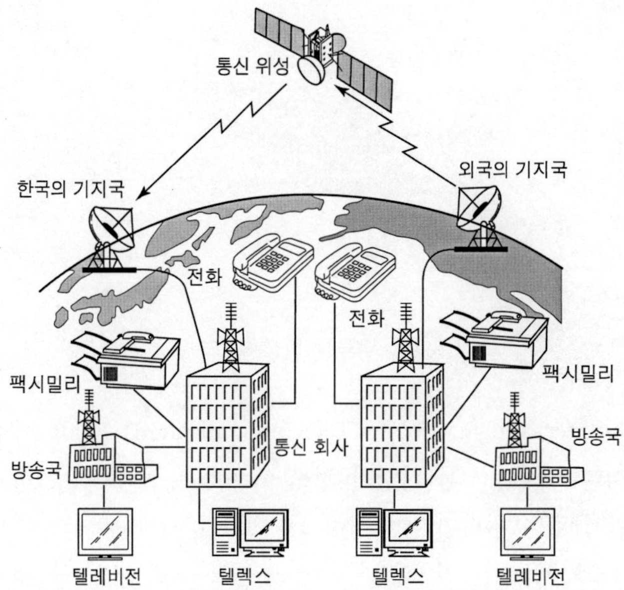

그림 5.29 위성 통신의 개념도

무궁화 위성의 발사로 말미암아 독자적인 위성 통신 시대를 열게 되었고, 간편한 위성 지구국 설치로 전국 어디에서나 상호 통신이 가능하게 되었다. 또한 한정된 우주 공간 개발에 참여함으로써 21세기 정보화 세계에 탄력적으로 대응할 수 있는 터전을 확보하였다.

인공 위성의 제작 시스템은 크게 세 부분으로 이루어진다. 위성을 우주 공간까지 운반하는 발사체(launch body), 통신과 방송 기능을 담당하는 위성체(satellite body), 그리고 우주 공간에 떠 있는 위성이 궤도를 이탈하지 않고 정상적인 기능을 수행할 수 있도록 자세를 제어하는 관제소(control tower)로 나누어져 있다.

무궁화 위성을 이용한 서비스의 형태는 기존의 통신 서비스와는 비교할 수 없을 정도로 다양하며, 효율면에서도 혁신적이라고 말할 수 있다. 무궁화 위성의 주요 기능은 TV의 신호 중계, 직접 위성, 정지 영상, 화상 회의, 통신망의 긴급 복구, 음향 방송 및 문자 방송 및 팩시밀리 전송 등이다.

그림 5.30은 무궁화 위성 3호의 구조를 나타낸 것이다.

(3) IMT-2000

기존의 이동 통신 서비스는 서비스별로 전용 단말기를 이용해야 하는 불편이 따르고, 국가별로 서로 다른 주파수와 기술 방식을 사용함으로써 이동성에 한계가 있다. 또, 무선이라는 전송 매체를 사용해야 하는 기술적인 제약으로 멀티미디어 서비스 이용자의 증대된 욕구를 만족시키는 데 어려움이 있다.

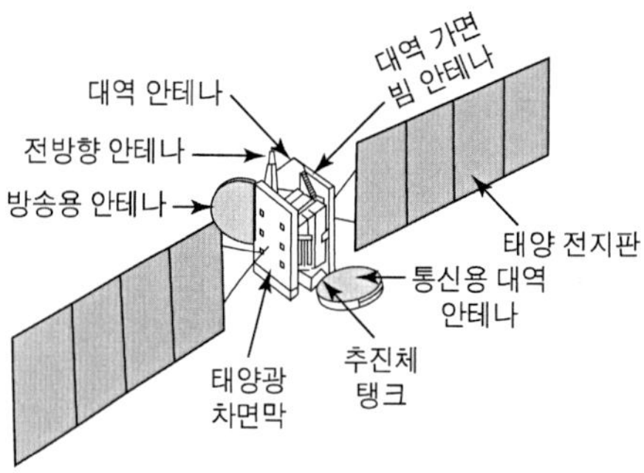

그림 5.30 무궁화 위성 3호의 구조

그러나 IMT-2000(International Mobile Telecommunications-2000) 서비스는 음성 뿐만 아니라 영상, 멀티미디어 서비스 등 다양한 정보 이용과 유선망 서비스에서 전세계로 서비스 영역을 확대하는 글로벌 멀티미디어 서비스를 할 수 있다.

그림 5.31은 IMT-2000을 이용한 멀티미디어 통신의 개념도를 나타낸 것이다.

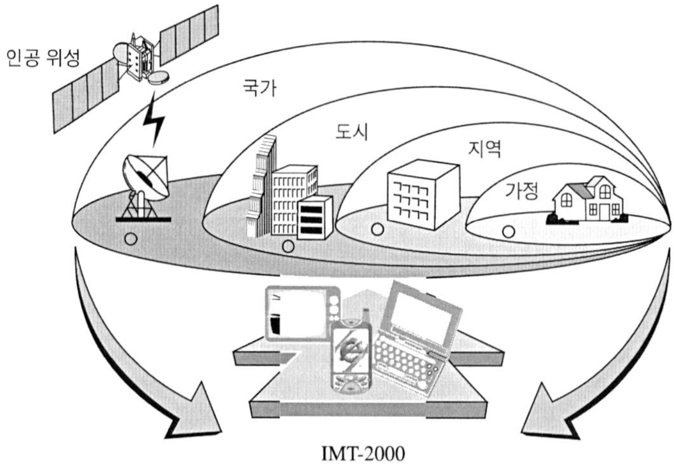

그림 5.31 IMT-2000의 개념도

(4) GPS

GPS는 범세계 위치 측정 시스템(Global Positioning System)의 약자로서, 전파의 직진성과 정속성을 이용하여 이동 물체의 위치를 측정할 수 있는 통신 시스템이다. GPS는 항공기, 선박, 자동차 및 개인 휴대용으로 언제 어디서든지 물체의 정확한 위치 측정은 물론이고, 지도 제작 및 측량 등에 이용되고 있다.

GPS 위성은 NAVSTAR(Navigation System with Timing And Ranging)라고 부르는 중궤도 위성으로서, 약 12시간마다 지구를 선회하고 있으며, 총 24개의 위성 중에서 21개가 운용되고 있고 3개는 예비 위성으로 지구 상공에 균일하게 배치되어 있다.

그림 5.32는 GPS의 위치 측정 원리이다. 만일 어떤 위치에서 GPS 수신기를 동작시키면, 3개의 GPS 위성으로부터 동시에 전송된 신호가 도달하는 시간차에 의하여 정확한 물체의 위치를 측정할 수 있는 것이다. GPS는 대기층 및 전리층에 의한 오차나 수신기의 시간 오차 등에 의하여 측정 거리의 오차가 약간 생길 수도 있으나, 점점 사용 범위가 넓어지는 통신 기기이다.

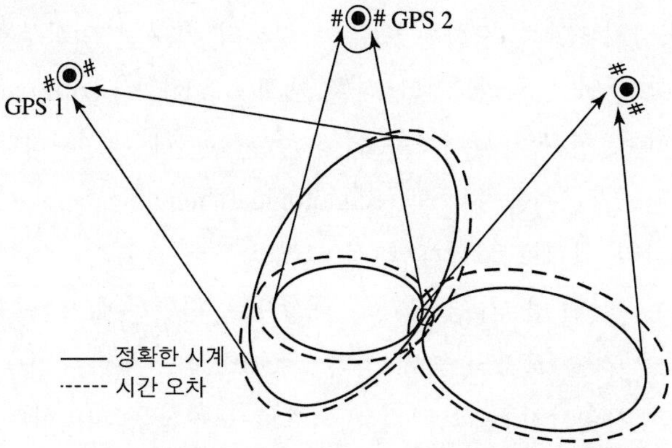

그림 5.32 GPS의 위치 측정 원리

2 통신 기술과 교육

기술 교육에서 통신 기술은 중요한 자리를 차지하고 있다. 1981년 미국에서 발표된 잭슨밀기술교육과정이론(JMIACT)이 있으며, 30여년의 세월이 흐르는 동안 첨단 기술은 급격히 발전해 왔는데, 이 이론이 아직도 적합한지와 한국적 교육 상황에 적합한지는 추후 연구 과제이다.

2.1 잭슨밀기술교육과정이론

그림 5.33은 잭슨밀기술교육과정이론(JMIACT)에서 제시한 교육과정 모형이며, 이하는 류창열(2006)의 저서인 '기술교육원론'의 내용 일부를 요약한 것이다.

잭슨밀기술교과교육과정이론(JMIACT : Jackson's Mill Industrial Arts Curriculum Theory)은 1979년부터 1981년까지 Snyder와 Hales 등 21명의 미국 기술교과교육 전문가들이 여

러 차례에 걸쳐 심포지엄을 개최한 결과를 정리하여 제시한 기술교과교육과정 이론이다.

이 이론에서는 인간의 적응(human adaptation)이란 관점에서 지식을 인식하고자 하였다. 인간의 적응을 위한 인지적 기초로서 네 가지 지식의 영역을 인식하였는데, 이 네 가지 지식의 영역은 과학(sciences), 인문학(humanities), 기술학(technologies), 형식적 지식(formal knowledge)이다(Snyder & Hales, 1981). 이 이론에서는 네 가지 지식 영역이 본질적으로 관련되어 있다는 점을 인식하면서도, 기술학이 다른 영역의 지식과는 다른 독특한 영역의 지식임을 인식하였다.

이 이론에 따르면, “기술학적 지식은 생존의 기본적 욕구인 의식주를 충족하기 위하여 물질적 세계를 조정할 뿐만 아니라, 기타 다른 재화(goods)와 서비스(services)를 제공하는 기술적 수단에 관련되며, 인간의 잠재력을 넓혀 주는 수단에 관련된다”. 그러므로 이 이론은 기술학을 기술적인 인간 적응 시스템(technological human adaptive systems)의 인지적 기초를 제공하는 지식의 체계로서 이해한 것이다.

기존의 IACP에서는 ‘산업’을 기술 교과의 대상으로 하였음에 비하여, JMIACT 이론에서는 ‘기술’과 ‘산업’을 기술 교과의 중요 영역으로 보았다. 이것은 기술 교과 교육이 산업 기술뿐만 아니라 일반 기술까지도 그 교과 영역으로 포괄함을 의미한다. 즉, IACP에서 인정된 제조 기술과 건설 기술 이외에도 통신 기술(communication technology)과 수송 기술(transportation technology)을 추가함으로서 교과의 영역을 확대시켰다.

잭슨밀기술교육과정이론이 제시한 교육과정 상호 작용 모형은 그림 5.33과 같다. 즉, 기술 교육의 영역을 제조, 건설, 통신, 수송 기술 시스템으로 구분했고, 기술 시스템의 요소를 투입(input), 과정(process), 산출(output) 변인으로 구분했으며, 기술 시스템이 고려되는

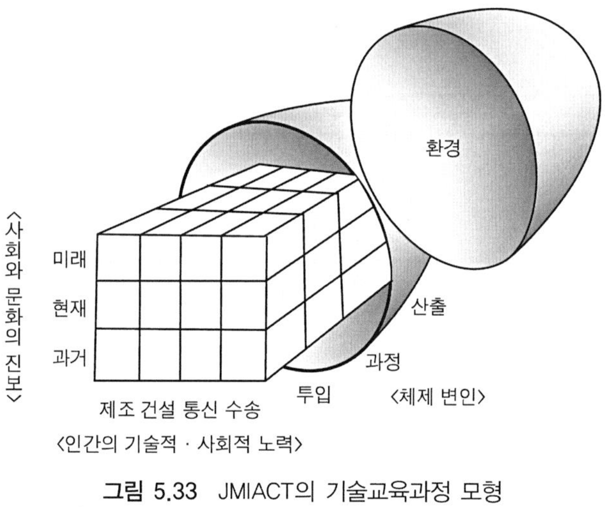

그림 5.33 JMIACT의 기술교육과정 모형

시간적 차원을 과거, 현재, 미래로 제시하였다.

2.2 김진순의 기술교육과정 모형

미국에서 주로 연구된 기술 교육과정 이론을 바탕으로 하여 국내에서는 최초로 김진순(1990) 박사가 초중등학교의 단계별 수준에 맞는 기술교육과정 모형을 제시하였다. 그림 5.34는 김진순이 제시한 기술교과 교육과정의 체계 모형이다.

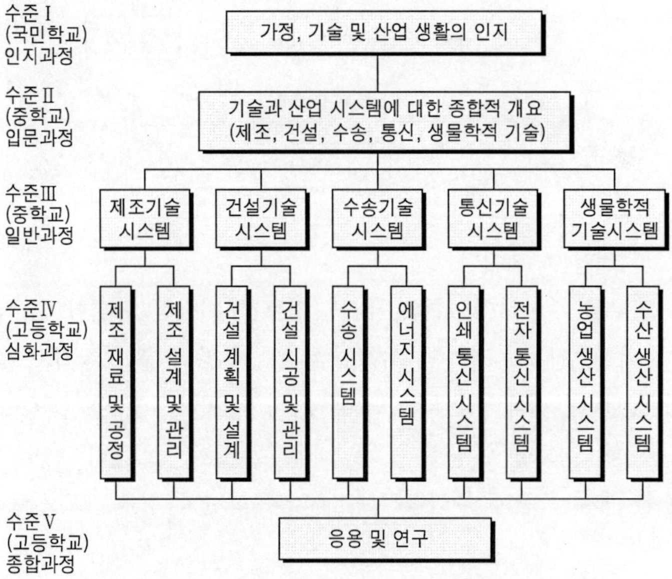

그림 5.34 김진순의 기술교과교육과정 체계 모형

2.3 통신 기술 교육

2.3.1 통신 기술의 개념

통신 기술(communication technology)은 통신과 관련된 전문적인 수단을 말한다. 통신과 기술의 정의를 통합한 통신 기술의 개념으로서, 통신 기술은 정보를 주고 받는 것과 관련된 도구, 기법, 지식, 선택, 결점을 의미한다고 할 수 있다.

그림 5.35는 통신의 시스템에 대한 기본적인 모델이다(Liedtke, 1995).

그림 5.36은 통신 기술의 복합 모델이다(Hendricks 외, 1988).

JMIACT 기술교육이론에서 제시한 통신 시스템을 그림 5.37에 나타낸다. 통신은 자원을 효과적으로 이용하여 인간의 잠재력을 확장시키기 위해 정보를 전달하는 인간이 의도적으

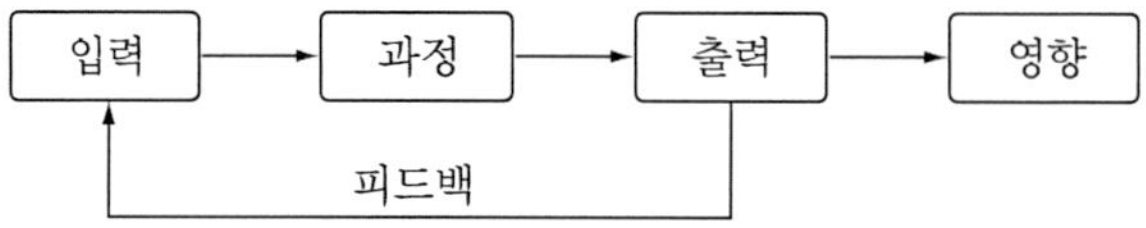

그림 5.35 시스템 모델

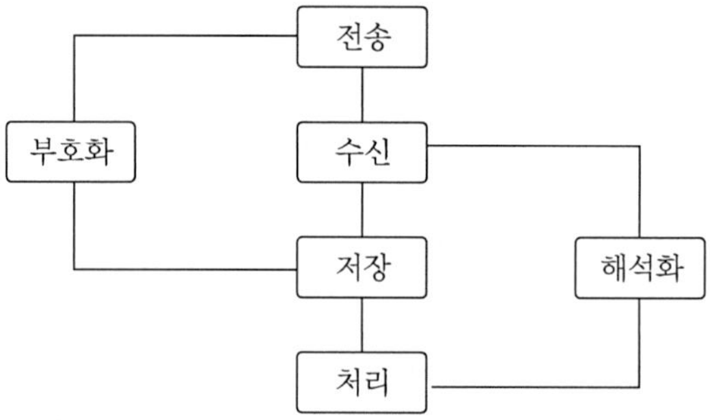

그림 5.36 통신 기술의 복합 모델

로 고안한 전문적인 적응 체제이다.

각각의 단계는 임무를 수행하기 위한 '계획', 정보를 전달하기 위한 '조직', 효과적인 통신 절차를 기하기 위한 '감독', 결과의 최적화를 위한 '통제'를 포함하고 있다. 통신 체제는 인간 대 인간, 인간 대 기계, 기계 대 기계, 기계 대 인간, 혹은 기타(초감각적, 우주적, 지역적, 식물, 동물 등) 경로를 이용한다.

그림 5.37은 통신 체제에 관한 투입-과정-산출의 독특한 특징을 그림으로 나타낸 것이다.

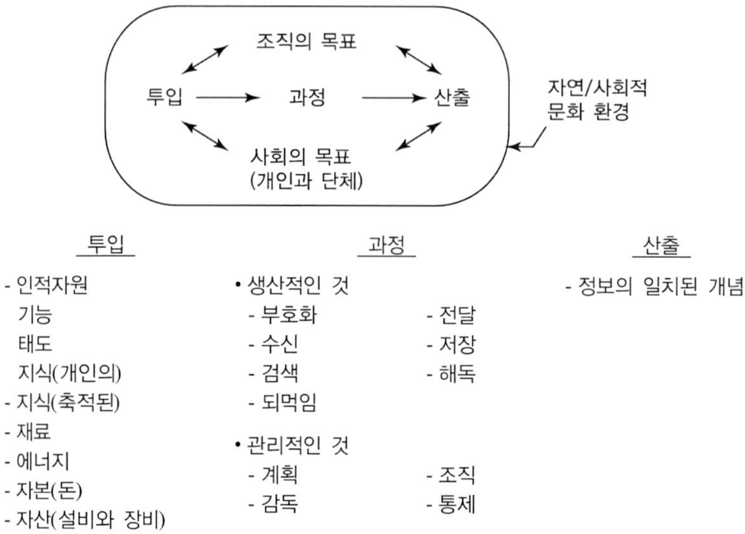

그림 5.37 통신의 투입-과정-산출 모형

2.3.2 통신 기술의 발달

통신 기술은 전기, 전자 기술의 발달에 뒤이어 매우 빠른 속도로 발달하고 있다. 최근에는 컴퓨터의 정보 처리 능력이 향상되면서, 컴퓨터와 결합된 정보 통신 기술의 개념이 일반화되고 있다.

그림 5.38은 최근 정보화 시대까지의 각종 통신 기술의 발달 역사를 나타낸 것이다.

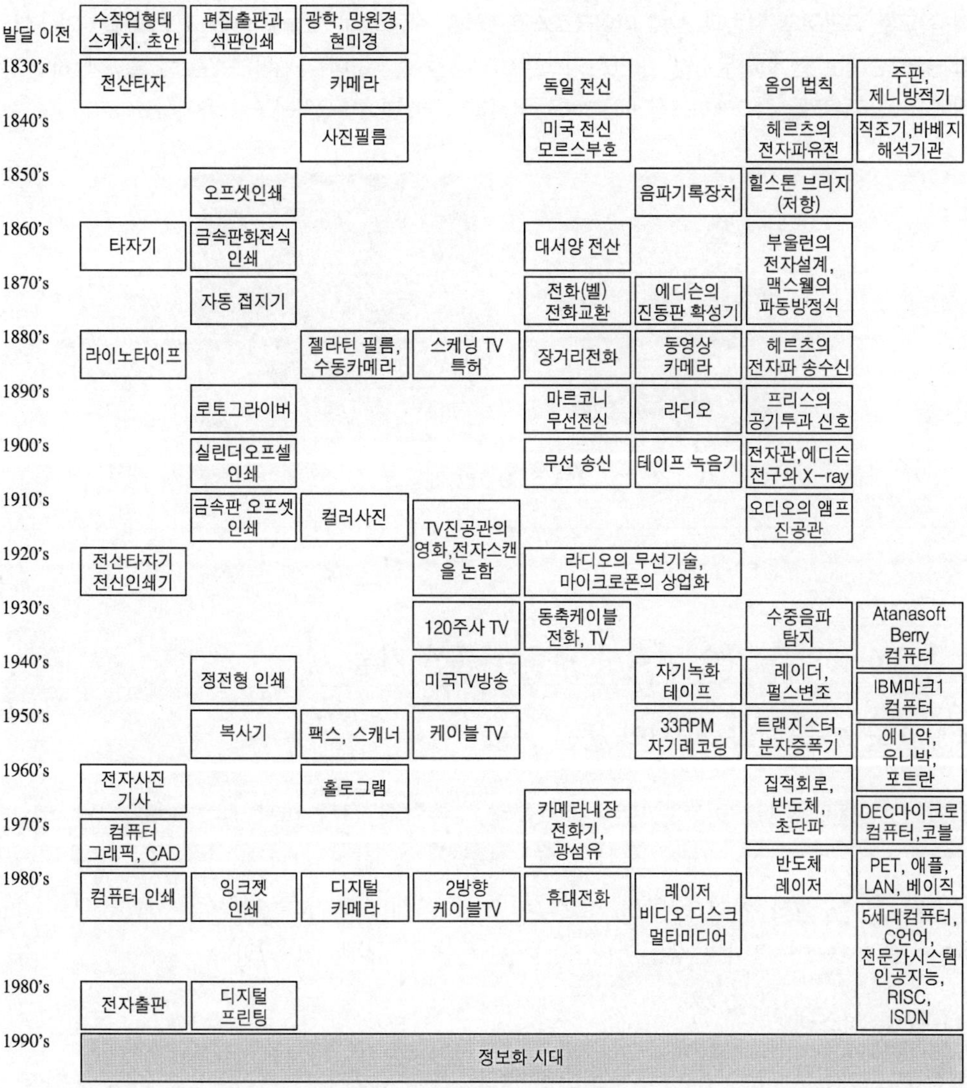

그림 5.38 통신 기술의 발달

읽을거리

컴퓨터의 황제 빌 게이츠(Bill Gates)

1995년 8월 23일 전 세계는 '윈도95'라는 소프트웨어의 발표에 흥분하였다. 미국 마이크로소프트(Microsoft) 사의 빌 게이츠(1955-)는 기존에 사용하던 PC의 MS-DOS 운영 체제를 윈도우로 바꿈으로써 컴퓨터 황제 자리에 올랐다. 그는 1973년 여름에 하버드 대학에 입학하였으나 1975년에 학교를 그만두고 앨런과 함께 마이크로소프트사를 설립하여, 오늘날 세계 최고의 갑부가 되었다. 1997년에는 웹 브라우저인 인터넷 익스플로러4.0을 출시하여 세계를 또 한 번 놀라게 하였다. 이어서 윈도우95를 업그레이드한 98, 2000 버전과, 2003년에는 윈도XP를 출시하였다.

그림 5.39 빌 게이츠

2.4 중학교 기술 교과서 내용의 통신 기술

2.4.1 미국 기술 교과서에서의 통신 기술

미국의 Brusic(2004) 등은 JMIACT 이론에 기초하여 기술 교과서를 저술하였다. 총 6개 영역으로 나누어 기술의 기초, 통신 기술, 제조 기술, 건설 기술, 수송 기술, 생명 기술로 나누었다. 이 중에서 통신 기술의 내용으로는 총 4개 부분으로 나누었는데, 통신 시스템, 컴퓨터, 전자 통신, 그래픽 통신이며, 이들을 간략히 소개하고자 한다.

(1) 통신 시스템

통신 시스템(communication systems)은 통신 기술의 기초가 된다. 미국 기술 교과서 본문에서 다루는 내용은 다음과 같다.

• 통신 기술이란 무엇인가

- 통신 혁신과 경향
- 통신 기술이 왜 필요한가
- 통신 시스템의 부분
- 투입(사람, 정보, 재료, 도구, 기계, 에너지, 자본, 시간)
- 과정
- 산출
- 피드백

(2) 컴퓨터

컴퓨터(computer)는 통신을 위한 도구로서 중요한 기기이다. 미국 기술 교과서 본문에서 다루는 내용은 다음과 같다.

- 통신에서의 컴퓨터(장치, 언어)
- 집적회로(IC)
- 마이크로프로세서의 원리
- 정보 발송과 변환
- 인터넷과 온라인 서비스
- 인공지능
- 디지털 라이브러리
- 가상 현실

(3) 전자 통신

전자 통신(telecommunication) 부분에서는 전자파, 광섬유, 통신 등을 다루고 있다.

- 전자 통신이란 무엇인가
- 전신기
- 전화기
- 라디오
- 텔레비전
- 위성 통신 시스템

(4) 그래픽 통신

그래픽 통신(graphic communication) 부분에서는 인쇄, CAD, 설계 등을 다루고 있다.

- 그래픽 통신이란 무엇인가
- 시각 디자인

- 창의적 설계 과정
- 인쇄 통신
- 사진을 통한 통신하기
- 제도 하기

2.4.1 한국 기술 교과서에서의 통신 기술

여기서는 2007년 개정교육과정에 의하여 집필되고, 2009년 교육과학기술부 검정에 합격하여, 2011년부터 중학교 2학년에서 배우게 될 기술·가정 2학년 교과서에 수록된 통신 기술의 내용 일부를 요약 정리하고자 한다. 이는 정보 통신 기술의 대단원 중에서 정보 통신과 생활의 중단원 내용으로서 생활 기술 중심으로 소개하고자 한다(이상혁, 김진수, 이용진 외, 2009).

(1) 정보 통신 기술의 의미

정보 통신 기술이란 정보를 수집하고 가공하여 전달하는 등의 모든 과정에 사용되는 수단을 말한다. 정보 통신 기술은 인간의 생각과 뜻을 전달하는 모든 종류의 통신 매체(media)를 이용하여 정보를 서로 교환하는 것이다.

① 정보와 통신 개념

정보란 수많은 자료(data)를 수집하여 특정한 목적으로 사용할 수 있도록 가공하는 것을 말한다(그림 5.40). 예를 들면, 학생들의 시험 성적 자료를 사용하여 컴퓨터로 정보 처리를 하여 만든 성적표는 좋은 정보가 되며, 이러한 정보를 이용하여 학생 및 교과 지도에 활용할 수 있다.

통신이란 거리가 떨어진 상태에서 정보를 저장, 가공, 검색, 송신, 수신하는 모든 전달 과정을 말한다. 이러한 통신 시스템을 가장 간단한 모형으로 나타내면 입력, 과정, 출력, 되먹임으로 구성된다.

그림 5.40 자료와 정보

예를 들어, 신문을 만드는 방법을 생각해 보자. 입력은 기자가 제공하는 내용 자료가 되며, 과정은 신문사로 보내온 각종 자료를 이용하여 신문을 만드는 절차이다. 출력은 최종적으로 만들어진 신문이 되고, 되먹임은 신문 내용에 대한 독자들의 평가를 받아 좀 더 좋은 신문을 만들 수 있는 정보를 주는 것이다.

② 정보 통신 기술의 종류

정보 통신 기술은 송신자와 수신자 사이에 효과적으로 정보를 주고 받는 기술이다. 정보를 교환하기 위하여 사용하는 정보 통신 기술에는 인쇄 기술, 사진 기술, 전기 통신 기술, 제도 기술, 컴퓨터 기술 등이 있다. 앞으로 정보 통신 기술은 컴퓨터 기술과 전기 통신 기술이 결합되어 더욱 빠르게 발전할 것이다. 이에 따라 우리의 생활은 더욱 편리해지고 삶의 질이 향상될 것이다.

- 인쇄 기술은 정보 통신 기술의 역사 중 가장 오래된 것으로, 목판 활자나 금속 활자 등을 사용하여 많은 정보와 지식을 책으로 인쇄하여 정보를 전달할 수 있다. 인쇄 기술은 인류가 정확한 정보를 전달하기 위하여 발명된 것으로, 인류 문화 발전에 커다란 공헌을 하였다. 요즘은 인쇄 기술 분야에도 컴퓨터 시스템이 도입되어 편리하게 정보를 전달할 수 있다.
- 사진 기술은 필름 카메라 기술 외에도, 최근 디지털 기술이 매우 빠른 속도로 발전하고 있어 편리하게 정보를 전달할 수 있다.
- 전기가 발전된 이후 통신에 전기가 이용됨에 따라 전기 통신 시대를 맞이하게 되었다. 전기 통신 기술은 음성, 문자 데이터 정보들을 전기적 신호로 변환하여 전송 매체인 통신 회선을 통해 먼 거리에 전송하는 것이다. 전기 통신 기술은 현대 생활에서 점점 그 역할이 증대되고 있으며, 라디오, 텔레비전, 전화기 등이 해당된다. 전기 통신 기술의 발전으로 정보의 전달 및 저장이 편리해지면서 많은 정보를 손쉽게 전달할 수 있게 되었다.

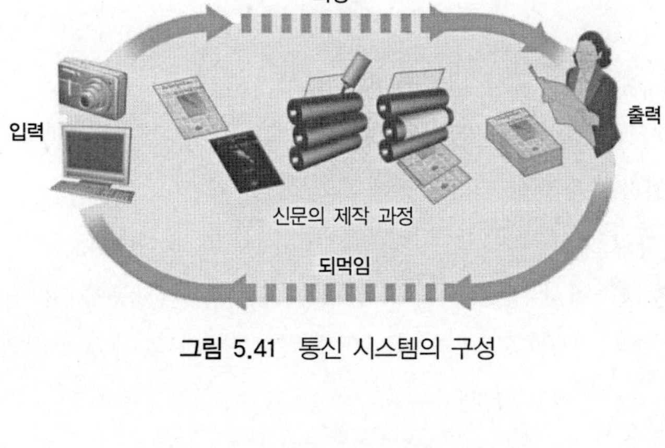

그림 5.41 통신 시스템의 구성

• 제도 기술은 공장에서 부품을 제작하거나, 건설 현장에서 집이나 빌딩을 지을 때 필요한 도면을 손이나 CAD로 그려 필요한 정보를 서로 교환할 수 있다.
• 컴퓨터 기술은 인터넷을 이용하여 전 세계 어느 곳의 누구와도 빠르고 쉽게 정보를 전달할 수 있는 통신 수단이 되었다.

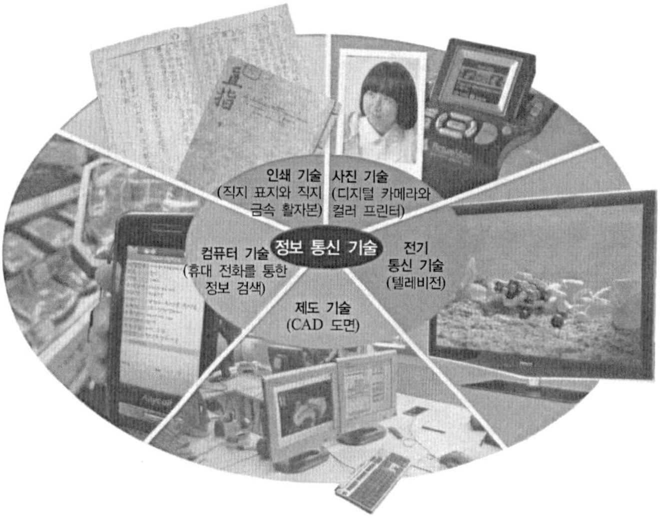

그림 5.42 정보 통신 기술의 종류

(2) 정보 통신 기술의 발달이 생활에 미친 영향

정보 통신 기술의 발달은 은행 업무를 집에서 처리하고 지방의 특산물을 인터넷을 통하여 직거래할 수 있으며, 구하기 어려운 정보도 쉽게 찾을 수 있게 되어 우리의 생활은 더욱 편리해지고 있다.

인류는 정보를 효과적으로 주고받기 위한 기술을 꾸준히 개발하여 왔다. 정보 통신 기술 발달의 역사는 언어 시대, 문자 시대, 인쇄술 시대, 전기 통신 시대, 정보화 시대로 나눌 수 있다.

① 제 1단계 : 언어 시대

문자가 없던 시대에 인류는 정보를 교환하고 기록하기 위하여 소리를 이용하거나 그림으로 표현하였다. 따라서 먼 곳까지는 정보를 전달할 수 없었으며, 인류 생활에서 정보 전달이 제한된 시대이다

② 제 2단계 : 문자 시대

인류가 문자를 발명하면서 많은 지식과 정보를 담은 우편물 등을 먼 곳까지 보낼 수 있게 되었다. 또한 정보를 교환하기 위하여 손으로 쓴 문서가 많이 작성되었으며, 정보를 정

확하게 전달할 수 있었다. 그로 인해 인류의 문명이 크게 발달하는 계기가 되었다.

그림 5.43 언어 시대

그림 5.44 문자 시대(갑골 문자)

③ 제 3단계 : 인쇄술 시대

문자가 발명된 후에 목판 활자나 금속 활자를 사용하여 책을 인쇄하는 기술이 발달되었다. 그러므로 책을 대량으로 인쇄하여 정보와 지식을 전달하게 되었고 많은 사람이 볼 수 있게 됨으로써 인류의 문명은 급속히 발달하였다.

④ 제 4단계 : 전기 통신 시대

19세기 후반부터 정보를 보다 빨리, 보다 먼 곳까지 전달해야 할 필요성이 커짐에 따라 전신, 전화, 팩시밀리, 라디오, 텔레비전 등이 개발되었다. 전기 통신 시대가 열리면서 정보 전달 수단에 획기적인 변화가 일어났다. 멀리 떨어진 지역이나 다른 나라와도 통신을 할 수 있게 되면서 우리의 생활은 매우 편리해졌고 산업은 급속히 발전하게 되었다.

⑤ 제 5단계 : 정보화 시대

21세기 정보화 시대의 주역은 컴퓨터이며, 점차로 전기 통신 기기도 새로운 것이 개발되었다. 컴퓨터와 전기 통신 기기의 개발로 산업, 행정, 교육, 의료, 군사 등의 모든 분야에서 우리의 생활이 더욱 편리해졌다. 정보 통신 기술의 발달은 정보의 흐름을 쉽게 할 수 있는 통신망의 구축으로 우리의 생활은 빠르게 변화하고 있다.

모스의 전신기   전화, 팩시밀리   라디오, 텔레비전

그림 5.45 전기 통신 시대의 정보 통신 기술

그림 5.46 정보화 시대의 정보 통신 기술

3 로봇 기술 동향

로봇은 최근에 점차로 그 기술이 빨리 발달하고 있다. 여기서는 로봇 기술 현황 및 동향과, 1987년에 설립된 국제로봇연맹(IFR, International Federation of Robotics)의 자료 등을 요약 정리하였다.

3.1 로봇 기술의 최신 동향

로봇은 인간의 행동이나 작업 등을 자동적으로 수행할 수 있게 만든 기계 장치이며, 주위로부터 신호 및 정보 등을 수집하거나 컴퓨터 등으로부터 명령을 전달받아 움직이는 기계 장치로 정의된다. 국제로봇연맹(IFR)에서는 로봇을 산업용 로봇, 전문 서비스용 로봇, 개인 서비스용 로봇으로 구분하고 있다.

산업용 로봇은 제조 현장에서 부품의 입고부터 시작하여 출하까지의 모든 작업 공정에 적용되는 로봇이다. 전문 서비스용 로봇은 고난이도의 수술, 극한 환경 혹은 특수 작업 환경에서 사용되는 로봇을 의미한다. 개인 서비스용 로봇은 개인의 건강, 교육, 가사, 안전, 정보 제공 등의 서비스와 밀접한 관련이 있는 로봇이다.

▶ 표 5.1 국제로봇연맹(IFR)에 의한 로봇 분류

로봇 분류	용도
산업용 로봇	산업의 제조 현장에서 제품 생산 및 출하까지 공정 내 작업을 수행하기 위한 로봇
전문 서비스용 로봇	인간의 생활에서 각종 서비스를 제공하는 인간 공생형 대인 지원 로봇
개인 서비스용 로봇	불특정 다수를 위한 서비스 제공 및 전문화된 작업을 수행하는 로봇

국제로봇연맹(IFR)이 발표한 World Robotics 2007에 의하면 산업용 로봇 수요는 향후 10년 이내에 서서히 정체될 것으로 보이지만, 서비스 로봇 시장은 2010년까지 시장 규모가 약 2배 이상으로 급성장할 것으로 전망하고 있다.

2006년까지 경비, 의료, 국방, 극한 작업 등에 사용되는 전문 서비스 로봇이 4만대, 로봇 청소기, 애완로봇 등의 개인/가정용 서비스 로봇 350만대가 보급된 바 있으며, 2010년까지 각각 3만 5000대, 360만대가 시장에 추가로 보급될 것으로 전망하고 있다.

서비스 로봇 시장의 성장 이유는 삶의 질의 향상, 욕구 등 사회적인 변화에 따라 서비스 로봇에 대한 수요가 증가하고 있기 때문이다. 고령화, 저출산, 3D 업종 기피로 인해 산업 현장의 노동력이 부족해지면서 로봇은 가장 유망한 해결책으로 제시되고 있다. 특히 고령 인구의 증가로 인해 생활 보조 로봇 시장의 확대가 기대된다. 여성의 사회 진출 역시 로봇 수요를 증가시키는 요인으로 지목된다. 즉, 청소 로봇, 빨래, 설거지, 집안 경비 등 점차 다양한 분야로 확장될 것으로 예상된다.

로봇 관련 기술의 고도화 및 부품 비용이 하락하는 것도 서비스 로봇 시장이 성장할 수 있는 한 이유이다. 움직임을 감지하는 모션 센서(Motion Sensor)의 가격은 5년 전의 1/10 수준으로 하락했으며, 센서를 통한 환경 감지, 인공 지능을 활용한 자율 판단 등의 기술이 고도화되고 있는 상황이다.

다음으로 성장 잠재력이 큰 로봇 산업의 시장 현황 및 기술 동향을 알아보기로 한다.

3.2 로봇의 국내외 시장 현황

산업용 로봇의 세계 시장 전망을 살펴보면 2005년 기준으로 74.3억 달러 정도의 규모로 나타났으며, 향후 10년간 시장 규모는 연평균 24.3%의 고성장을 지속하여, 2015년에는 그 규모가 652억 달러에 달할 것으로 전망되고 있다.

현재에는 산업용 로봇이 86억 달러로 전체 로봇 시장 규모의 대부분을 차지하고 있으며, 전문 서비스용 및 개인 서비스용 로봇의 시장 규모는 전체 대비 20%에 그치고 있다. 그러

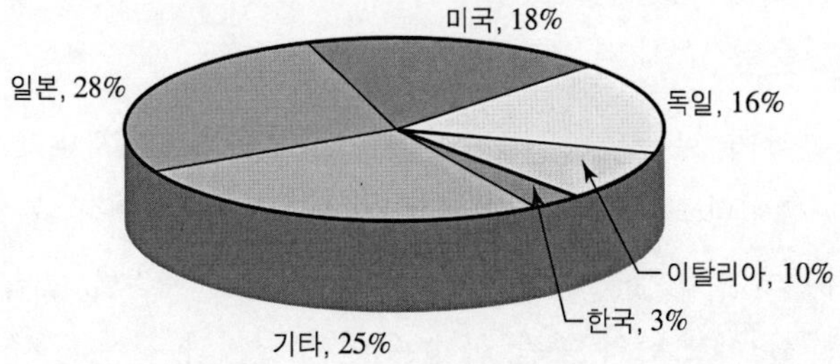

그림 5.47 국내 로봇 산업의 세계 시장 점유율(IFR, World Robotics 2006)

나 향후 전문 서비스용 로봇과 개인 서비스용 로봇이 빠르게 성장하여 2015년에는 전문 서비스용 로봇과 개인 서비스용 로봇의 시장 규모 비율이 각각 33.7%, 53.8%에 달할 것으로 전망되어, 향후에는 서비스용 로봇이 로봇 시장의 주도권을 형성할 것으로 예상하고 있다.

2006년 기준으로 국내 로봇 시장 규모는 세계 시장의 약 3%를 점유하고 있으며, 연평균 약 35%의 고성장율을 보이고 있다. 국내 산업용 로봇의 세계 시장 점유율은 9.5% 수준이며, 이는 과거 반도체, 자동차 산업에서 설비 자동화를 위해 도입하였던 로봇이 전자 제품 및 디스플레이, 바이오 및 신약 제조 분야로 확산되었기 때문이다.

그리고 사용되고 있는 로봇 수 기준으로 순위를 살펴보면, 국내 산업용 로봇 시장은 세계 4위 수준이지만, 사람 수와 로봇수의 비율을 나타내는 로봇 밀도를 기준으로 비교하면 세계 2위로 로봇 보급 수준은 상대적으로 높은 것으로 나타났다.

3.3 로봇의 국내외 기술 동향

3.3.1 선진국의 기술 연구 동향

(1) 산업용 로봇

미국은 국방고등연구계획국(DARPA) 및 국가과학재단(NSF)에서 로봇 지능화 기술에 대하여 집중적인 투자를 하고 있으며, NASA 등에서는 우주 공간용 지능로봇 개발에 전력하고 있다.

일본에서의 산업용 로봇은 기업에 일임하는 정책을 고수하고 있으며, 독일은 원천 기술 개발에 중점을 두어 산학연 컨소시엄을 통하여 새로운 형태의 산업용 로봇을 개발하고 있다.

독일은 기술 개발 주체와 사업화 주체가 분리되어 있으며 듀얼 암(Dual-arm) 로봇의 상용화에 주력하고 있다. 미국은 로봇 분야의 기술 수준은 높지만 산업 경쟁력이 미약하여 자국 시장에 안주하거나 외국 회사와 합병된 형태가 많으며 상품화 분야에는 경쟁력이 별로 높지 않다.

(2) 전문 서비스용 로봇

일본은 비제조업 분야의 로봇 연구 개발에 인간형 로봇 프로젝트와 같은 다양한 연구 개발 프로그램을 시행중이다. 미국은 주요 정부 기관과의 협력 하에 구성된 '로봇 및 지능 기계 협력 위원회'에서 3세대 지능 로봇 기술 개발에 지원 계획을 수립하였고, 국방성 산하 국방고등연구계획국(DARPA)의 주관 하에 무인 정찰기와 같은 군사 목적의 로봇 개발에 주력하고 있다. 유럽은 범유럽 로보틱스 네트워크인 EURON(The European Robotics Research Network)을 통해서 2003년부터 로봇 기술 개발을 본격적으로 추진하고 있다.

일본은 건설용 로봇, 통신선 보수 로봇 등 다양한 형태의 로봇을 개발하고 있으며, 유럽에서는 사람의 혈관 속에서 수술이 가능한 초소형 로봇, 인공 지능 기술 개발을 위한 시각칩 및 청각칩 등의 로봇에 대한 연구가 활발하게 진행되고 있다.

(3) 개인 서비스용 로봇

유럽은 로봇 산업을 차세대 핵심 전략 산업으로 선정하여 범유럽 차원에서 기술 개발을 추진 중이다. 기존의 간호 보조, 장애자 재활 분야의 로봇 개발 강점을 정보 사회 기술(IST, Information Society Technology) 프로그램으로 확대하여 IT 기술 접목을 통한 지능형 서비스 로봇 개발을 주도하고 있다. 일본은 인간형 로봇을 개발하는 프로젝트를 진행하고 있으며 총무성은 2002년부터 “네트워크를 로봇의 실현을 위하여”라는 주제로 네트워크를 융합한 개념의 로봇을 기획하여 개발을 추진 중이다.

일본은 혼다의 아시모(ASIMO)와 소니의 아이보(AIBO) 등으로 대표되는 지능로봇 산업을 통한 강력한 기술 기반을 바탕으로 개인용 로봇 시장을 주도하고 있으며, 유럽에서는 독일의 국립 정보 기술 센터와 스위스 제네바 대학 등 10개 연구 기관이 협력하여 시각을 구비한 지능형 로봇 개발을 추진하고 있는 중이다.

3.3.2 로봇의 국내 연구 개발 동향

로봇 분야의 2006년도 국가 연구 개발에 투자되는 금액은 약 1,100억원 수준으로 나타났다. 로봇 분류별로는 산업용 로봇 분야에 투자되는 금액이 138억원(12.52%)으로 가장 낮게 나타났으며, 네트워크 기반 로봇 분야의 투자가 368억원(33.29%)으로 가장 높은 것으로 조사되었다.

서비스 로봇 분야에서는 개인 서비스용 로봇에 대한 투자가 29.2%로 전문 서비스용 로봇에 대한 투자(25%)보다 약간 많은 것으로 나타났다. 전반적으로 로봇 시스템에 대한 투자가 많이 이루어지고 있는 것으로 보인다.

용도별 분류에 따른 부처별 투자 현황을 살펴보면 (구)부처 기준으로 산업자원부는 제조업, 개인 서비스 및 전문 서비스용 로봇 분야에 투자가 집중되고 있으며, 정보통신부는 네트워크용 로봇 개발에 주력하고 있고, 과학기술부는 서비스 로봇 위주의 원천 기술 개발 분야에 집중적으로 투자하고 있으며, 건설교통부는 건설 장비의 자동화와 관련된 분야에 주로 투자하고 있다. 중소기업청은 중소기업 지원의 성격으로 제조용 및 서비스용 로봇 위주로 투자가 이루어지고 있는 실정이다.

▶ 표 5.2 연구 개발의 투자 분석을 위한 로봇 분류 기준

기술 분류	기술 항목
이동 기술	바퀴식 구동, 2족 보행, 계단/험지 이동
메커니즘	머니퓰레이터, 로봇 손/손목, 햅틱 장치, 눈-목기구, 관절
인식 기술	시각 인식, 음성 인식, 지도 작성, 자기 위치 인식
로봇 지능	환경 인식, 학습 및 추론, Context/Semantics, 센서 융합
제어	제어 구조, 주행 제어, 보행 제어, 머니퓰레이션, 지능 제어
센서	운동 및 촉각, 시각, 청각, 거리, 후각, 미각 등
구동기	모터, 인공근육, 감속기
S/W 통합	분산 객체화, 개발 환경
H/W 통합	플랫폼, 평가
N/W 기반	N/W 인프라, N/W 기반 실시간 분산 제어, N/W 기반 분산 지능, N/W 기반 서비스
로봇 시스템	시스템 통합
기타	인프라 구축(표준, 시험 평가, 교육, 인력, 디자인, 기타)

연구 수행기관별 국가 연구 개발 투자 금액을 살펴보면, 로봇 분야의 국가 연구 개발의 상당 부분을 출연연구소(40.6%)가 수행하고 있는 것으로 나타났으며, 대학, 대기업, 중소기업에서 수행하는 연구는 각각 16.6%, 14.8%, 19.3%로 유사한 수준인 것으로 조사되었다. 출연연구소와 대학의 연구 수행 비중을 합산하면 56.6%로 현재 로봇 분야 연구의 상당한 부분은 학연에서 이루어지고 있어, 상업화를 위해서는 개발 연구에 좀 더 집중해야 할 것이다.

3.4 향후 로봇의 발전 방향

산업기술평가원에서 조사한 기술 수준 조사에 따르면 국내 로봇 산업의 기술 수준은 선진국 대비 80% 수준으로 기술 경쟁력이 취약한 것으로 나타났다. 로봇 분야는 컴퓨터, IT, 기계 공학, 인공 지능 등 여러 기술 분야가 종합된 분야이므로, 경쟁력을 갖기 위해서는 상품화할 수 있는 제품을 개발하는 것 못지않게 핵심 원천 기술에 대한 연구도 필요하다. 그리고 선진국과의 기술 격차를 좁히고 로봇 산업의 지속적인 발전을 위해서는 연구 개발 인력, 산업 연구 인력, 산업 기능 인력 등 다차원적 인력 양성도 함께 이루어져야 할 것이다.

현재 로봇 분야에서는 핵심 부품의 높은 해외 의존도 및 취약한 가격경쟁력이 경쟁력

약화의 주요인으로 지적되고 있다. 로봇의 핵심 부품은 고가로 높은 기술이 요구되는 경우가 많아 상당수를 일본 등 선진국에서 수입하는 경우가 많은 것이 현실이며, 국산 로봇이 세계 시장에서 경쟁할 수 있으려면 가격 경쟁력 및 기술경쟁력 확보가 선행되어야 하며 이를 위해서는 로봇 시스템을 구성하는 핵심부품에 대한 국산화가 시급히 필요한 상황이다. 로봇 산업의 선순환 구조를 만들어내기 위해서는 초기 시장 창출이 중요한 요소이다.

4 첨단 전자 기술

전자 기술의 개발은 매우 빠른 속도로 진행되고 있으며, 그에 따른 첨단 전자 기술도 다양하다. 여기서는 첨단 전자 기술을 소개하고, 특히 고등학교 단계에서의 선택 과목인 '공학 기술' 내용과 연계할 수 있도록 유비쿼터스와 RFID에 대하여 간단히 다루기로 한다.

4.1 유비쿼터스

4.1.1 유비쿼터스 개요

유비쿼터스는 1990년대 후반부터 소개되면서 미래의 첨단 컴퓨터와 우리 생활이 어떻게 결합할 것인지에 대한 개념으로부터 시작되었다. 유비쿼터스(ubiquitous)는 '도처에 있는, 여기저기 모습을 나타내는'이라는 뜻의 형용사다. 이 용어는 마크 와이저(Mark Weiser)가 제안한 유비쿼터스 컴퓨팅(Ubiquitous Computing)의 뜻으로 사용되고 있다. 마크 와이저는 미래의 컴퓨터가 우리 생활 속에 깊숙이 파고들게 될 것이고, 컴퓨터의 존재 자체를 의식하지 못하는 상태에서 컴퓨터를 이용하게 될 것으로 예견하였다.

유비쿼터스는 여러 면에서 가상 현실(VR, Virtual Reality)과 반대되는 개념이다. 즉, 유비쿼터스는 현실 세상에 컴퓨터를 침투시켜 현실 속에 있게 하지만, 가상 현실은 컴퓨터가 만드는 가상 속에 사람을 끌어 들여 현실 속의 사람을 가상 속에서 활동하게 하는 것이다.

유비쿼터스의 특징을 간략히 정리하면 다음과 같다.

① 네트워크에 연결된 컴퓨팅 환경 : 모든 컴퓨터가 유무선 네트워크로 연결되어, 사용자가 독립 컴퓨터에 각기 접근하지 않고 네트워크를 통해 컴퓨터를 이용할 수 있도록 이음매 없는 통신망이 사용된다.

② 현실 속 어디에서나 사용 가능 : 장소, 시간, 또는 환경에 제한을 받지 않고 언제 어디

서나 사용할 수 있어야 한다.

③ 컴퓨터가 보이지 않는 인간 중심의 인터페이스: 특정 컴퓨터의 사용 방법이나 지원을 지정하지 않고 인간 중심 인터페이스를 통해 사용자가 서비스를 제공받을 수 있어야 한다.

④ 사용자 상황에 따른 서비스 제공: 같은 서비스라도 사용자의 상황, 즉 장소, 온도, 날씨, 시간 등에 따라 적절한 서비스가 제공되어야 한다.

4.1.2 유비쿼터스 컴퓨터의 발전

그림 5.48은 컴퓨터 기술의 발달을 시대별로 나타낸 것이다. 컴퓨터는 1946년 미국 펜실베이니아 대학에서 세계 최초의 전자식 계산기인 애니악(ENIAC)이 등장하였고, 1980년대에는 대형 컴퓨터를 만들었고, 1990년대의 개인용 컴퓨터(PC) 시대를 거쳐, 2000년대의 유비쿼터스(Ubiquitous) 시대로 발전하였다.

1980년대까지는 1대의 비싼 컴퓨터를 다수가 공유하는 메인프레임 시대로서, 주로 중앙 집중형 컴퓨터 환경으로 인해 1대의 컴퓨터를 많은 사람들이 공유하며 이용하는 1 : N 관계가 일반적이었다. 1990년대에 접어들면서 컴퓨터 크기가 점점 작아지고 가격이 하락함으로써 한 사람이 1대의 컴퓨터를 사용하는 퍼스널컴퓨터(PC) 시대로 컴퓨터가 개인화되었고, PC의 대중화 시대가 열리면서 한 사람이 한 대의 컴퓨터를 사용하는 소위 1 : 1 관계가 성립되었다.

2000년대는 내장형의 다양한 컴퓨터를 사람들이 의식하지 않고 네트워크를 통해 사용할 수 있는 시대로서, 기존 컴퓨터 환경에 또 다른 변화의 바람이 불었다. 즉 다양한 컴퓨터가 도처에 존재하게 됨으로써 사용자가 컴퓨터를 의식하지 않고 자유 자재로 이용할 수 있는 N : 1 관계의 컴퓨터 시대로 변화하고 있다. 이것이 바로 유비쿼터스 시대를 의미한다. 앞으로 컴퓨터는 공기처럼 존재를 전혀 의식하지 못하지만 삶의 깊숙한 곳까지 파고들어 컴퓨터 없이는 잠시도 살 수 없을 정도로 중요한 존재가 될 것이다.

그림 5.48 컴퓨터 기술의 발달사

지금보다 더 작고 더 가벼운 컴퓨터를 만들려는 인간의 욕망은 노트북, 팜 컴퓨터를 넘어서 몸에 착용하는 웨어러블 컴퓨터(Wearable computer)를 등장시켰다. 이는 옷처럼 입을 수 있는 컴퓨터로서 무선 인터넷처럼 자유로이 통신을 할 수 있다. 반도체 기술과 센서 기술이 더욱 발전하게 되면 사람의 몸에 이식하는 컴퓨터가 등장할 시기도 멀지 않았다. 이렇게 되면 컴퓨터가 존재한다는 사실을 인식하지 못하고 살아가는 세상으로 변할 것이다.

4.1.3 유비쿼터스 사회와 u-Korea

(1) u-Korea의 기원

u-코리아(u-Korea)는 국가적 차원에서 준비되고 진행되고 있다. 2002년에 모 신문이 특별 기획으로 '유비쿼터스 혁명' 시리즈를 발간하여 유비쿼터스의 기술을 소개하였다. 이때 이 신문에서는 'u-코리아' 건설이라는 정책적 비전을 제시하였고, 이로써 국내에 유비쿼터스 바람이 불기 시작하였다.

우리나라 정보 산업은 반도체 산업의 성공으로 국가에 많은 기여를 했으며, 이후 무선 전화로 이어지는 성공을 보였다. e-코리아(e-Korea)는 그 당시 정보 산업전이었다. 정부는 e-코리아 다음으로 정보 산업을 이어 갈 새로운 국가비전으로 활용하였고, 기업 역시 21세기를 이끌어 갈 사업비전으로 활용하였다. 따라서 유비쿼터스는 우리나라의 새로운 정보 산업전으로 적합하다고 판단되어 장기적인 국가 경영 비전으로 u-코리아가 공식 제안되었다.

그림 5.49는 e-코리아를 발전시킨 u-코리아의 개념이다.

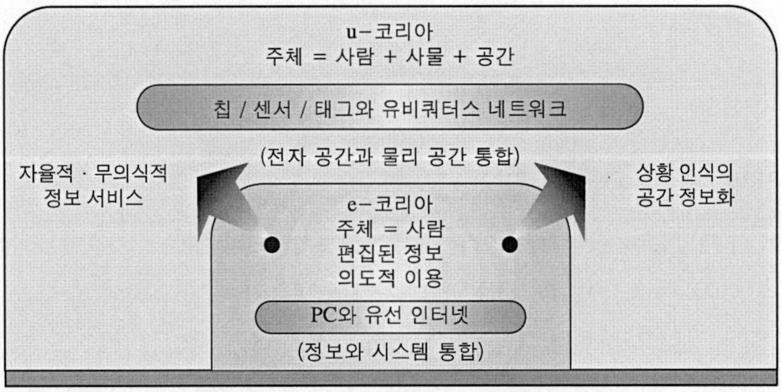

그림 5.49 u-코리아와 e-코리아의 개념

(2) IT839 전략

u-코리아 개념의 기반에는 국가 전략 사업인 IT839가 있다. IT839란 8대 정보 통신 신규 서비스, 3대 인프라, 9대 신성장 동력 사업을 말한다. 정보 통신 서비스 8가지를 활성화

시키기 위하여 이를 뒷받침하는 3대 인프라를 구축하고자 하는 것이 이 사업의 핵심이다. 아울러, 기기 및 소프트웨어 산업 측면에서 9대 신성장 동력 사업의 육성을 차질 없이 추진하고자 하는 것이 목적이다.

그림 5.50은 IT839의 전략의 각 분야를 정리한 것이다. IT산업의 성격상 단일 분야의 성장만으로 산업을 이끌기는 힘들고, 정보 통신 서비스와 네트워크를 기반으로 정보 기기, 소프트웨어와 정보 콘텐츠가 서로 밀접한 가치 사슬(value chain)을 이루면서 함께 성장하여야 한다. 이러한 동반 성장은 분야 간의 융화와 복합화를 만들며, 정보 인프라, 서비스, 정보 기기 등이 수평적으로 결합하여 새로운 사업 영역을 창출하여 가는 것이다.

결국 새로운 서비스 도입과 인프라에 대한 투자가 확대되고, 이에 따라 새로운 서비스가 활성화되어 첨단 기기와 단말기, 그리고 콘텐츠 산업의 성장이 이루어지는 형태가 된다. 이런 관점에서 볼 때 u-코리아 진입을 위해서는 IT 서비스, 인프라, 기술 개발의 세 가지 요소가 함께 성장하여야 한다.

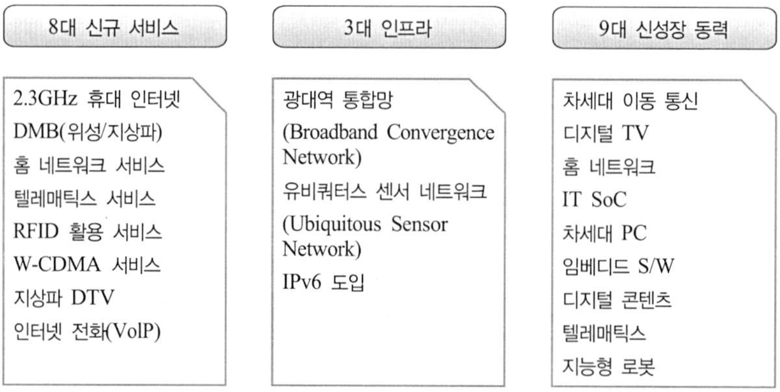

그림 5.50 IT839 전략의 각 분야

(3) u-코리아와 유비쿼터스 사회

유비쿼터스 사회(ubiquitous society)란 모든 사물에 유비쿼터스 기술을 적용하여 통신 기능과 지능을 심어 주고, 사람과 사람 간의 의사 소통 외에도 사물과 사람, 사물과 사물 간의 의사 소통이 가능한 사회를 말한다. 이러한 유비쿼터스 사회는 새로운 기술의 적용으로 사람의 삶의 질이 향상되고 기업의 생산성이 증대될 것이며, u-코리아는 궁극적으로 이러한 유비쿼터스 사회를 이루고자 하는 국가 전략이다.

표 5.3은 시대별 정보 산업의 특징을 나타낸 것이다.

▶ 표 5.3 시대별 정보 산업의 특징

시대	자동화 사회	정보화 사회 (Cyber Korea)	지식 기반 사회 (Broadband IT Korea)	지능 기반 사회 (u-Korea)
	1980~1994년	1995~2002년	2003~2007년	2007~
특징	전산화 단계	온라인화 단계	통합화 단계	유비쿼터스화 단계
	데이터 베이스 구축	인터넷 확산	채널 및 서비스 통합	인간·사물·컴퓨터의 융합
	개별적 서비스	온라인 서비스	Seamless 서비스	자율적 서비스
	정보 축적	정보 확산	정보 공유 및 지식 창출	사물 지능화

4.1.4 유비쿼터스의 응용 분야

유비쿼터스 기술이 응용되는 분야는 앞으로 매우 많아질 것이다. 표 5.4는 유비쿼터스 응용 분야를 크게 생활 분야, 산업 분야, 공공 분야의 셋으로 나누어 정리한 것이다.

▶ 표 5.4 유비쿼터스의 영역과 응용 분야

영역	응용 분야	
생활 분야(u-Life)	가정(u-home), 의료(u-health), 교육(u-education), 도시(u-city)	
산업 분야(u-Industry)	• 물류 부문(RFID) • 금융 부문	• 교통 부문(u-Telematics) • 농·축·수산 부문
공공 정부 분야(u-Public)	• 행정 부문 • 재난 재해 관리 부문	• 국방 무문

4.2 RFID

유비쿼터스 컴퓨팅 기술을 구현하는데 필수적인 시스템 중의 하나가 RFID이다. RFID는 기존의 바코드를 대체할 차세대 기술로서 그 활용 범위가 매우 넓다. RFID는 Radio Frequency IDentification 시스템의 약자이다.

그림 5.51과 같이 주파수 인식 시스템인 RFID는 바코드, 마그네틱, IC CARD등으로 구성된다. 이는 초단파나 장파를 이용하여 기록된 정보를 무선으로 인식하는 최첨단 기술이며, 태그(tag)는 그 고유한 정보를 담은 신호를 발생하고 이 신호를 안테나를 통해 제어기가 인식하고 분석하여 태그의 정보를 얻는 원리로 되어 있다. 이 시스템은 수십 미터 전방에서 태그에 담긴 정보를 읽을 수 있는 편리함이 있으며, 기본적으로 초소형 마이크로 칩과 안테나로 구성되어 있다.

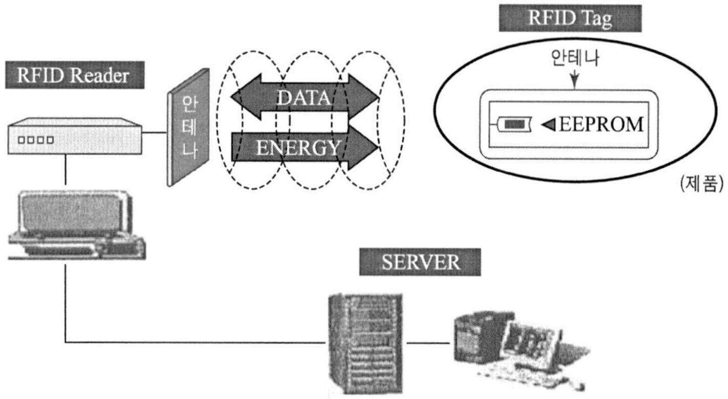

그림 5.51 RFID의 개념도

유비쿼터스 관련 기술 중 현재 비용 및 기술면에서 가장 싸고 발전을 많이 한 분야가 RFID 기술이다. 세계 곳곳에서는 RFID를 이용한 응용기술들이 도입되고 있다. RFID는 바코드의 단점을 개선해서 반영구적이고 한꺼번에 멀리서 그냥 스치기만 해도 모두 인식할 수 있도록 개선한 새로운 바코드라고 볼 수 있다.

RFID는 유통, 물류 등을 중심으로 활용분야가 확대 중이다. 미국에서는 벌써 도서관에서 사서직이 없어질 위기에 놓여 있다. 대출과 반납을 모두 컴퓨터의 손에 맡기고 있기 때문이다. 앞으로 할인 매장에서는 계산할 필요 없이 카트만 밀고 나가면 RFID 정보를 자동으로 계산할 수 있다.

우리나라에서 RFID 시스템을 적용한 첫 도서관은 서울시 은평구립도서관이며, 6만여 권에 달하는 도서에 RFID 태그를 부착하고 태그를 읽는 리더를 통해 모든 도서를 관리한다. 은평구의 RFID 전자 도서관 시스템은 자가 반납기, 대출기, 도난 방지기, 사서용 데스크탑 리더, 장서 점검기, RFID 관리 서버 등으로 구성되어 있다.

미국에서 최대 유통업체인 월마트(약 4,700개 점포 보유)는 2003년 6월 초 회사 창고에 제품을 출하하는 100대 공급업체에게 제품 포장에 RFID 칩을 부착할 것을 촉구한 바 있다. 일본 히타치 제작소의 '뮤(μ)칩'은 처음부터 지폐 등에 붙여서 위조를 방지하기 위하여 개발되었다. 여권이나 운전 면허증과 같은 신분 증명서나 지폐, 상품권과 같은 유가 증권에 뮤(μ)칩을 붙여 위조나 변조된 것을 구별할 수 있는 시스템이다.

연구문제

1. 음파와 초음파는 어떻게 다르며, 이를 이용한 음향 기기에는 무엇이 있는가?

2. 휴대폰 등에 들어 있는 소형 스피커는 어떠한 것인가?

3. 음향 기기의 발명 역사를 조사해 보자.

4. 학교 방송 시스템에 대해 조사해 보자.

5. 교육 분야에서 IPTV 사용 예를 조사해 보자.

6. LCD, PDP, LED TV의 특징을 비교해 보자.

7. 자동차에서 지리 정보를 안내해주는 네비게이터의 원리는 무엇인가?

8. JMIACT의 기술교육과정이론에서 제시한 통신 기술의 내용은 어떠한 것인가?

9. 로봇의 원리를 알아보자.

10. 유비쿼터스 기술이란 무엇이며, 미래를 전망해 보자.

11. RFID의 사용 예를 조사해 보자.

12. 로봇의 사용 예를 조사해 보자.

찾아보기

ㄱ

ㅈ

ㅍ

ㅎ

저자약력

김 진 수(Jinsoo Kim)

인하대학교 공대 전기공학과 졸업
인하대 대학원 전기공학과 졸업(석사, 박사)
미국 Pennsylvania State Univ. (Post-doctor)
충북대 교육대학원 교육학전공
KAIST 위촉연구원 역임
경원전문대학 교수 역임
미국 Virginia Tech 공학교육과 및 기술교육과 연구교수 역임
(1992 ~ 현재) 한국교원대학교 기술교육과 교수

정가 17,000원

전자기술

2010년 7월 20일 초판 인쇄
2010년 7월 30일 초판 발행

저　자 : 김 진 수
발행자 : 우 명 찬 · 송　준
발행처 : 홍릉과학출판사
주　소 : ㉾ 142-885 서울시 강북구 인수동 455-60
등　록 : 1976년 10월 21일 제5-66호
전　화 : 999－2274~5, 996－8341, 903－7037
팩　스 : 905-6729
ISBN : 978-89-7283-879-1

hongpub@hongpub.co.kr
www.hongpub.co.kr